闽西职业技术学院 MINXI VOCATIONAL & TECHNICAL COLLEGE 国家骨干高职院校项目建设成果
——应用电子技术专业

PLC控制系统设计与调试

主　编　宋　丽

副主编　苏李果　颜伟超　苏太育

厦门大学出版社 XIAMEN UNIVERSITY PRESS 国家一级出版社 全国百佳图书出版单位

图书在版编目(CIP)数据

PLC控制系统设计与调试/宋丽主编.—厦门:厦门大学出版社,2016.5
(闽西职业技术学院国家骨干高职院校项目建设成果.应用电子技术专业)
ISBN 978-7-5615-5880-5

Ⅰ.①P… Ⅱ.①宋… Ⅲ.①PLC技术-高等职业教育-教材 Ⅳ.①TM571.6

中国版本图书馆CIP数据核字(2016)第008610号

出 版 人 蒋东明
责任编辑 李峰伟
封面设计 蒋卓群
美术编辑 李嘉彬
责任印制 许克华

出版发行 厦门大学出版社
社　　址 厦门市软件园二期望海路39号
邮政编码 361008
总 编 办 0592-2182177　0592-2181253(传真)
营销中心 0592-2184458　0592-2181365
网　　址 http://www.xmupress.com
邮　　箱 xmupress@126.com
印　　刷 厦门市金凯龙印刷有限公司

开本 787mm×1092mm　1/16
印张 12
插页 2
字数 292千字
版次 2016年5月第1版
印次 2016年5月第1次印刷
定价 29.00元

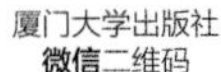
厦门大学出版社
微信二维码

厦门大学出版社
微博二维码

总　序

国务院《关于加快发展现代职业教育的决定》指出，现代职业教育的显著特征是深化产教融合、校企合作、工学结合，推动专业设置与产业需求对接、课程内容与职业标准对接、教学过程与生产过程对接、毕业证书与职业资格证书对接、职业教育与终身学习对接，提高人才培养质量。因此，校企合作是职业教育办学的基本思想。

产教融合、校企合作的关键是课程改革。课程改革要突出专业课程的职业定向性，以职业岗位能力作为配置课程的基础，使学生获得的知识、技能满足职业岗位(群)的需求。至2014年6月，我院各专业完成了"基于工作过程系统化"课程体系的重构，并完成了54门优质核心课程的设计开发与教材编写。学院以校企合作理事会为平台，充分发挥专业建设指导委员会的作用，主动邀请行业、企业"能工巧匠"参与学院专业规划、专业教学、实践指导，并共同参与实训教材的编写。教材是实现产教融合、校企合作的纽带，是教和学的主要载体，是教师进行教学、搞好教书育人工作的具体依据，是学生获得系统知识、发展智力、提高思想品德、促进人生进步的重要工具。根据认知过程的普遍规律和教学过程中学生的认知特点，学生系统掌握知识一般是从对教材的感知开始的，感知越丰富，观念越清晰，形成概念和理解知识就越容易；而且教材使学生在学习过程中获得的知识更加系统化、规范化，有助于学生自身素质的提高。

专业建设离不开教材，一流的教材是专业建设的基础，它为课程教学提供与人才培养目标相一致的知识与实践能力的平台，为教师依据教学实践要求，灵活运用教材内容，提高教学效果，完成人才培养要求提供便利。由于有了好的教材，专业建设水平也不断提高，因此在福建省教育评估研究中心汇总公布的福建省高等职业院校专业建设质量评价结果中，我院有26个专业全省排名进入前十名，其中有15个专业进入前五名。麦可思公司2013年度《社会需求与培养质量年度报告》显示，我院2012届毕业生愿意推荐母校的比例为68%，比全国骨干院校2012届平均水平65%高了3个百分点；毕业生对母校的满意度为94%，比全国骨干院校2012届平均水平90%高了4个百分点，人才培养质量大大提升。

闽西职业技术学院院长、教授

2015年5月

前　言

随着计算机、网络通信、自动控制、软件等技术的发展，可编程控制器（programmable controller，PLC）技术也随之得到了飞速发展。PLC 以极高的可靠性、丰富的功能模块、强大的控制功能、灵活的编程方法、突出的通信能力等特点，已经成为工业控制领域中迅猛发展的工业控制设备。

“PLC 控制系统设计与调试”课程是电气自动化技术、应用电子技术、机电一体化专业学生必修的一门专业课，它主要培养学生电气控制系统的设计、安装能力，程序编制能力以及整体控制系统的运行调试能力。

根据教育部《关于全面提高高等职业教育教学质量的若干意见》的文件精神，高等职业院校要积极与行业企业合作开发课程，根据技术领域和职业岗位（群）的任职要求，参照相关的职业资格标准，改革课程体系和教学内容。闽西职业技术学院积极贯彻执行教育部文件精神，推行工作过程导向的课程改革与教学资源建设。

本书是闽西职业技术学院国家骨干高职院校重点建设专业——应用电子技术专业的骨干教师与合作企业的管理、技术专家合作，针对电气系统的安装与调试岗位群的技能需求，结合专业核心课程建设的成果编写而成。

本书可作为开设“PLC 控制系统设计与调试”等类似课程的高职高专电气自动化、机电一体化和电子信息类专业的教材，也可以作为机电类相关工程技术人员的参考教材。

本书采取项目化的组织形式，全书包含 5 个项目，每个项目都是一个完整的工作过程。项目 1 和项目 2 由宋丽老师编写，项目 3 由苏李果老师编写，项目 4 由颜伟超老师编写，项目 5 由企业工程师苏太育编写，全书由宋丽老师统稿和主审。在本书的编写过程中，校企合作企业龙岩市逢兴机电有限公司提供了大量的技术支持，为书中的配图与相应教学资源的制作提供了素材，在此表示感谢。

由于时间仓促加上编者的水平和经验有限，书中难免存在疏漏和错误，敬请广大读者批评指正。

编者

2016 年 2 月

目　录

项目 1

电动机的 PLC 控制系统设计与调试

任务 1.1 电动机单向启动、停止的 PLC 控制

★教学导航

知识目标

①理解输入、输出指令,与指令,或指令的含义;

②熟悉各种基本指令的应用方法;

③了解 PLC 控制系统的设计方法。

能力目标

①会进行输入/输出(input/output,I/O)口分配表的配置;

②会绘制 PLC 硬件接线图并能正确连线;

③会操作编程软件进行程序的编辑并写入 PLC。

涵盖内容

西门子 PLC 的各种基本指令,如 LD/LDN,A/AN,O/ON,=,ALD/OLD,堆栈指令,立即指令等。

任务导入

广泛使用的生产机械一般都是由电动机拖动的,也就是说,生产机械的各种动作都是通过电动机的各种运动来实现的。因此,控制电动机就间接地实现了对生产机械的控制。

生产机械在正常生产时,需要连续运行,但是在试车或进行调整工作时,往往需要点动控制来实现短时运行。

电动机单向启动、停止控制线路如图 1-1-1 所示,它能实现电动机直接启动和自由停车的控制功能。

在图 1-1-1(a)中,刀开关 QS 起接通电源和隔离电源的作用,熔断器 FU1 对主电路起短路保护作用,接触器 KM 的主触点控制电动机的启动、运行和停车。在图 1-1-1(b)中,熔断器 FU2 对电路起短路保护作用,SB2 为启动按钮,SB1 为停止按钮,热继电器 FR 用作电动机的过载保护。可用 PLC 指令对上述电路的控制电路进行改造,而主电路保持不变。

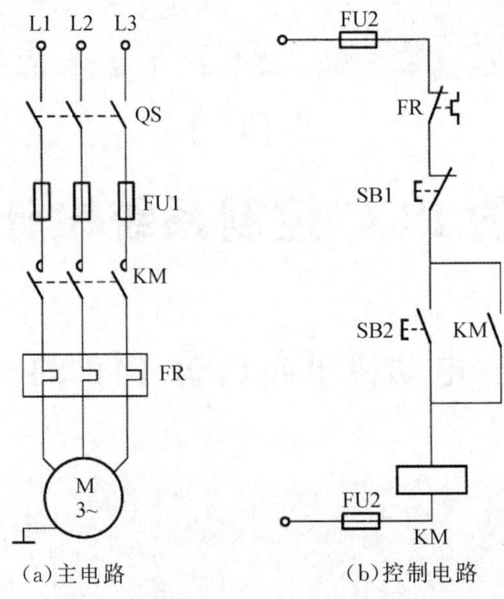

(a)主电路 (b)控制电路
图 1-1-1 电动机单向启动、停止控制线路

任务分析

在控制电路中，热继电器常闭触点、停止按钮、启动按钮属于控制信号，应作为 PLC 的输入量分配接线端子；而接触器线圈属于被控对象，应作为 PLC 的输出量分配接线端子。对于 PLC 的输出端子来说，允许额定电压为 220 V，因此需要将原线路图中接触器的线圈电压由 380 V 改为 220 V，以适应 PLC 输出端子的需要。

对于线路图中的触点串并联接线，应根据逻辑关系采用 PLC 的基本位逻辑指令进行程序设计。本任务主要应用 A，AN，O，ON 指令。

知识链接

S7-200PLC 基本逻辑指令是 PLC 中最基本、最常见的指令，是构成梯形图及语句表的基本成分。基本逻辑指令是指构成基本逻辑运算功能的指令集合，包括基本位操作、置位/复位、边沿脉冲、定时、计数、比较等逻辑指令。

一、基本位操作指令

1. 构成梯形图的基本元素

在 PLC 的梯形图中，触点和线圈是构成梯形图的最基本元素，触点是线圈的工作条件，线圈的动作是触点运算的结果。梯形图指令由触点或线圈符号和直接位地址两部分组成，含有直接位地址的指令又称为位操作指令。基本位操作指令操作数的寻址范围是 I，Q，M，SM，T，C，V，S，L。

2. 梯形图中触点和线圈的状态说明

(1)触点代表中央处理器(central processing unit，CPU)对存储器的读操作，动合触点和存储器的位状态一致，而动断触点和存储器的位状态相反，且用户程序中同一触点可使用

无数次。

例如，存储器 I0.0 的状态为 1，则对应的动合触点 I0.0 接通，表示能流可以通过；而对应的动断触点 I0.0 断开，表示能流不能通过。存储器 I0.0 的状态为 0，则对应的动合触点 I0.0 断开，表示能流不能通过；而对应的动断触点 I0.0 接通，表示能流可以通过。

(2)线圈代表 CPU 对存储器的写操作，若线圈左侧的逻辑运算结果为“1”，则表示能流能够到达线圈，CPU 将该线圈所对应的存储器的位置为“1”；若线圈左侧的逻辑运算结果为“0”，则表示能流不能够到达线圈，CPU 将该线圈所对应的存储器的位写入“0”用户程序中，且同一线圈只能使用一次。

3. 基本位操作指令的格式和功能

基本位操作指令的格式和功能见表 1-1-1。

表 1-1-1　基本位操作指令的格式和功能表

指令名称		格式		功能
		LAD	STL	
输入/输出指令	取指令	bit ├─┤ ├─	LD bit	用于与母线连接的动合触点
	取反指令	bit ├─┤/├─	LDN bit	用于与母线连接的动断触点
	输出指令	bit ──( )	=bit	线圈驱动指令
触点串联指令	与指令	bit ─┤ ├─	A bit	用于单个动合触点的串联连接
	与反指令	bit ─┤/├─	AN bit	用于单个动断触点的串联连接
触点并联指令	或指令	bit └─┤ ├─┘	O bit	用于单个动合触点的并联连接
	或反指令	bit └─┤/├─┘	ON bit	用于单个动断触点的并联连接
电路块的连接指令	与块指令	ALD		用于并联电路块的串联连接
	或块指令	OLD		用于串联电路块的并联连接

【例 1-1-1】输入/输出指令的应用举例如图 1-1-2 所示。

4. 输入/输出指令的使用说明

(1)LD，LDN 和＝指令的操作数均可以是 Q，M，SM，T，C，V，S，L，此外，LD，LDN 的操作数还可以是输入映像继电器 I。

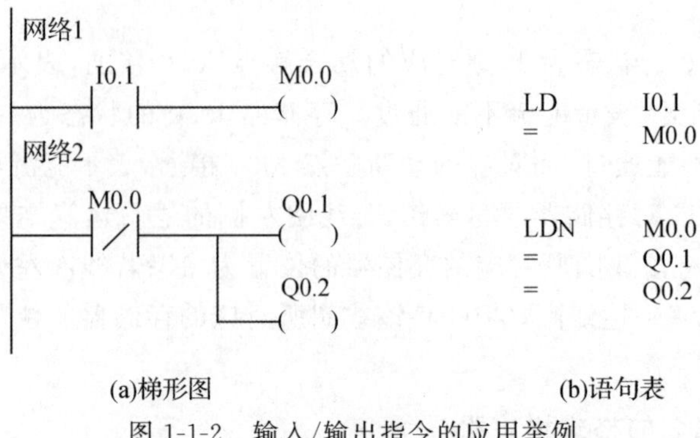

(a)梯形图 (b)语句表

图 1-1-2 输入/输出指令的应用举例

(2)LD,LDN 指令用于与输入母线相连的触点,也可用于指令块的开头与 OLD,ALD 指令配合使用。

(3)在同一程序中不能使用双线圈,即同一个元件在同一个程序中只能使用一次=指令,且=指令必须放在梯形图的最右端。=指令可以并联使用任意次,但不能串联使用。

【例 1-1-2】触点串联与触点并联指令的应用举例如图 1-1-3 所示。

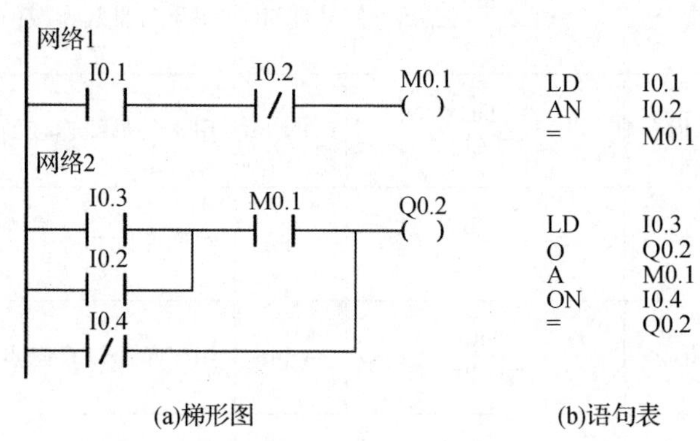

(a)梯形图 (b)语句表

图 1-1-3 触点串联与触点并联指令的应用举例

5. 触点串联与触点并联指令的使用说明

(1)A,AN,O,ON 的操作数:I,Q,M,SM,T,C,V,S,L。

(2)A,AN 是单个触点串联连接指令,可连续使用。

(3)O,ON 是单个触点并联连接指令,可连续使用。

6. 与块指令和或块指令的使用说明

(1)ALD,OLD 指令无操作数。

(2)块电路开始时要使用 LD 或 LDN。

(3)电路块串联结束时,使用 ALD;电路块并联结束时,使用 OLD。

(4)ALD,OLD 指令可根据块电路情况多次使用。

【例 1-1-3】与块指令和或块指令的应用举例如图 1-1-4 所示。

二、STEP7-Micro/WIN32 编程软件的使用

STEP7-Micro/WIN32 编程软件是基于 Windows 的应用软件,它是西门子公司专门为S7-200

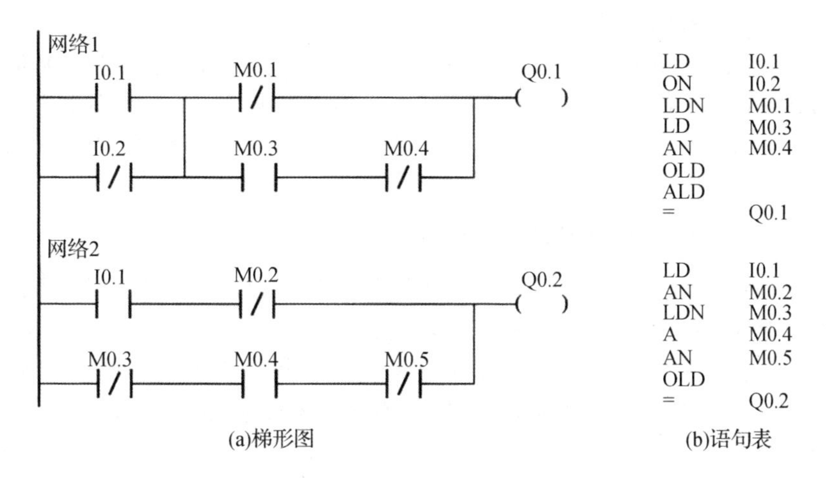

图 1-1-4　与块指令和或块指令的应用举例

系列可编程控制器而设计开发的，是 PLC 用户不可缺少的开发工具。目前，STEP7-Micro/WIN32 编程软件已经升级到了 4.0 版本，本书将以该版本的中文版为编程环境进行介绍。

1. 硬件连接

为了实现 PLC 与计算机之间的通信，西门子公司为用户提供了两种硬件连接方式：一种是通过个人计算机/点对点接口（personal computer point to point interface，PC/PPI）电缆直接连接，另一种是通过带有多点接口（multi point interface，MPI）电缆的通信处理器连接。

典型的单主机与 PLC 直接连接如图 1-1-5 所示，它不需要其他的硬件设备，方法是把 PC/PPI 电缆的 PC 端连接到计算机的 RS-232 通信口（一般是 COM1），而把 PC/PPI 电缆的 PPI 端连接到 PLC 的 RS-485 通信口即可。

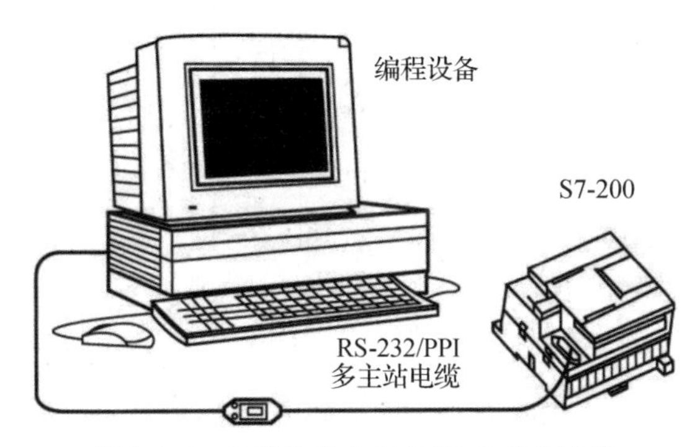

图 1-1-5　典型的单主机与 PLC 直接连接

2. 软件安装

（1）系统要求。STEP7-Micro/WIN32 软件安装包是基于 Windows 的应用软件，4.0 版本的软件安装与运行需要 Windows 2000/SP3 或 Windows XP 的操作系统。

（2）软件安装。STEP7-Micro/WIN32 软件的安装方法很简单，将光盘插入光盘驱动器，系统就会自动进入安装向导（或在光盘目录里双击 Setup，则进入安装向导），按照安装向导完成软件的安装。软件程序安装路径可使用默认子目录，也可使用单击“浏览”按钮弹出的对话框中任意选择或新建一个子目录。

首次运行 STEP7-Micro/WIN32 软件时,系统默认语言为英语,但可根据需要修改编程语言。例如,将英语改为中文,其具体操作:运行 STEP7-Micro/WIN32 编程软件,在主界面单击 Tools→Options→General 选项,然后在弹出的对话框中选择 Chinese 即可将 English 改为中文。

3. STEP7-Micro/WIN32 软件的窗口组件

(1)基本功能。STEP7-Micro/WIN32 的基本功能是协助用户完成应用程序的开发,同时它具有设置 PLC 参数、加密、运行监视等功能。

编程软件在联机工作方式(PLC 与计算机相连)时,可以实现用户程序的输入、编辑、上载运行、下载运行、通信测试、实时监视等功能,在离线条件下,也可以实现用户程序的输入、编辑、编译等功能。

(2)主界面。启动 STEP7-Micro/WIN32 编程软件,其主要界面外观如图 1-1-6 所示。

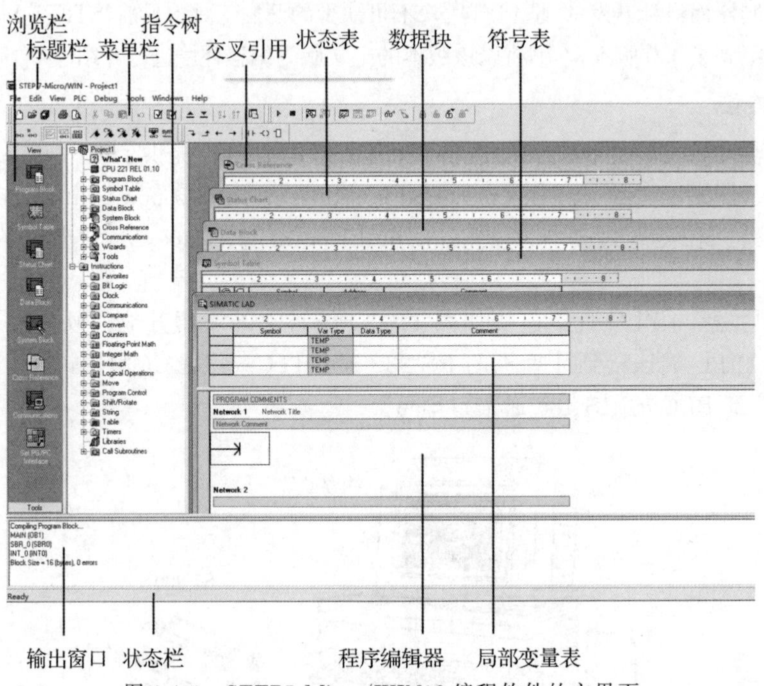

图 1-1-6　STEP7-Micro/WIN32 编程软件的主界面

主界面一般可分为以下 6 个区域:菜单栏(包含 8 个主菜单项)、工具栏(快捷按钮)、浏览栏(快捷操作窗口)、指令树(快捷操作窗口)、输出窗口和用户窗口(可同时或分别打开图中的 5 个用户窗口)。除菜单栏外,用户可根据需要决定其他窗口的取舍和样式的设置。

4. 编程软件的使用

STEP7-Micro/WIN4.0 编程软件具有编程、程序调试等多种功能,下面通过一个简单的程序示例,介绍编程软件的基本使用。

STEP7-Micro/WIN4.0 编程软件的基本使用示例如图 1-1-7 所示。

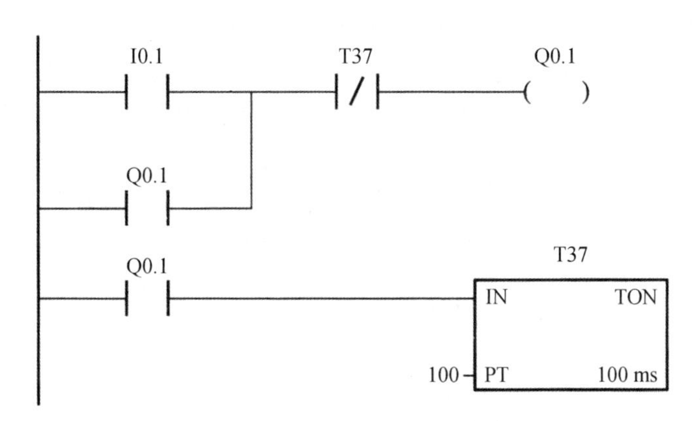

图1-1-7　编程软件使用示例的梯形图

(1)编程的准备。

①创建一个项目或打开一个已有的项目。在进行控制程序编程之前,首先应创建一个项目。单击菜单“文件”→“新建”选项或单击工具栏的新建按钮,可以生成一个新的项目。单击菜单“文件”→“打开”选项或单击工具栏的打开按钮,可以打开已有的项目。项目以扩展名为.mwp的文件格式保存。

②设置与读取PLC的型号。在对PLC编程之前,应正确地设置其型号,以防创建程序时发生编辑错误。

如果指定了型号,指令树用红色标记“×”表示对当前选择的PLC为无效指令。设置与读取PLC的型号可以有两种方法:

方法一,单击菜单“PLC”→“类型”选项,在弹出的对话框中,可以选择PLC型号和CPU版本,如图1-1-8所示。

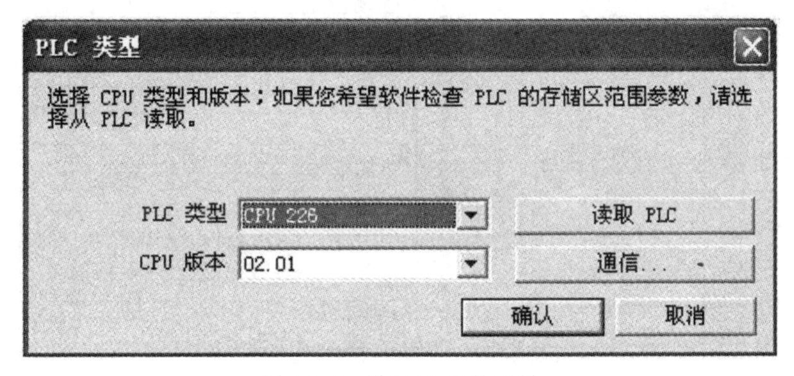

图1-1-8　设置PLC的型号

方法二,双击指令树的“项目1”,然后双击PLC型号和CPU版本选项,在弹出的对话框中进行设置即可。如果已经成功地建立通信连接,那么单击对话框中的“读取PLC”按钮,便可以通过通信读出PLC的信号与硬件版本号。

③选择编程语言和指令集。S7-200系列PLC支持的指令集有SIMATIC和IEC1131-3两种。SIMATIC编程模式选择,可以单击菜单“工具”→“选项”→“常规”→“SIMATIC”选项来确定。

编程软件可实现3种编程语言(编程器)之间的任意切换,单击菜单“查看”→“梯形图”或“STL”或“FBD”选项便可进入相应的编程环境。

④确定程序的结构。简单的数字量控制程序一般只有主程序，而系统较大、功能复杂的程序除了主程序外，还可能有子程序、中断程序。编程时可以单击编辑窗口下方的选项来实现切换以完成不同程序结构的程序编辑。用户程序结构选择编辑窗口如图 1-1-9 所示。

主程序 SBR_0 INT_0

图 1-1-9 用户程序结构选择编辑窗口

主程序在每个扫描周期内均被顺序执行一次。子程序的指令放在独立的程序块中，仅在被程序调用时才执行。中断程序的指令也放在独立的程序块中，用来处理预先规定的中断事件，在中断事件发生时操作系统调用中断程序。

(2)梯形图的编辑。在梯形图编辑窗口中，梯形图程序被划分成若干个网络，且一个网络中只能有一个独立的电路块。如果一个网络中有两个独立的电路块，那么在编译时输出窗口将显示“1 个错误”，待错误修正后方可继续。

当然，也可以对网络中的程序或者某个编程元件进行编辑，执行删除、复制或粘贴操作。

①首先打开 STEP7-Micro/WIN4.0 编程软件，进入主界面，如图 1-1-10 所示。

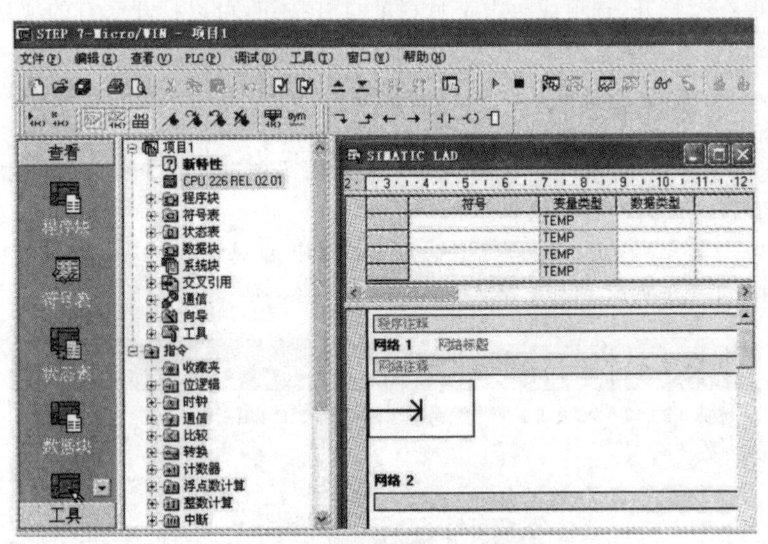

图 1-1-10 STEP7-Micro/WIN4.0 编程软件主界面

②单击浏览栏的“程序块”按钮，进入梯形图编辑窗口。

③在编辑窗口中，把光标定位到将要输入编程元件的地方。

④可直接在指令工具栏中单击常开触点按钮，选取触点如图 1-1-11 所示。在弹出的位逻辑指令中单击 ┤├ 图标选项，选择常开触点，如图 1-1-12 所示，输入的常开触点符号会自动写入光标所在位置，输入常开触点如图 1-1-13 所示；也可以在指令树中双击位逻辑选项，然后双击常开触点输入。

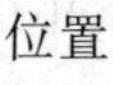

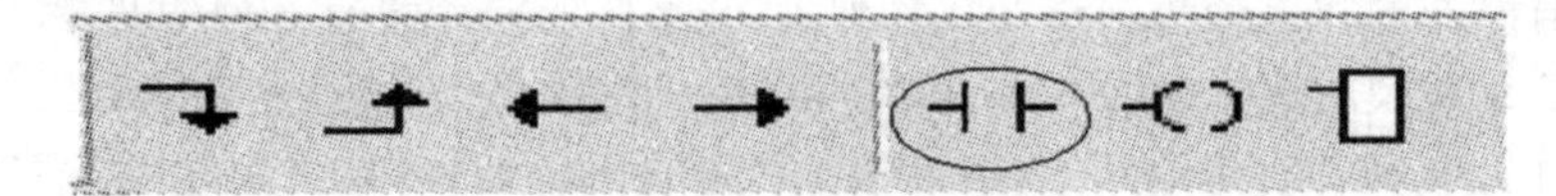

图 1-1-11 选取触点

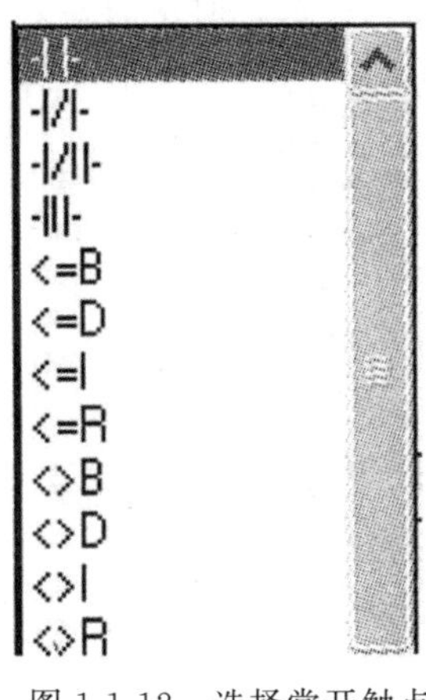

图 1-1-12　选择常开触点

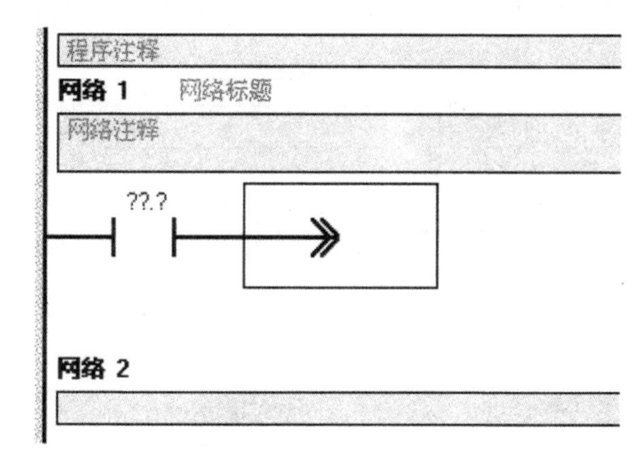

图 1-1-13　输入常开触点

⑤在??.? 中输入操作数 I0.1,如图 1-1-14 所示,然后光标自动移到下一列。

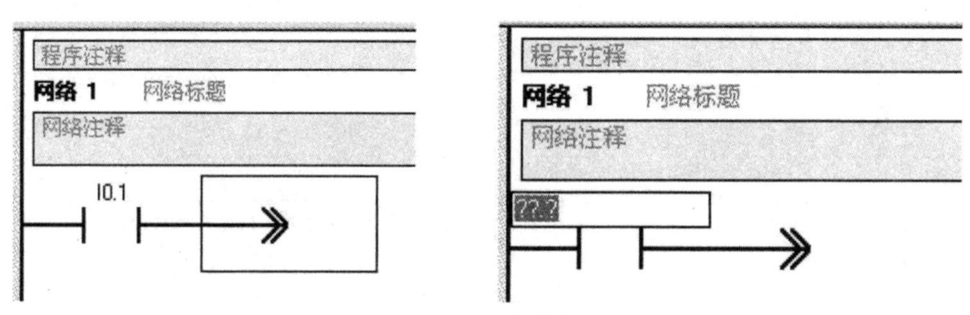

图 1-1-14　输入操作数 I0.1

⑥用同样的方法在光标位置输入-|/|-和-( ),并填写对应地址。T37 和 Q0.1 的编辑结果如图 1-1-15 所示。

⑦将光标定位到 I0.1 下方,按照 I0.1 的输入办法输入 Q0.1,编辑结果如图 1-1-16 所示。

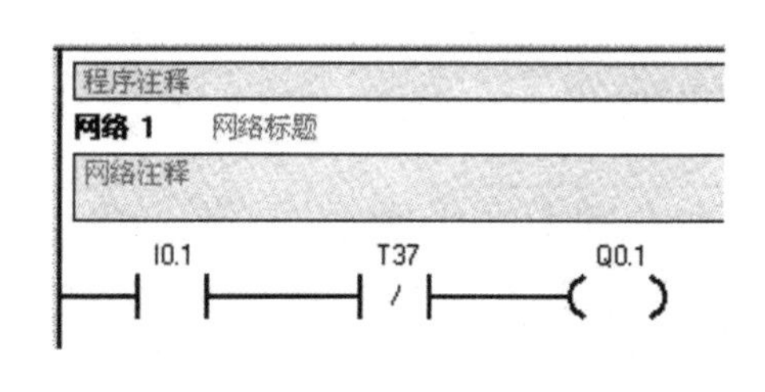

图 1-1-15　T37 和 Q0.1 编辑结果

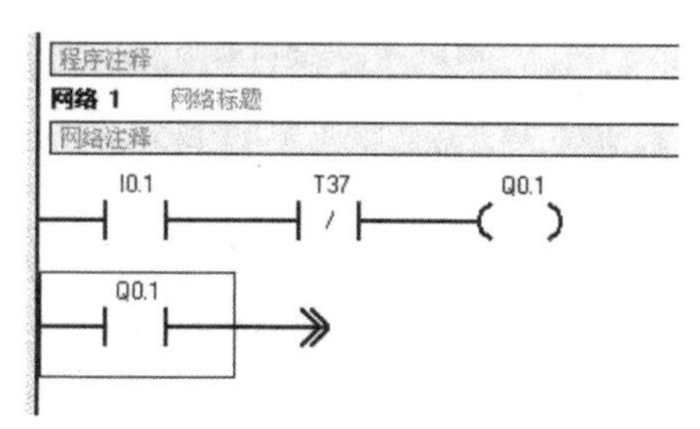

图 1-1-16　Q0.1 的编辑结果

⑧将光标移到要合并的触点处,单击指令工具栏中的向上连线按钮,将 Q0.0 和 I0.0 并联连接,如图 1-1-17 所示。

⑨将光标定位到网络 2,按照 I0.1 的输入方法编写 Q0.1。

⑩将光标定位到定时器输入位置,双击指令树的“定时器”选项,然后在展开的选项中双

击接通延时定时器图标(见图 1-1-18),这时在光标位置即可输入接通延时定时器。

程序注释
网络 1　网络标题
网络注释
I0.1
T37
Q0.1
Q0.1

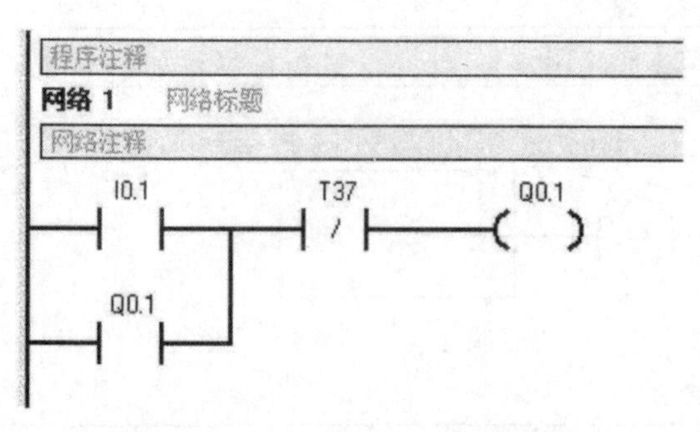

图 1-1-17　Q0.0 和 I0.0 并联连接

移位/循环
字符串
表
定时器
TON
TONR
TOF
BGN_ITIME
CAL_ITIME
库
调用子程序

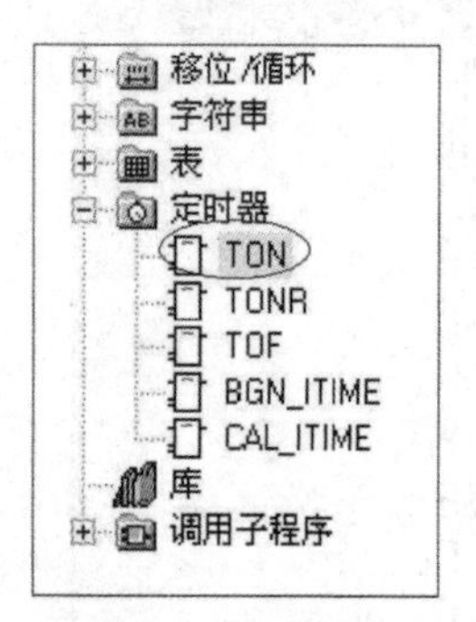

图 1-1-18　选择定时器

在定时器指令上面的???? 处输入定时器编号 T37,在左侧???? 处输入定时器的预置值 100,编辑结果如图 1-1-19 所示。

经过上述操作过程,编程软件使用示例的梯形图就编辑完成了。如果需要进行语句表编辑,可按下面的方法来实现。

语句表的编辑:单击菜单“查看”→“STL”选项,可以直接进行语句表的编辑,如图 1-1-20 所示。

程序注释
网络 1　网络标题
网络注释
I0.1
T37
Q0.1
Q0.1
网络 2
Q0.1
????
IN
TON
????-PT
??? ms

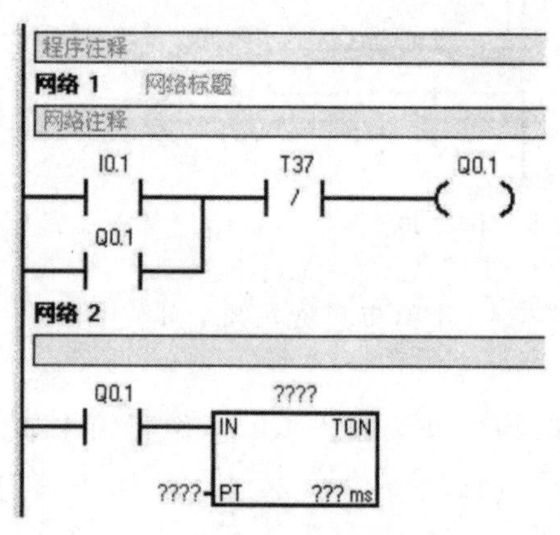

图 1-1-19　输入接通延时定时器

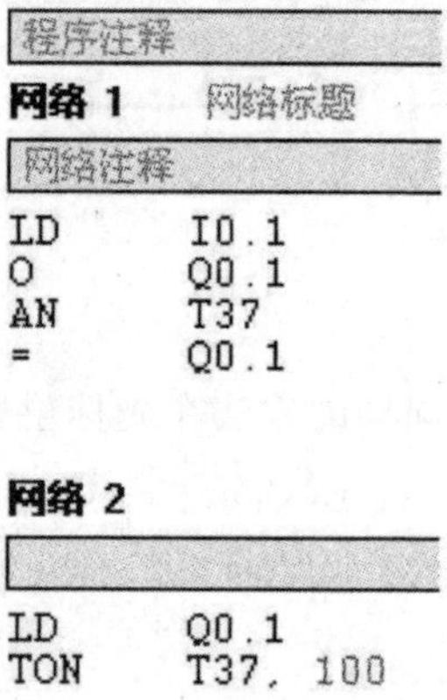

程序注释
网络 1　网络标题
网络注释
LD　I0.1
O　Q0.1
AN　T37
=　Q0.1
网络 2
LD　Q0.1
TON　T37, 100

图 1-1-20　语句表的编辑

(3)程序的状态监控与调试。

①编译程序。单击菜单“PLC”→“编译”或“全部编译”选项,或单击工具栏的 或 按钮,可以分别编译当前打开的程序或全部程序。编译后在输出窗口中显示程序的编译结果,必须修正程序中的所有错误,编译无错误后,才能下载程序。若没有对程序进行编译,在下载之前编程软件会自动对程序进行编译。

②下载与上载程序。

下载是将当前编程器中的程序写入 PLC 的存储器中。计算机与 PLC 建立的通信连接正常,并且用户程序编译无错误后,才可以将程序下载到 PLC 中。下载操作可单击菜单“文件”→“下载”选项,或单击工具栏的 按钮。

上载是将 PLC 中未加密的程序向上传送到编程器中。上载操作可单击菜单“文件”→

“上载”选项，或单击工具栏的▲按钮。

③PLC的工作方式。PLC有两种工作方式，即运行和停止。在不同的工作方式下，PLC进行调试操作的方法不同。可以通过单击菜单“PLC”→“运行”或“停止”的选项来选择工作方式，也可以在PLC的工作方式开关处操作来选择。PLC只有处在运行工作方式下，才可以启动程序的状态监控。

④程序的调试与运行。程序的调试及运行监控是程序开发的重要环节，很少有程序一经编制就是完整的，只有经过调试运行甚至现场运行后才能发现程序中不合理的地方，从而进行修改。

STEP7-Micro/WIN4.0编程软件提供了一系列工具，可使用户直接在软件环境下调试并监视用户程序的执行。

⑤程序的运行。单击工具栏的▶按钮，或单击菜单“PLC”→“运行”选项，在对话框中确定进入运行模式，这时黄色STOP(停止)状态指示灯灭，绿色RUN(运行)灯点亮。程序运行后如图1-1-21所示。

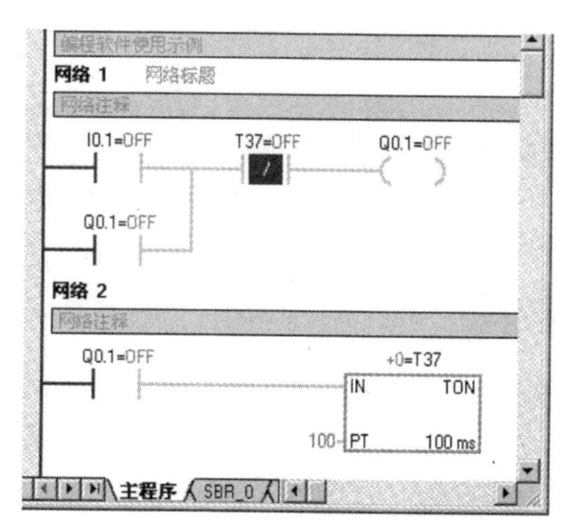

图1-1-21　当I0.1触点断开时，编程软件使用示例的程序状态

⑥程序的调试。在程序调试中，经常采用程序状态监控、状态表监控和趋势图监控3种方式反映程序的运行状态。下面结合示例介绍基本的使用情况。

方式一：程序状态监控。

单击工具栏中的按钮，或单击菜单“调试”→“开始程序状态监控”选项，进入程序状态监控。启动程序运行状态监控后：当I0.1触点断开时，编程软件使用示例的程序状态如图1-1-21所示；当I0.1触点接通后，编程软件使用示例的程序状态如图1-1-22所示。

在监控状态下，“能流”通过的元件将显示蓝色，通过施加输入，可以模拟程序的实际运行，从而检验程序。梯形图中的每个元件的实际状态都能显示出来，这些状态是PLC在扫描周期完成时的结果。

方式二：状态表监控。

可以使用状态表来监控用户程序，还可以采用强制表操作修改用户程序的变量。编程软件使用示例的状态表监控如图1-1-23所示，在当前值栏目中显示了各元件的状态和数值大小。

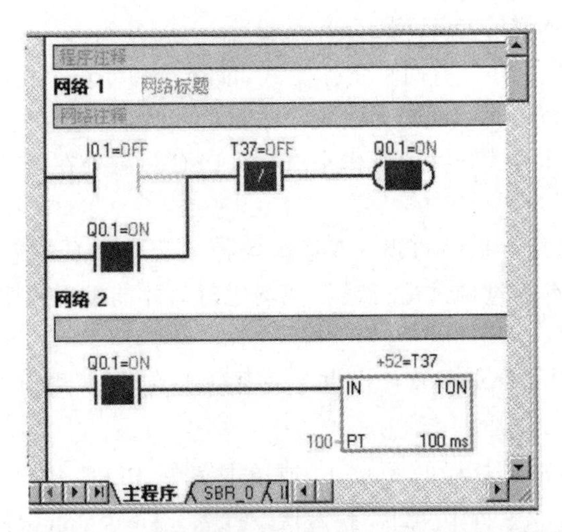

图 1-1-22　当 I0.1 触点接通后，编程软件使用示例的程序状态

	地址	格式	当前值	新值
1	I0.1	位	2#0	
2	Q0.1	位	2#1	
3	T37	位	2#0	
4	T37	有符号	+51	

图 1-1-23　编程软件使用示例的状态表监控

可以选择下面 3 种方法之一来进行状态表监控：

方法一，单击菜单“查看”→“组件”→“状态表”。

方法二，单击浏览栏的“状态表”按钮。

方法三，单击装订线，选择程序段，右击，在弹出的快捷菜单中单击“创建状态图”命令，能快速生成一个包含所选程序段内各元件的新表格。

方式三：趋势图监控。

趋势图监控是采用编程元件的状态和数值大小随时间变化关系的图形监控。可单击工具栏的 按钮，将状态表监控切换为趋势图监控。

任务实施

图 1-1-1 所示的电动机单向启动、停止控制线路的系统功能采用 PLC 控制系统来完成时，仍然需要保留主电路部分。图 1-1-1(b)中控制电路的功能由 PLC 执行程序取代，在 PLC 的控制系统中，还要求对 PLC 的输入/输出端口进行设置，即 I/O 分配，根据 I/O 分配情况完成 PLC 的硬件接线，直到系统调试符合控制要求为止。

一、I/O 分配表

I/O 分配情况见表 1-1-2。

表 1-1-2　I/O 分配

输入		输出	
I0.0	停止按钮 SB1	Q0.1	控制接触器 KM
I0.1	启动按钮 SB2		
I0.2	热继电器动合触点 FR		

二、PLC 硬件接线图

PLC 的硬件接线如图 1-1-24 所示。

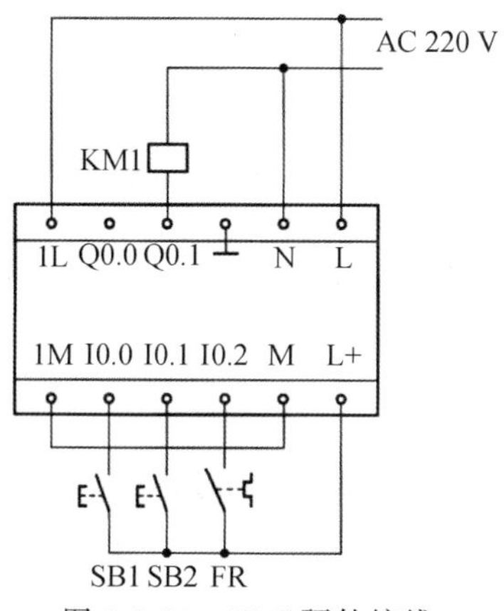

图 1-1-24　PLC 硬件接线

三、控制程序

控制程序和运行结果分析如图 1-1-25 所示。

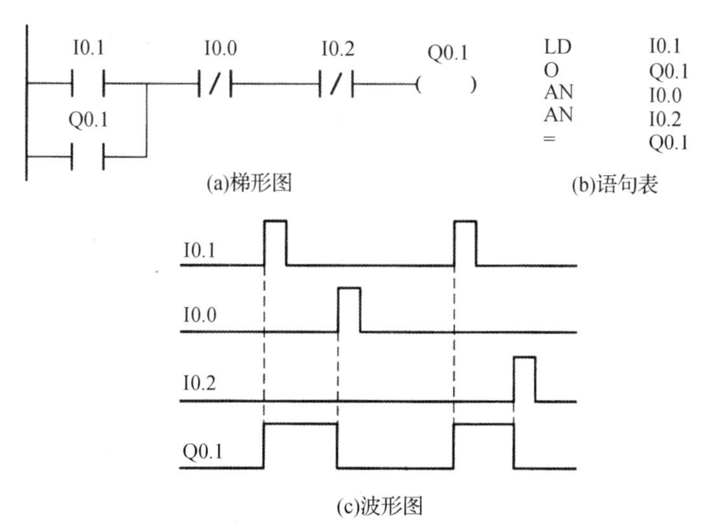

图 1-1-25　电动机单向启动、停止控制的程序

四、系统调试

(1)完成接线并检查、确认接线正确。

(2)输入并运行程序,监控程序运行状态,分析程序运行结果。

(3)程序符合控制要求后再接通主电路试车,进行系统调试,直到最大限度地满足系统的控制要求为止。

拓展知识

一、PLC 简介

1. PLC 的定义

可编程控制器(programmable controller,PLC),是以微处理器为基础,融合了计算机技术、自动控制技术、通信技术等现代科技而发展起来的一种新型工业自动控制装置。随着计算机技术的发展,PLC 的功能日益强大,性价比越来越高,是目前最可靠的工控机,是工业控制的三大支柱[机械人、PLC、计算机辅助设计/计算机辅助制造(computer aided design/computer aided marking,CAD/CAM)]之一。

2. PLC 的主要特点

(1)高可靠性、抗干扰能力强。工业生产一般对控制设备的可靠性要求很高,并且还要求有很强的抗干扰能力。PLC 能在恶劣的环境下可靠地工作,平均无故障时间达到数万小时以上,已被公认为最可靠的工业控制设备之一。

PLC 本身具有较强的自诊断功能,保证了硬件核心设备(CPU、存储器、I/O 总线等)在正常情况下执行用户程序,一旦出现故障则立即给出出错信号,停止用户程序的执行,并切断所有输出信号,等待修复。PLC 的主要模块均采用大规模和超大规模集成电路,I/O 系统设计有完善的通道保护与信号调理电路。其在结构上,对耐热、防潮、防尘、抗震等都有精确考虑;在硬件上,采用隔离、屏蔽、滤波、接地等抗干扰措施;在软件上,采用数字滤波等措施。与继电器系统和通用计算机相比,PLC 更能适应工业现场环境的要求。

(2)硬件配套齐全,使用方便,适应性强。PLC 是通过执行程序来实现控制的,当控制要求发生改变时,只要修改程序即可,最大限度地缩短了工艺更新所需要的时间。PLC 的产品已标准化、系列化、模块化,而且 PLC 及配套产品的模块品种多,用户可以灵活方便地进行系统配置组合成各种不同规模、不同功能的控制系统。在 PLC 控制系统中,只需在 PLC 的端子上接入相应的输入/输出信号线即可,而不需要进行大量且复杂的硬接线,并且 PLC 有较强的带负载能力,可以直接驱动一般的电磁阀和交流接触器。

(3)编程直观,易学易会。PLC 提供了多种编程语言,其中梯形图使用最普遍。PLC 是面向用户的设备,其设计者充分考虑到现场工程技术人员的技能和习惯,规定其程序的编制采用梯形图的简单指令形式。梯形图与继电原理图相似,这种编程语言形象直观,易学易懂,不需要专门的计算机知识和语言,现场工程技术人员可在短时间内学会使用。用户在购买 PLC 后,只需按说明书的提示,做少量的接线和进行简易的用户程序编制工作,就可灵活方便地将 PLC 应用于生产实践。

(4)系统的设计、安装、调试工作量小，维护方便。PLC用软件取代了继电器控制系统中大量的中间继电器、时间继电器、计数器等器件，使控制柜的设计、安装、接线工作量大为减少。同时，PLC的用户程序大部分可以在实验室进行模拟调试，模拟调试好后再将PLC控制系统安装到生产现场，进行联机调试，这样既安全，又快捷方便。

PLC的故障率很低，并且有完善的自诊断和显示功能，当发生故障时，可以根据PLC的状态指示灯显示或编程器提供的信息迅速查找到故障原因，排除故障。

(5)体积小，能耗低。由于PLC采用了半导体集成电路，因此其体积小、重量轻、结构紧凑、功耗低、便于安装，是机电一体化的理想控制器。对于复杂的控制系统，采用PLC后，一般可将开关柜的体积缩小到原来的1/10～1/2。

3. PLC的分类

(1)按I/O点数分类。PLC所能接受的输入信号个数和输出信号个数分别称为PLC的输入点数和输出点数。其输入、输出点数的数目之和称为PLC的输入/输出点数，简称I/O点数。I/O点数是选择PLC的重要依据之一。

一般而言，PLC控制系统处理的I/O点数较多时，其控制关系比较复杂，用户要求的程序存储器容量也较大，要求PLC指令及其他功能就比较多。按PLC输入、输出点数的多少可将PLC分为以下3类。

①小型PLC。小型PLC的输入、输出总点数一般在256点以下，用户程序存储器容量在4 K字左右。小型PLC的功能一般以开关量控制为主，适合单机控制和小型控制系统，如西门子S7-200系列、三菱FX系列及欧姆龙CPM2A系列。

②中型PLC。中型PLC的输入、输出总点数为256～2 048点，用户程序存储器容量达到8 K字左右。中型PLC适用于组成多机系统和大型控制系统，如西门子S7-300系列、三菱A系列及欧姆龙C200H系列。

③大型PLC。大型PLC的输入、输出总点数在2 048点以上，用户程序存储器容量达到16 K字以上。大型PLC适用于组成分布式控制系统和整个工厂的集散控制网络，如西门子S7-400系列、三菱Q系列及欧姆龙CS1系列。

上述划分没有一个十分严格的界限，随着PLC技术的飞速发展，一些小型PLC也具备中型或大型PLC的功能，这也是PLC的发展趋势。

(2)按结构形式分类。按照PLC的结构特点可分为整体式、模块式两大类。

①整体式结构。把PLC的CPU、存储器、I/O单元、电源等集成在一个基本单元上，其结构紧凑、体积小、成本低、安装方便。基本单元上设有扩展端口，通过电缆与扩展单元相连，可配接特殊功能模块。微型和小型PLC一般为整体式结构，S7-200系列也属整体式结构。

②模块式结构。PLC由一些模块单元组成，这些标准模块包括CPU模块、输入模块、输出模块、电源模块、各种特殊功能模块等，使用时将这些模块插在标准机架内即可。各模块功能是独立的，外形尺寸是统一的。模块式PLC的硬件组态方便灵活，装配和维修方便，易于扩展。

目前，中、大型PLC多采用模块式结构形式，如西门子的S7-300和S7-400系列。

4. PLC的应用领域

目前，PLC在国内外已广泛应用于钢铁、石油、化工、电力、建材、机械制造、汽车、轻纺、交通运输、环保、文化娱乐等各个行业，随着其性价比的不断提高，应用的范围还在不断扩大。PLC的应用大致可归纳为以下几类。

(1)开关量的逻辑控制。这是 PLC 最基本、最广泛的应用领域。PLC 的逻辑控制取代了传统的继电系统控制电路,实现了逻辑控制和顺序控制,既可用于单机控制,也可用于多机群控及自动化生产线的控制等,如机床电气控制、装配生产线、电梯控制、冶金系统的高炉上料系统以及各种生产线的控制。

(2)运动控制。PLC 可以用于圆周运动或直线运动的控制。目前,大多数的 PLC 制造商都提供了拖动步进电动机或伺服电动机的单轴或多轴位置控制模块,这一功能可广泛用于各种机械,如金属切削机床、金属成型机床、机器人、电梯等。

(3)过程控制。过程控制是指对温度、压力、流量、速度等连续变化的模拟量的闭环控制。PLC 采用相应的模数(analog to digital,A/D)和数模(digital to analog,D/A)转换模块及各种各样的控制算法程序来处理模拟量,完成闭环控制。比例积分微分(proportion integration differentiation,PID)调节是一般闭环控制系统中用得较多的一种调节方法。过程控制在冶金、化工、热处理、锅炉控制等场合有着非常广泛的应用。现代的大、中型 PLC 一般都有闭环 PID 控制模块,这一功能可以用 PID 子程序来实现,而更多的是使用专用 PID 模块来实现的。

(4)数据处理。PLC 具有数学运算(含矩阵运算、函数运算、逻辑运算)、数据传送、数据转换、排序、查表、位操作等功能,可以完成数据的采集、分析及处理。这些数据可以通过通信接口传送到指定的智能装置进行处理,或将它们打印备用。数据处理一般用于大型控制系统,如造纸、冶金、食品工业中的一些大型控制系统。

(5)通信及联网。PLC 通信包括 PLC 相互之间、PLC 与上位机、PLC 与其他智能设备间的通信。PLC 与其他智能控制设备一起,可以形成“集中管理、分散控制”的分布式控制系统,满足了工厂自动化系统发展的需要。

二、S7-200PLC 的组成

PLC 的硬件系统一般主要由中央处理单元、I/O 接口、I/O 扩展接口、编程器接口、编程器、电源等几个部分组成,如图 1-1-26 所示。

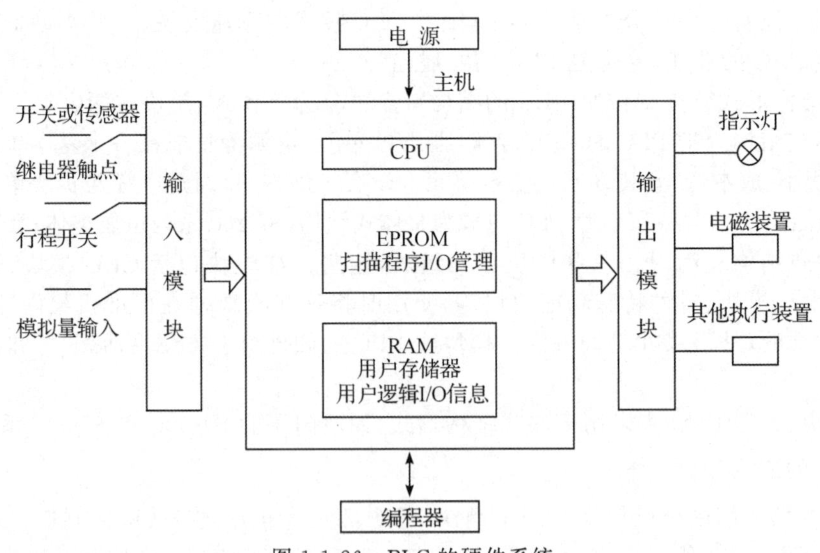

图 1-1-26 PLC 的硬件系统

1. 中央处理器(CPU)

CPU 一般由控制器、运算器和寄存器组成,这些电路都集成在一个芯片内。CPU 通过数据总线、地址总线和控制总线与存储单元、I/O 接口电路相连接。

与一般的计算机一样,CPU 是整个 PLC 的控制中枢,它按照 PLC 中系统程序赋予的功能指挥 PLC 有条不紊地进行工作。CPU 主要完成下述几种工作。

(1)接收、存储用户通过编程器等输入设备输入的程序和数据。

(2)用扫描的方式通过 I/O 部件接收现场信号的状态或数据,并存入输入映像寄存器或数据存储器中。

(3)诊断 PLC 内部电路的工作故障和编程中的语法错误等。

(4)PLC 进入运行状态后,执行用户程序,完成各种数据的处理、传输和存储相应的内部控制信号,以完成用户指令规定的各种操作。

(5)响应各种外围设备(如编程器、打印机等)的请求。

PLC 采用的 CPU 随机型的不同而不同。目前,小型 PLC 为单 CPU 系统,中型及大型则采用双 CPU 甚至多 CPU 系统。PLC 通常采用的微处理器有 3 种:通用微处理器、单片微处理器(即单片机)和位片式微处理器。

2. 存储器

PLC 系统中的存储器主要用于存放系统程序、用户程序和工作状态数据。PLC 存储器包括系统存储器和用户存储器。

(1)系统存储器用来存放由 PLC 生产厂家编写的系统程序,并固化在只读存储器(read-only memory,ROM)内,且用户不能更改。它使 PLC 具有基本的功能,能够完成 PLC 设计者规定的各项工作。系统程序质量的好坏在很大程度上决定了 PLC 的性能。

(2)用户存储器包括用户程序存储器(程序区)和数据存储器(数据区)两部分。用户程序存储器用来存放用户针对具体控制任务采用 PLC 编程语言编写的各种用户程序,且用户程序存储器根据所选用的存储器单元类型的不同[可以是随机存取存储器(random access memory,RAM)、可擦写可编程只读存储器(erasable programmable ROM,EPROM)或电可擦除可编程只读存储器(electrically EPROM,E2PROM)存储器],其内容可以由用户修改或增删。用户数据存储器可以用来存放(记忆)用户程序中所使用器件的 ON/OFF 状态和数据等。用户存储器的大小关系到用户程序容量的大小,是反映 PLC 性能的重要指标之一。

3. I/O 接口

I/O 接口是 PLC 与现场 I/O 设备或其他外部设备之间的连接部件。PLC 通过输入接口把外部设备(如开关、按钮、传感器)的状态或信息读入 CPU,并通过用户程序的运算与操作,把结果通过输出接口传递给执行机构(如电磁阀、继电器、接触器等)。

4. 电源部分

PLC 内部配有一个专用开关型稳压电源,它将交流/直流供电电源变换成系统内部各单元所需的电源,即为 PLC 各模块的集成电路提供工作电源。

PLC 一般使用 220 V 的交流供电电源,其内部的开关电源对电网提供的电源要求不高。与普通电源相比,PLC 电源稳定性好、抗干扰能力强。许多 PLC 都向外提供直流 24 V

的稳压电源，用于对外部传感器供电。

对于整体式结构的PLC，通常电源封装在机壳内部；对于模块式结构的PLC，有的采用单独电源模块，有的将电源与PLC封装到一个模块中。

技能训练

一、控制要求

在生产实际中，为了操作方便，对有些生产机械(特别是大型机械)，往往要求能在多个地点进行控制，故设计出PLC梯形图，来完成两地点控制电动机的启动、停止及点动控制任务。

二、实训内容

(1)写出I/O分配表。

(2)绘制主电路图和PLC硬件接线图。

(3)根据控制要求，设计梯形图程序。

(4)完成接线并检查、确认接线是否正确。

(5)输入并运行程序，监控程序运行状态，分析程序运行结果。

(6)程序符合控制要求后再接通主电路试车，进行系统调试，直到最大限度地满足系统的控制要求为止。

(7)汇总整理并编制实验报告，保留工程文件。

三、技能训练评价

技能训练评价表见表1-1-3。

表1-1-3　技能训练评价表

序号	主要内容	考核要求	评分标准	配分	扣分	得分
1	方案设计	根据控制要求，画出I/O分配表，设计梯形图程序，画出PLC的外部接线图	1. 输入/输出地址遗漏或错误，每处扣1分； 2. 梯形图表达不正确或画法不规范，每处扣2分； 3. PLC的外部接线图表达不正确或画法不规范，每处扣2分； 4. 指令有错误，每个扣2分	30		
2	安装与接线	按PLC的外部接线图在板上正确接线，要求接线正确、紧固、美观	1. 接线不紧固、不美观，每根扣2分； 2. 接点松动，每处扣1分； 3. 不按接线图接线，每处扣2分	30		

续表

序号	主要内容	考核要求	评分标准	配分	扣分	得分
3	程序输入与调试	学会编程软件的基本操作，正确操作电脑开机和停机，并能正确地将程序输入 PLC，按动作要求进行模拟调试，最终达到控制要求	1. 不熟练操作电脑，扣 2 分； 2. 不会用删除、插入、修改等指令，每项扣 2 分； 3. 第一次试车不成功扣 5 分，第二次试车不成功扣 10 分，第三次试车不成功扣 20 分	30		
4	安全与文明生产	遵守国家相关专业的安全文明生产规程，遵守学校纪律，学习态度端正	1. 不遵守教学场所规章制度，扣 2 分； 2. 出现重大事故或人为损坏设备扣 10 分	10		
5	备注	电气元件均采用国家统一规定的图形符号和文字符号	由教师或指定学生代表负责依据评分标准评定	合计 100 分		
小组成员签名						
教师签名						

任务 1.2　电动机正反转的 PLC 控制

★教学目标

知识目标

①熟悉基本指令的应用；

②掌握 PLC 控制系统的设计方法；

③理解置位和复位指令功能，学会使用置位、复位指令编写控制程序。

能力目标

①学会 I/O 口分配表的配置；

②学会绘制 PLC 硬件接线图的方法并能正确连线；

③学会编程软件的基本操作，掌握用户程序的输入和编辑方法。

涵盖内容

西门子 PLC 的置位指令、复位指令、上升沿脉冲指令及下降沿脉冲指令。

任务导入

在生产实际中，各种生产机械常常要求具有上、下、左、右、前、后等相反方向的运动，这就要求电动机能够正、反向运转。三相交流电动机可以借助正、反向接触器改变定子绕组的相序来实现。

图 1-2-1 所示为电动机正反转的控制线路。该线路可以实现电动机正转→停止→反转→停止控制功能。

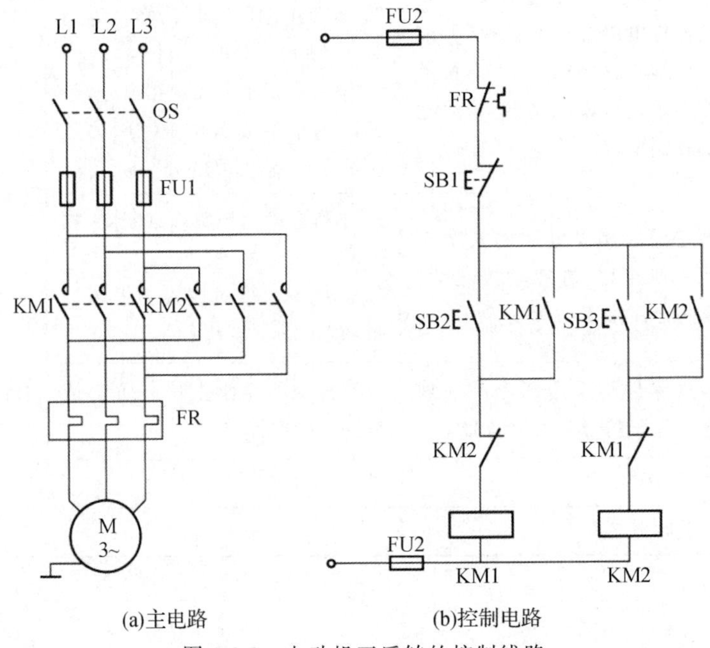

(a)主电路　　(b)控制电路

图 1-2-1　电动机正反转的控制线路

任务分析

由图 1-2-1 可知，为保证电动机正常工作，避免发生两相电源短路事故，在电动机正、反向控制的两个接触器线圈电路中互串一个对方的动断触点，形成相互制约的控制，使 KM1 和 KM2 线圈不能同时得电，这对动断触点起互锁作用称为互锁触点。这些控制要求都应在梯形图中体现。

图 1-2-1 所示的电动机正反转的控制线路系统功能可以改由 PLC 的指令来实现。

知识链接

在程序设计过程中，常常需要对输入、输出继电器或内部存储器的某些位进行置 1 或置 0 的操作，S7-200CPU 指令系统提供了置位与复位指令，从而可以很方便地对多个点进行置 1 或置 0 操作，使 PLC 程序的编程更为灵活和简便。下面对置位、复位指令的用法和编程应用进行介绍。

一、置位、复位指令

1. 格式及功能

置位、复位指令的格式及功能见表 1-2-1。

表 1-2-1　置位、复位指令的格式及功能

指令名称	LAD	STL	功能
置位指令 Set	bit —(S) N	S bit,N	使能输入有效后,从指定 bit 地址开始的 N 个位置"1"并保持
复位指令 Reset	bit —(R) N	R bit,N	使能输入有效后,从指定 bit 地址开始的 N 个位置"0"并保持

【例 1-2-1】置位、复位指令的应用举例如图 1-2-2 所示。

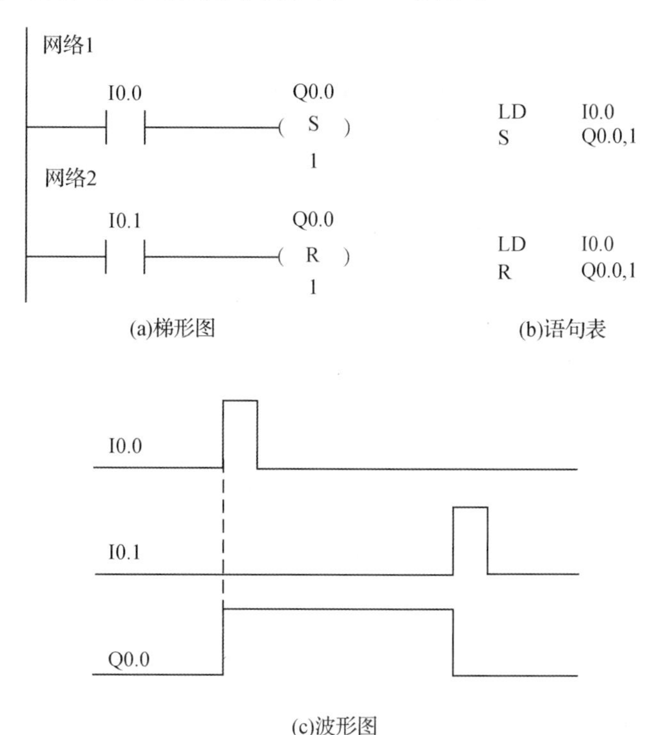

(c)波形图

图 1-2-2　置位、复位指令的应用举例

程序及运行结果分析如下:

I0.0 触点接通时,使输出线圈 Q0.0 置位为 1,并保持。I0.1 触点接通时,使输出线圈 Q0.0 复位为 0,并保持。

2. 置位、复位指令使用说明

(1)置位/复位(set/reset,S/R)的操作数可以为 Q,M,SM,T,C,V,S 和 L。

(2)N 一般情况下使用常数,其范围为 1~255,也可以为 VB,IB,QB,MB,SMB,SB,LB,AC,VD 和 LD。

(3)对位元件而言,一旦被置 1,就保持在通电状态,除非对它复位;而一旦被置 0,就保持在断电状态,除非对它置位。

(4)S/R 指令通常成对使用,也可以单独使用或与指令配合使用。对同一元件,可以多

次使用 S/R 指令。

(5)S/R 指令可以互换使用次序使用,但由于 PLC 采用扫描工作方式,当置位、复位指令同时有效时,写在后面的指令具有优先权。

(6)置位指令可以对计数器和定时器复位,而复位时计数器和定时器的当前值被清零。

二、边沿脉冲指令

S7-200PLC 的边沿脉冲指令包括上升沿脉冲指令和下降沿脉冲指令格式。边沿脉冲指令常用于启动、关断条件的判定以及配合功能指令完成一些逻辑控制任务。

1. 格式和功能

边沿脉冲指令格式和功能见表 1-2-2。

表 1-2-2 边沿脉冲指令格式和功能

指令名称	LAD	STL	功能
上升沿脉冲指令	─┤P├─	EU	检测到 EU 指令前的逻辑运算结果有一个上升沿时,产生一个宽度为一个扫描周期的脉冲
下降沿脉冲指令	─┤N├─	ED	检测到 EU 指令前的逻辑运算结果有一个下降沿时,产生一个宽度为一个扫描周期的脉冲

【例 1-2-2】边沿脉冲指令的应用举例如图 1-2-3 所示。

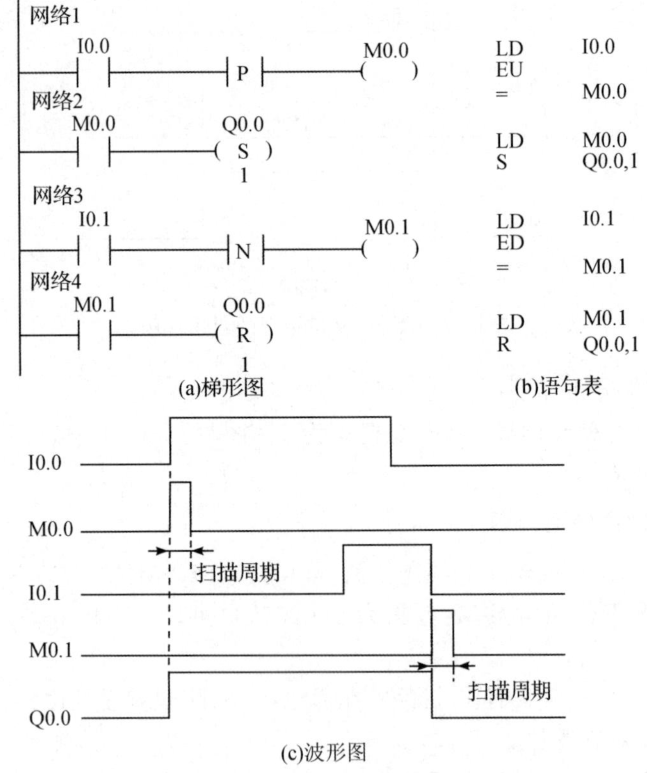

图 1-2-3 边沿脉冲指令的应用举例

程序及运行结果分析如下：

I0.0 的上升沿，经触点(EU)产生一个扫描周期的时钟脉冲，驱动输出线圈 M0.0 导通一个扫描周期，M0.0 的常开触点闭合一个扫描周期，使输出线圈 Q0.0 置位为 1，并保持。

I0.1 的下降沿，经触点(ED)产生一个扫描周期的时钟脉冲，驱动输出线圈 M0.1 导通一个扫描周期，M0.1 的常开触点闭合一个扫描周期，使输出线圈 Q0.0 复位为 0，并保持。

【例 1-2-3】某台设备有两台电动机 M1 和 M2，其交流接触器分别连接 PLC 的输出继电器 Q0.1 和 Q0.2，总启动按钮使用常开触点，接输入继电器 I0.0 的端口，总停止按钮使用常闭触点，接输入继电器 I0.1 端口。为了减小两台电动机同时启动对供电电路的影响，应让 M2 稍微延迟片刻再启动。控制要求是：按下启动按钮时，M1 立即启动，松开启动按钮时，M2 才启动；按下停止按钮，M1 和 M2 同时停止。

解：根据控制要求，启动第一台电动机用 EU 指令，启动第二台电动机用 ED 指令，程序梯形图和语句表如图 1-2-4 所示。

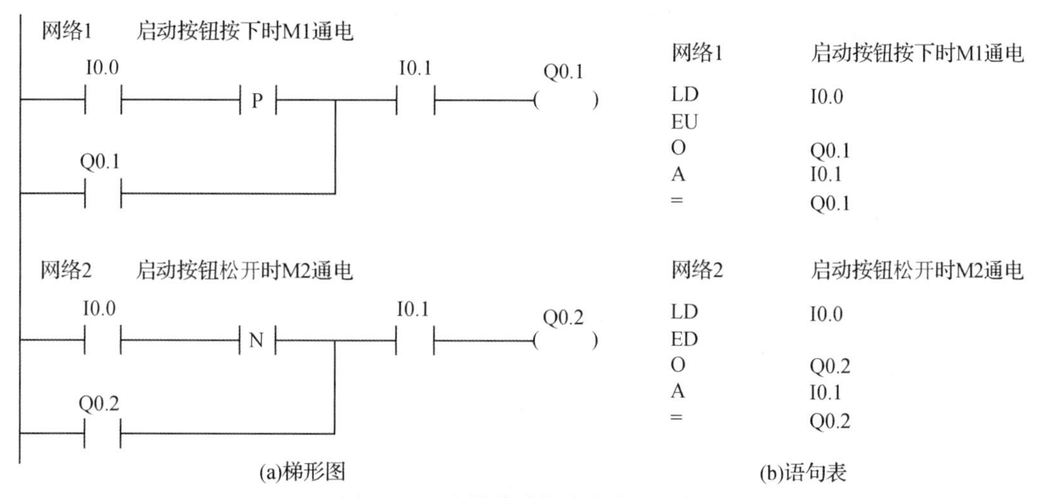

图 1-2-4　边沿脉冲指令的应用举例

2. 边沿脉冲指令的使用说明

(1)EU，ED 指令无操作数。

(2)开机时就为接通状态的输入条件的，EU 指令不予执行。

(3)EU，ED 指令只在输入信号变化时才有效，其输出信号的脉冲宽度为一个机器扫描周期。

三、取反指令

取反指令 NOT：将其左边的逻辑运算结果取反，为用户使用反逻辑提供方便。该指令无操作数。

【例 1-2-4】取反指令的应用举例如图 1-2-5 所示。

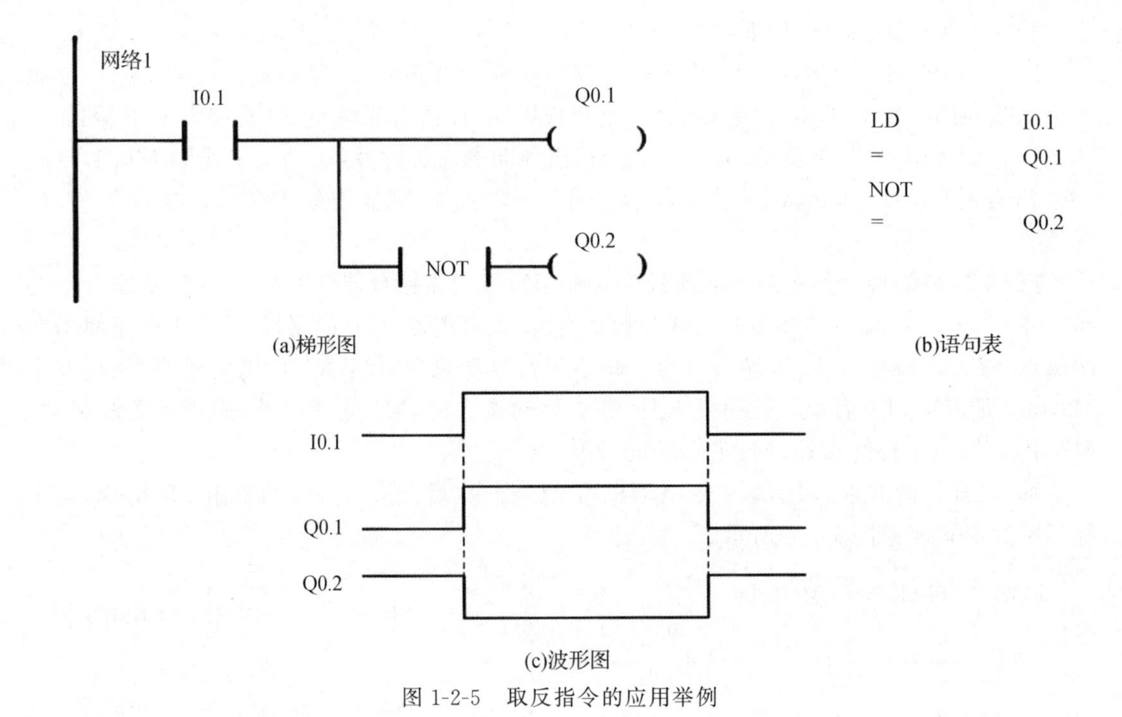

图 1-2-5 取反指令的应用举例

任务实施

图 1-2-1 所示的电动机正反转的控制线路的系统功能采用 PLC 控制系统来完成时，仍然需要保留主电路部分，图 1-2-1(b)中控制电路的功能由 PLC 执行程序取代，在 PLC 的控制系统中，还要求对 PLC 的输入/输出端口进行设置即 I/O 分配，然后根据 I/O 分配情况完成 PLC 的硬件接线，直到系统调试符合控制要求为止。

一、I/O 分配

I/O 分配情况见表 1-2-3。

表 1-2-3 I/O 分配

输入		输出	
I0.0	停止按钮 SB1	Q0.1	正转控制接触器 KM1
I0.1	正转启动按钮 SB2	Q0.2	反转控制接触器 KM2
I0.2	反转启动按钮 SB3		
I0.3	热继电器动合触点 FR		

二、PLC 硬件接线

PLC 硬件接线如图 1-2-6 所示。为了保证电动机正常运行，不出现电源短路情况，在 PLC 的输出端口线圈电路中应连接上接触器的动断互锁触点。

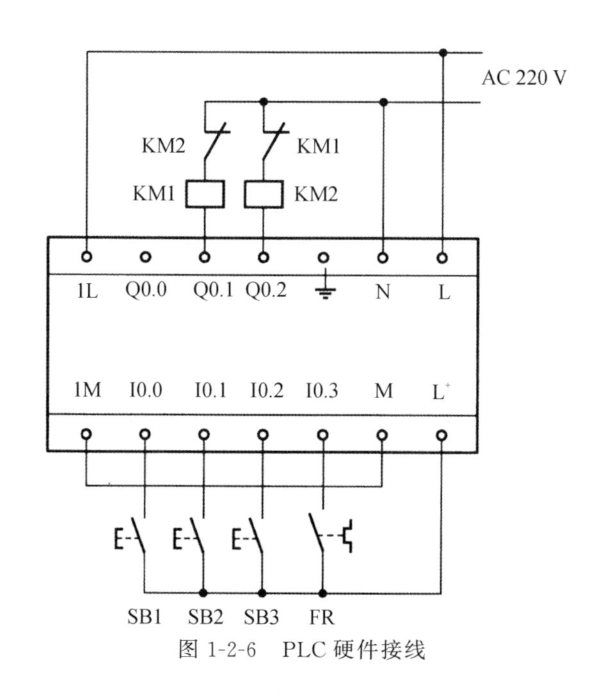

图 1-2-6　PLC 硬件接线

三、控制程序和运行结果分析

(1)使用一般逻辑指令设计的控制程序如图 1-2-7 所示。

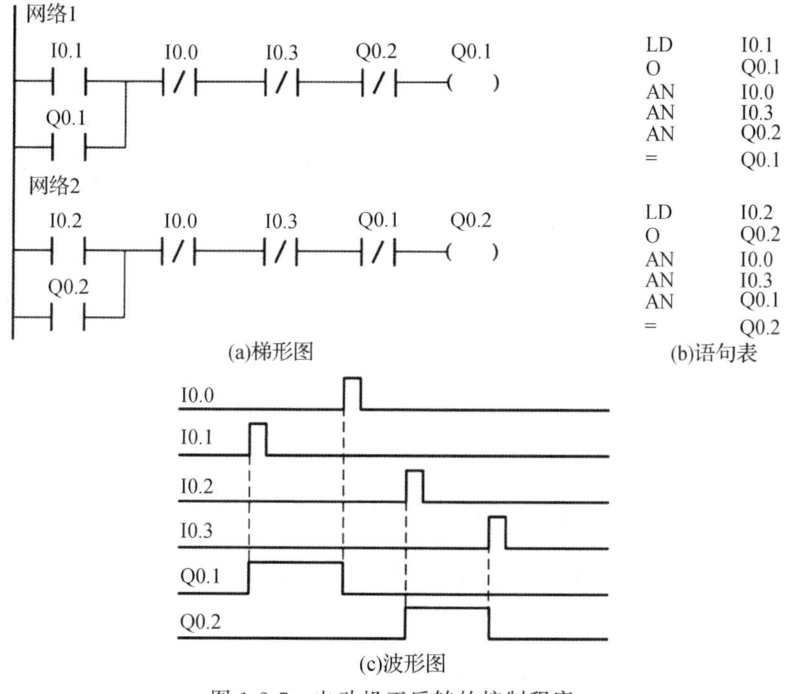

图 1-2-7　电动机正反转的控制程序

(2)使用置位、复位指令设计的控制程序如图 1-2-8 所示。

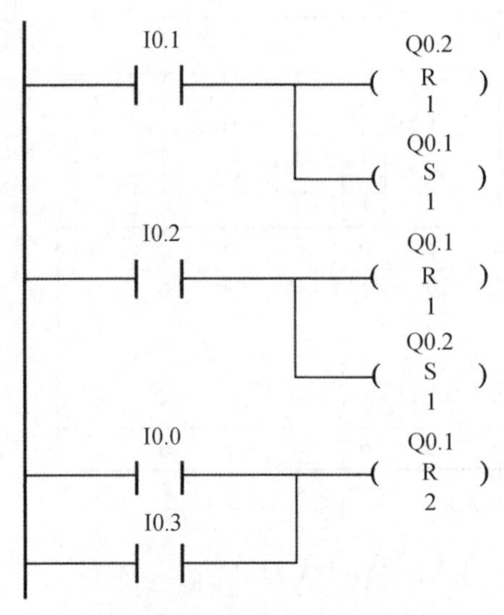

图 1-2-8　置位、复位指令控制梯形图

四、系统调试

(1)完成接线并检查、确认接线正确与否。

(2)输入并运行程序,监控程序运行状态,分析程序运行结果。

(3)程序符合控制要求后再接通主电路试车,进行系统调试,直到最大限度地满足系统的控制要求为止。

拓展知识

一、S7-200PLC 介绍

PLC 的产品很多,不同厂家、不同系列、不同型号的 PLC,其功能和结构均有所不同,但工作原理和组成基本相同。西门子公司的 SIMATICS7 系列 PLC,以结构紧凑、可靠性高、功能全等优点,在自动控制领域占有重要地位。

S7 系列 PLC 分为 S7-200 小型机、S7-300 中型机、S7-400 大型机。S7-200 系列 PLC 是西门子公司在 20 世纪 90 年代推出的整体式小型机,其结构紧凑、功能强,具有很高的性价比,在中小规模控制系统中应用广泛,其产品如图 1-2-9 所示。

图 1-2-9　S7-200 系列 PLC

二、S7-200PLC的结构及技术性能

1. S7-200PLC结构

S7-200PLC把CPU、存储器、电源、输入/输出接口、通信接口、扩展接口等组成部分集成在一个紧凑、独立的设备中，具有功能强大的指令集和丰富强大的通信功能，其结构如图1-2-10所示。

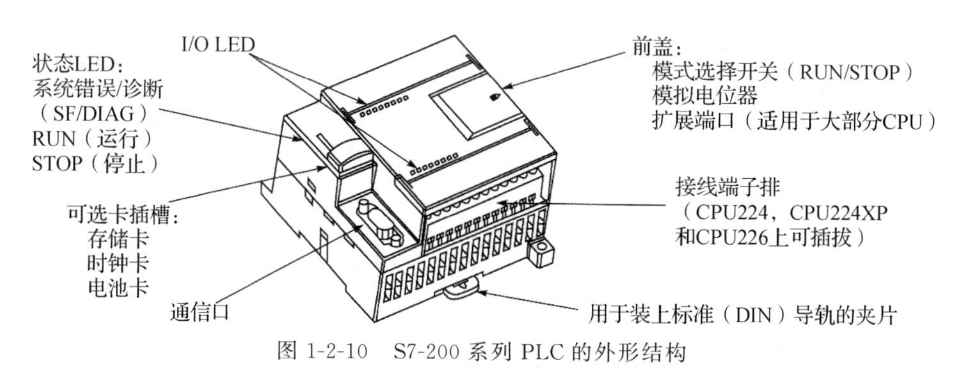

图1-2-10　S7-200系列PLC的外形结构

2. S7-200CPU的类型

从CPU模块的功能来看，SIMATIC S7-200系列小型PLC发展至今，大致经历了两代。

(1)第一代：其CPU模块为CPU21X，主机可进行扩展。它具有4种不同配置的CPU单元：CPU212，CPU214，CPU215和CPU216，本书不再介绍该产品。

(2)第二代：其CPU模块为CPU22X，主机可进行扩展。它具有5种不同配置的CPU单元：CPU221，CPU222，CPU224，CPU226和CPU226XM，除CPU221外，其他都可加扩展模块，是目前小型PLC的主流产品。本书将介绍CPU22X系列产品。

对于每个型号，西门子厂家都提供了产品货号，并根据产品货号可以购买到指定类型的PLC。

3. S7-200CPU22X的I/O及电源

对于每个型号，西门子厂家都提供24 V直流(direct current，DC)和120/240 V交流(alternating current，AC)两种电源供电的CPU类型，可在主机模块外壳的侧面看到电源规格。

输入接口电路也有连接外信号源直流和交流两种类型。输出接口电路主要有两种类型，即交流继电器输出型和直流晶体管输出型。CPU22X系列PLC可提供5个不同型号的10种基本单元CPU供用户选用，其类型及参数见表1-2-4。

表1-2-4　S7-200系列CPU的电源

型号	电源/输入/输出类型	主机I/O点数
CPU221	DC/DC/DC	6输入/4输出
	AC/DC/继电器	

续表

型号	电源/输入/输出类型	主机 I/O 点数
CPU222	DC/DC/DC	8 输入/6 输出
	AC/DC/继电器	
CPU224	DC/DC/DC	14 输入/10 输出
	AC/DC/继电器	
	AC/DC/继电器	
CPU226	DC/DC/DC	24 输入/16 输出
	AC/DC/继电器	
CPU226XM	DC/DC/DC	24 输入/16 输出
	AC/DC/继电器	

注：表中第 2 列的电源/输入/输出类型的含义，如为 DC/DC/DC，表示电源、输入类型为 24 V DC，输出类型为 24 V DC 晶体管型；如为 AC/DC/继电器，则表示电源类型为 220 V AC，输入类型为 24 V DC，输出类型为继电器型

CPU22X 电源供电接线如图 1-2-11 所示。

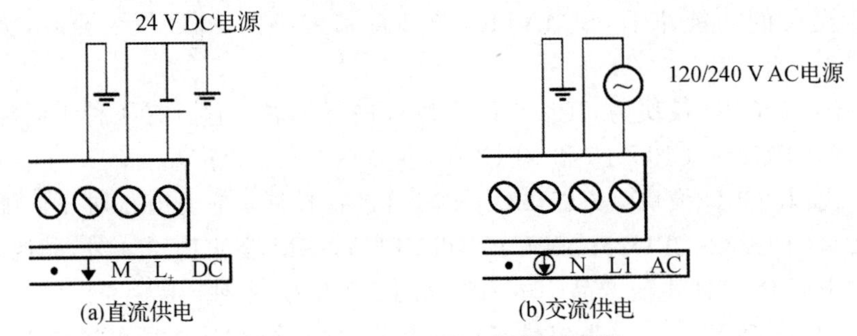

(a)直流供电　(b)交流供电

图 1-2-11　CPU22X 电源供电接线

4. PLC 的扫描工作原理

当 PLC 的方式开关置于“RUN”位置时，即进入程序运行状态。在程序运行模式下，PLC 用户程序的执行采用独特的周期性循环扫描工作方式。每一个扫描周期分为读输入、执行程序、处理通信请求、执行 CPU 自诊断和写输出 5 个阶段，如图 1-2-12 所示。

(1)读输入。在读输入阶段，PLC 的 CPU 将每个输入端口的状态复制到输入数据映像寄存器(也称为输入继电器)中。

(2)执行程序。在执行程序阶段，CPU 逐条按顺序(从左到右、从上到下)扫描用户程序，同时进行逻辑运算和处理，最终将运算结果存入输出数据映像寄存器中。

(3)处理通信请求。CPU 执行 PLC 与其他外部设备之间的通信任务。

(4)执行 CPU 自诊断。CPU 检查 PLC 各部分是否工作正常。

(5)写输出。在写输出阶段，CPU 将输出数据映像寄存器中存储的数据复制到输出继电器中。在非读输入阶段，即使输入状态发生变化，程序也不读入新的输入数据，这种方式是为了增强 PLC 的抗干扰能力和程序执行的可靠性。

PLC 扫描周期与 PLC 的类型、程序指令语句的长短和 CPU 执行指令的速度有关，通常

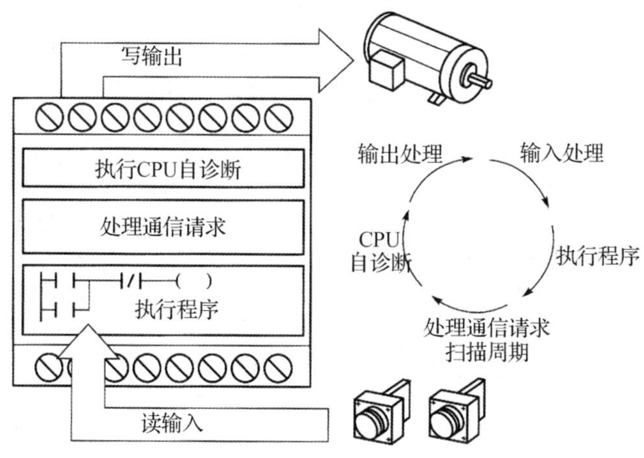

图 1-2-12　PLC 的扫描工作方式

一个扫描周期为几毫秒至几十毫秒，超过设定时间时程序将报警。由于 PLC 的扫描周期很短，因此从操作上感觉不到 PLC 的延迟。对于高速信号，PLC 则有专门的处理方式，相关内容将在后面项目 3 中断与高速计数器中介绍。

PLC 循环扫描工作方式与继电器并联工作方式有本质的不同。在继电器并联工作方式下，当控制线路通电时，所有的负载(继电器线圈)可以同时通电，即与负载在控制线路中的位置无关。PLC 属于逐条读取指令、逐条执行指令的顺序扫描工作方式，先被扫描的软继电器先动作，并且影响后被扫描的软继电器，与软继电器在程序中的位置有关。在编程时掌握和利用这个特点，可以较好地处理软件互锁关系。

5. S7-200CPU22X 的输入/输出接口

S7-200 主机配置的输入接口是数字信号输入接口。为了提高抗干扰能力，输入接口均有光电隔离电路，即由发光二极管和光电三极管组成的光电耦合器。

S7-200 主机配置的输出接口通常是继电器和晶体管输出型。继电器输出型为有触点输出，外加负载电源既可以是交流，也可以是直流。CPU226AC/DC/继电器输出的 CPU 外围接线图如图 1-2-13 所示。

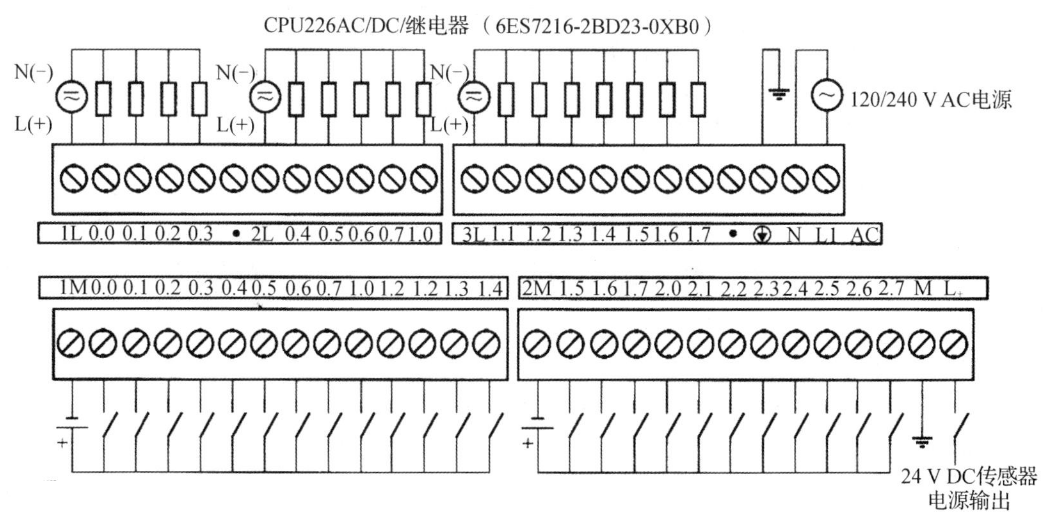

图 1-2-13　S7-200PLC 外围接线

(1)输入接口电路。各种 PLC 的输入接口电路结构大都相同,按其接口接受的外信号电源可分为两种类型:直流输入接口电路和交流输入接口电路。其作用是把现场的开关量信号变成 PLC 内部处理的标准信号。PLC 的输入接口电路如图 1-2-14 所示。

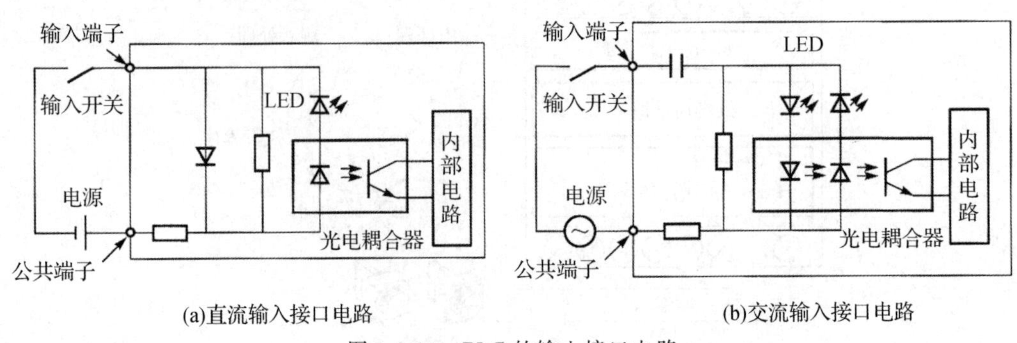

图 1-2-14　PLC 的输入接口电路

在输入接口电路中,每一个输入端子可接收一个来自用户设备的离散信号,即外部输入器件可以是无源触点,如按钮、开关、行程开关等,也可以是有源器件,如各类传感器、接近开关、光电开关等。在 PLC 内部电源容量允许的条件下,有源输入器件可以采用 PLC 输出电源(24V),否则必须外设电源。

在图 1-2-14(a)所示的直流输入接口电路中,当输入开关闭合时,光敏晶体管接收到光信号,并将接收到的信号送入内部状态寄存器。即当现场开关闭合时,对应的输入映像寄存器为"1"状态,同时该输入端的发光二极管(light emitting diode,LED)点亮;当现场开关断开时,对应的输入映像寄存器为"0"状态。光电耦合器隔离了输入电路与 PLC 内部电路的电气连接,使外部信号通过光电耦合变成内部电路能接收的标准信号。

在图 1-2-14(b)所示的交流输入接口电路中,当输入开关闭合时,经双向光电耦合器,将该信号送至 PLC 内部电路,供 CPU 处理,同时发光二极管点亮。

(2)输出接口电路。为适应不同负载需要,各类 PLC 的输出都有 3 种类型的接口电路,即继电器输出、晶体管输出和晶闸管输出。其作用是把 PLC 内部的标准信号转换成现场执行机构所需的开关量信号,以驱动负载。发光二极管用来显示某一路输出端子是否有信号输出。

PLC 的输出接口电路如图 1-2-15 所示。

三、S7-200 系列 PLC 数据存储区及元件功能

1. 输入继电器

输入继电器(I)用来接受外部传感器或开关元件发来的信号,其一般采用八进制编号,一个端子占用一个点。它有 4 种寻址方式,即可以按位、字节、字或双字来存取输入过程映像寄存器中的数据。

位:I[字节地址].[位地址],如 I0.1。

字节、字或双字:I[长度][起始字节地址],如 IB3,IW4,ID0。

2. 输出继电器

输出继电器(Q)是用来将 PLC 的输出信号传递给负载,以驱动负载。其一般采用八进制编号,且一个端子占用一个点。它有 4 种寻址方式,即可以按位、字节、字或双字来存取输

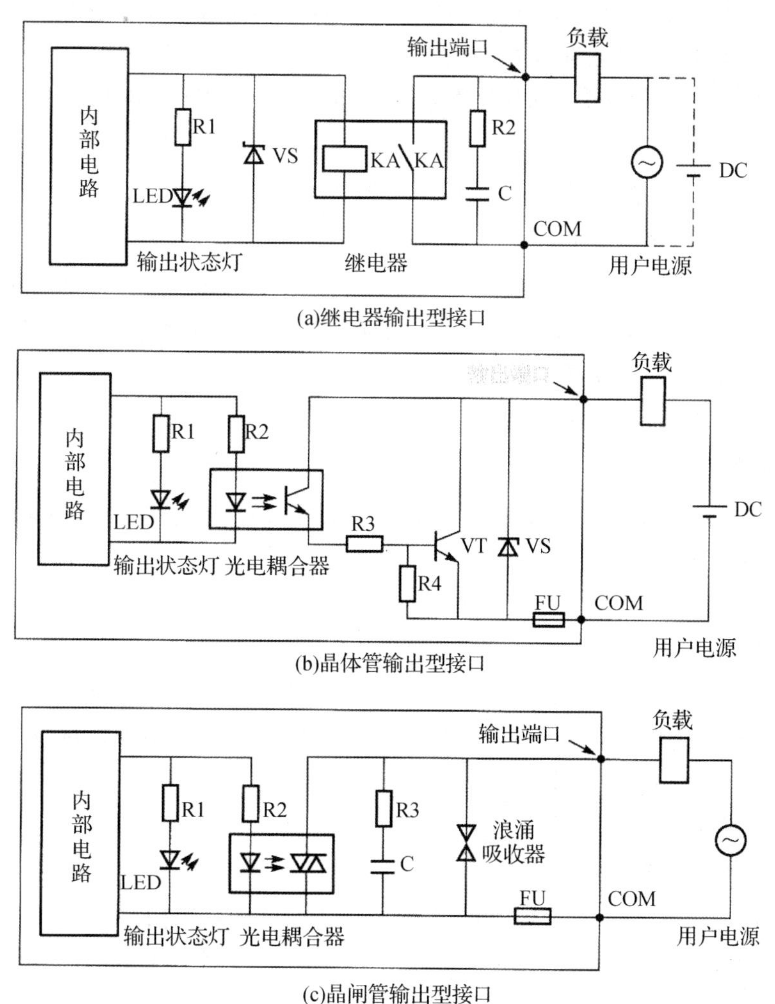

(a)继电器输出型接口

(b)晶体管输出型接口

(c)晶闸管输出型接口

图 1-2-15　PLC 的输出接口电路

出过程映像寄存器中的数据。

位：Q[字节地址].[位地址]，如 Q0.2。

字节、字或双字：Q[长度][起始字节地址]，如 QB2，QW6，QD4。

3. 变量存储区

用户可以用变量存储区（V）存储程序执行过程中控制逻辑操作的中间结果，也可以用它来保存与工序或任务相关的其他数据。它有 4 种寻址方式，即可以按位、字节、字或双字来存取变量存储区中的数据。

位：V[字节地址].[位地址]，如 V10.2。

字节、字或双字：V[长度][起始字节地址]，如 VB100，VW200，VD300。

4. 位存储区

在逻辑运算中通常需要一些存储中间操作信息的元件，它们并不直接驱动外部负载，只起中间状态的暂存作用，类似于继电器接触系统中的中间继电器，一般以位为单位使用。位存储区(M)有4种寻址方式,即可以按位、字节、字或双字来存取位存储器中的数据。

位:M[字节地址].[位地址],如M0.3。

字节、字或双字:M[长度][起始字节地址],如MB4,MW10,MD4。

5. 定时器区

在S7-200PLC中,定时器(T)的作用相当于时间继电器。

格式:T+定时器编号,如T37。

6. 计数器区

在S7-200CPU中,计数器(C)用于累计从输入端或内部元件送来的脉冲数。它有增计数器、减计数器及增/减计数器3种类型。

格式:即C[计数器编号],如C0。

7. 高速计数器

高速计数器(HC)用于对频率高于扫描周期的外界信号进行计数,使用主机上的专用端子接收这些高速信号。

格式:HC[高速计数器号],如HC1。

8. 累加器

累加器(AC)是用来暂存数据的寄存器,可以同子程序之间传递参数,以及存储计算结果的中间值。S7-200PLC提供了4个32位累加器AC0~AC3,累加器可以按字节、字和双字的形式来存取累加器中的数值。

格式:AC[累加器号],如AC1。

9. 顺序控制继电器存储区

顺序控制继电器(S)又称状态元件,以实现顺序控制和步进控制。状态元件是使用顺序控制继电器指令的重要元件,在PLC内为数字量,可以按位、字节、字或双字来存取状态元件存储区中的数据。

位:S[字节地址].[位地址],如S0.6。

字节、字或双字:S[长度][起始字节地址],如SB10,SW10,SD4。

10. 模拟量输入

S7-200将模拟量值(如温度或电压)转换成1个字长(16位)的数字量,可以用区域标识符(AI)、数据长度(W)及字节的起始地址来存取这些值。因为模拟输入量为1个字长,且从偶数位字节(如0,2,4)开始,所以必须用偶数字节地址(如AIW0,AIW2,AIW4)来存取这些值。模拟量输入值为只读数据,转换的实际精度是12位。

格式:AIW[起始字节地址],如AIW4。

11. 模拟量输出

S7-200将1个字长(16位)数字值按比例转换为电流或电压,可以用区域标识符(AQ)、数据长度(W)及字节的起始地址来改变这些值。因为模拟量为1个字长,且从偶数字节(如0,2,4)开始,所以必须用偶数字节地址(如AQW0,AQW2,AQW4)来改变这些值。模拟量输出值为只写数据,转换的实际精度是12位。

格式:AQW[起始字节地址],如AQW4。

技能训练

一、控制要求

分别用一般逻辑指令和置位、清0指令设计两套PLC梯形图，完成电动机启动、停止要求的控制任务，控制要求如下：

(1)启动时，电动机M1先启动，才能启动电动机M2，停止时M1和M2同时停止。

(2)启动时，电动机M1和M2同时启动，停止时，只有在电动机M2停止时，电动机M1才能停止。

二、实训内容

(1)写出I/O分配表。

(2)绘制主电路图和PLC硬件接线图。

(3)根据控制要求，设计梯形图程序。

(4)完成接线并检查、确认接线正确与否。

(5)输入并运行程序，监控程序运行状态，分析程序运行结果。

(6)程序符合控制要求后再接通主电路试车，进行系统调试，直到最大限度地满足系统控制要求为止。

(7)汇总整理并编制实验报告，保留工程文件。

三、技能训练评价

技能训练评价见表1-2-5。

表1-2-5　技能训练评价

序号	主要内容	考核要求	评分标准	配分	扣分	得分
1	方案设计	根据控制要求，画出I/O分配表，设计梯形图程序，画出PLC的外部接线图	1. 输入/输出地址遗漏或错误，每处扣1分； 2. 梯形图表达不正确或画法不规范，每处扣2分； 3. PLC的外部接线图表达不正确或画法不规范，每处扣2分； 4. 指令有错误，每个扣2分	30		
2	安装与接线	按PLC的外部接线图在板上正确接线，要求接线正确、紧固、美观	1. 接线不紧固、不美观，每根扣2分； 2. 接点松动，每处扣1分； 3. 不按接线图接线，每处扣2分	30		

续表

序号	主要内容	考核要求	评分标准	配分	扣分	得分
3	程序输入与调试	学会编程软件的基本操作，正确操作电脑开机和停机，并能正确地将程序输入 PLC，按动作要求进行模拟调试，最终达到控制要求	1. 不熟练操作电脑，扣 2 分； 2. 不会用删除、插入、修改等指令，每项扣 2 分； 3. 第一次试车不成功扣 5 分，第二次试车不成功扣 10 分，第三次试车不成功扣 20 分	30		
4	安全与文明生产	遵守国家相关专业的安全文明生产规程，遵守学校纪律、学习态度端正	1. 不遵守教学场所规章制度，扣 2 分； 2. 出现重大事故或人为损坏设备扣 10 分	10		
5	备注	电气元件均采用国家统一规定的图形符号和文字符号	由教师或指定学生代表负责依据评分标准评定	合计 100 分		
小组成员签名						
教师签名						

任务 1.3　电动机 Y/△降压启动的 PLC 控制

★教学导航

知识目标

①理解定时器指令(TON\TOF\TONR)的含义；

②掌握 PLC 控制的设计方法。

能力目标

①会进行 I/O 点设置；

②能用定时器指令编写控制指令。

涵盖内容

定时器指令，包括 TON(接通延时)、TOF(断开延时)和 TONR(有记忆接通延时)。

任务导入

由于交流电动机直接启动时电流达到额定值的 4～7 倍，电动机功率越大，电网电压波动率越大，对电动机及机械设备的危害也越大，因此对容量较大的电动机采用减压启动来限制启动电流。Y/△降压启动是常见的启动方法，基本控制线路如图 1-3-1 所示，它是根据启动过程中的时间变化，利用时间继电器来控制 Y/△切换的。

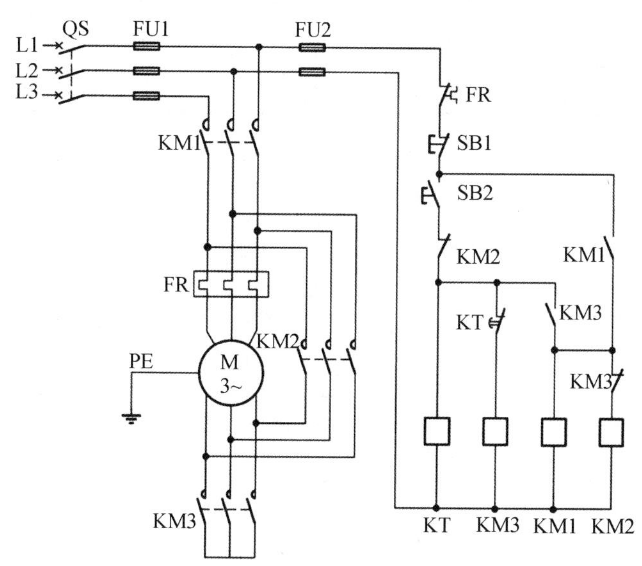

图 1-3-1　Y/△降压启动控制线路

任务分析

由图 1-3-1 可知，接触器 KM2 与 KM3 不能同时通电，否则会造成电源短路，故应考虑互锁作用。控制线路所需的元器件有输入量，如启动按钮和停止按钮；输出量，如控制电动机的接触器。时间继电器 KT 不能作为输入量与输出量，而应利用 PLC 内部的定时器指令（TON）来实现定时功能，故本任务的重点是学习 S7-200PLC 中定时器指令的应用。

知识链接

定时器是 PLC 中的重要基本指令。S7-200 有 3 种定时器，接通延时定时器（TON）、断开延时定时器（TOF）和有记忆接通延时定时器（TONR）；有 256 个定时器，为 T0～T255，每个定时器都有唯一的编号。不同的编号决定了定时器的功能和分辨率，而某一个标号定时器的功能和分辨率是固定的，见表 1-3-1，其中 3 种分辨率（时基）分别是 1 ms，10 ms，100 ms。

分辨率指定时器中能够区分的最小时间增量，即精度。具体的定时时间 T 由预置值和分辨率的乘积决定，见表 1-3-1。

表 1-3-1　S7-200PLC 规定了定时器的编号与分辨率

定时器类型	分辨率/ms	最大计时范围/s	定时编号
TON，TOF	1	32.767	T32，T96
	10	327.67	T33～T36，T97～T100
	100	3 276.7	T37～T63，T101～T255

续表

定时器类型	分辨率/ms	最大计时范围/s	定时编号
TONR	1	32.767	T0,T64
	10	327.67	T1～T4,T65～T68
	100	3 276.7	T5～T31,T69～T95

一、指令格式

LAD及STL格式如图1-3-2所示。

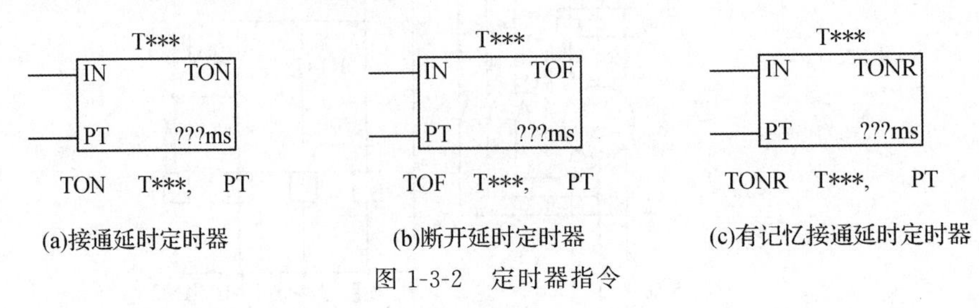

(a)接通延时定时器　(b)断开延时定时器　(c)有记忆接通延时定时器

图1-3-2　定时器指令

IN:表示输入的是一个位逻辑信号,起使能输入端的作用。

T *** :表示定时器的编号。

PT:表示定时器的预置值。

二、操作数取值范围

T *** :WORD,常数(0～255)。

IN:DOOL,能流。

PT:INT,VW,IW,QW,MW,SW,SMW,LW,AIW,T,C,AC,* VD,* AC,* LD。

三、接通延时定时器

接通延时定时器用于单一时间间隔的定时,其应用如图1-3-3所示。

(1)输入端(IN)接通时,接通延时定时器开始计时,当定时器当前值等于或大于设定值(PT)时,该定时器位被置为1,定时器累计值达到设定时间后,继续计时,一直计到最大值32 767。

(2)输入端(IN)断开时,定时器复位,即当前值为0,定时器位为0。定时器的实际设定时间 T=设定值(PT)×分辨率。接通延时定时器是模拟通电延时型物理时间继电器的功能。

例如:TON指令使用T33(10 ms分辨率的定时器),设定值为500,则实际定时时间为

$$T=500\times 10\ \text{ms}=5\ 000\ \text{ms}=5\ \text{s}$$

(3)在本例中如图1-3-3所示,在I0.0闭合5 s后,定时器T33闭合,输出线圈Q0.0接通。I0.0断开,定时器复位,Q0.0断开。I0.0再次接通时间较短,定时器没有动作。

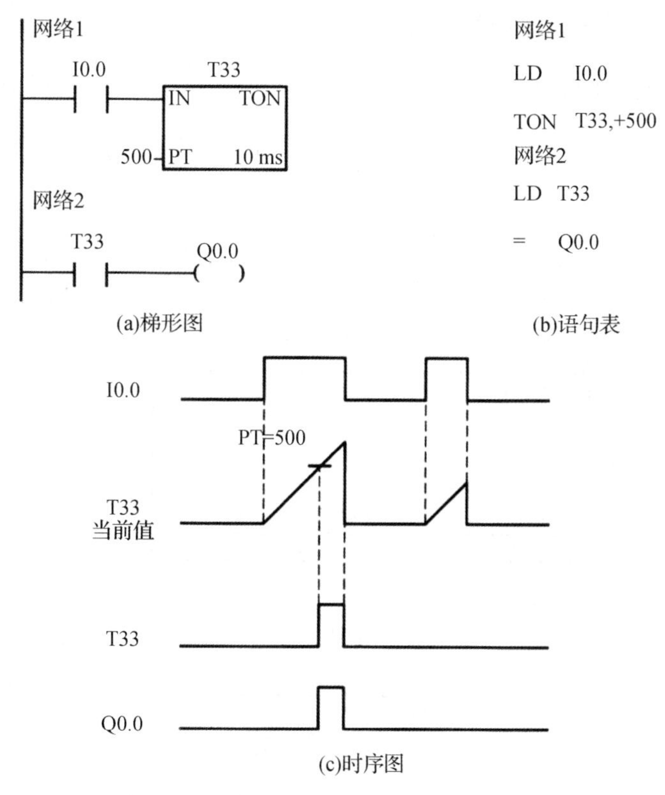

图1-3-3　接通延时定时器(TON)的应用

任务实施

一、Y/△降压启动控制要求

(1)按下启动按钮SB2,KM1和KM3吸合,电动机Y形启动,8 s后,KM3断开,KM2吸合,电动机△运行,启动完成。

(2)按下停止按钮SB1,接触器全部断开,电动机停止运行。

(3)如果电动机超负荷运行,则热继电器FR断开,电动机停止运行。

二、I/O分配表

I/O分配见表1-3-2。

表1-3-2　I/O分配

输入			输出		
启动	SB2	I0.1	接触器1	KM1	Q0.1
停止	SB1	I0.2	接触器2	KM2	Q0.2
热继电器	FR	I0.3	接触器3	KM3	Q0.3

三、PLC Y/△控制系统接线图

Y/△控制系统接线如图 1-3-4 所示。

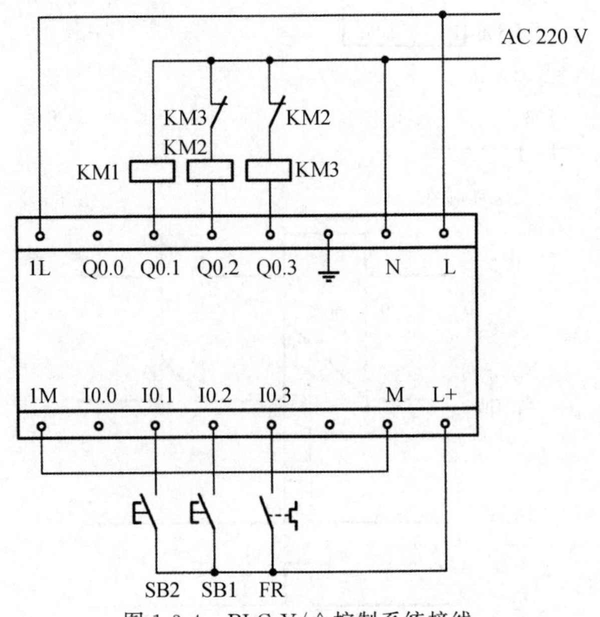

图 1-3-4 PLC Y/△控制系统接线

四、设计梯形图程序

设计梯形图程序如图 1-3-5 所示。

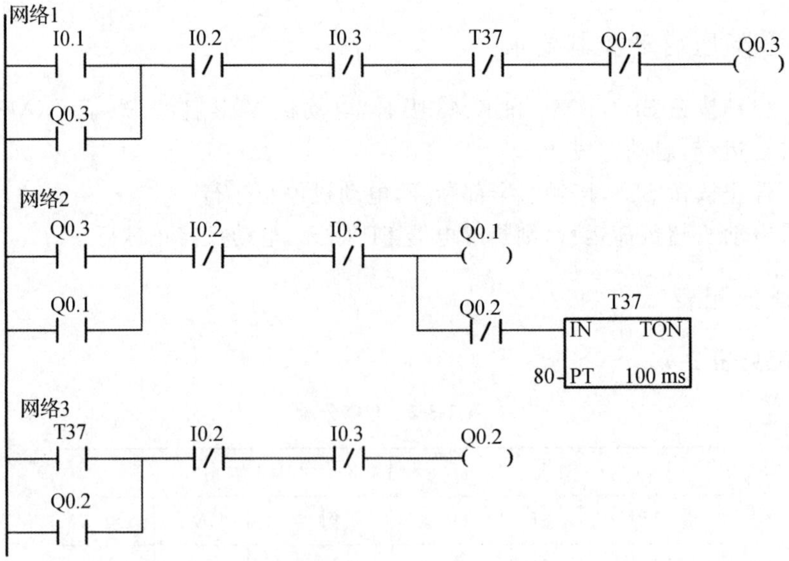

图 1-3-5 梯形图程序

五、运行并调试程序

(1)下载程序,先监控调试。

(2)连接外部按钮、接触器,分析程序运行结果是否达到任务要求。

拓展知识

一、断开延时定时器指令(TOF)

断开延时定时器用于输入端断开后的单一时间间隔计时,其应用如图1-3-6所示。

(1)输入端(IN)接通时,定时器位立即置为1,并把当前值设为0。

(2)输入端(IN)断开时,定时器开始计时,当计时当前值等于设定时间时,定时器位断开为0,并且停止计时,TOF指令必须用负跳变(由on到off)的输入信号启动计时。

(3)在本例中,PLC刚刚上电运行时,输入端I0.0没有闭合,定时器T36为断开状态;I0.0由断开变为闭合时,定时器位T36闭合,输出端Q0.0接通,定时器并不开始计时;I0.0由闭合变为断开时,定时器当前值开始累计时间,达到5 s时,定时器T36断开,输出端Q0.0同时断开。

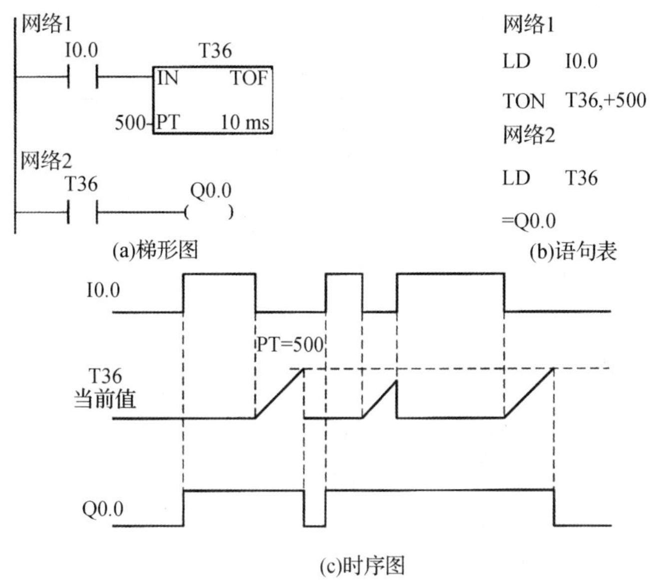

(c)时序图

图1-3-6　断开延时定时器的应用

二、有记忆接通延时定时器指令(TONR)

有记忆接通延时定时器具有记忆功能,它用于累计输入信号的接通时间,其应用如图1-3-7所示。

(1)输入端(IN)接通时,有记忆接通延时定时器接通并开始计时,当定时器当前值等于或大于设定值(PT)时,该定时器位被置为1。定时器累计值达到设定值后,继续计时,一直计到最大值32 767。

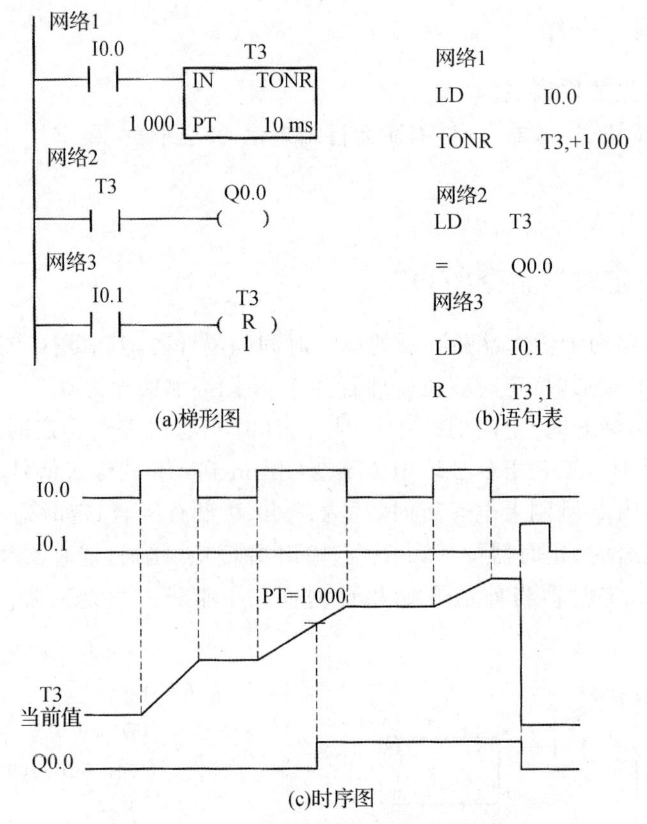

图 1-3-7　有记忆接通延时定时器的应用

(2)输入端(IN)断开时,定时器的当前值保持不变,定时器位不变。输入端(IN)再次接通时,定时器当前值从原来保持值开始向上继续计时,因此可累计多次输入信号的接通时间。

(3)上电周期或首次扫描时,定时器位为 0,当前值保持,可利用复位指令(R)清除定时器当前值。

(4)在本例中,如时序图 1-3-7 所示,当前值最初为 0,每一次输入端 I0.0 闭合,当前值开始累计;输入端 I0.0 断开,当前值则保持不变。在输入端闭合时间累计到 10 s 时,定时器位 T3 闭合,输出线圈 Q0.0 接通。当 I0.0 闭合时,由复位指令复位 T3 的位及当前值。

注意:TONR 与 TON 的区别,T3 当前值(SV 可记忆),当 SV≥PT 时,继续计时,一直计到 32 767,之后 SV 保持 32 767 不变,只有当 I0.1 通电时,定时器才复位。

技能训练

一、控制要求

设计 PLC 梯形图,完成两台电动机 M1 和 M2 按顺序操作的控制任务,要求:

按启动按钮 SB1,电动机 M1 先启动,10 s 后自动启动电动机 M2;停止时,按 SB2,电动机 M2 先停,延时 8 s 后,自动停止电动机 M1。

二、实训内容

(1)画I/O分配表。
(2)画PLC控制系统接线图。
(3)根据控制要求,设计梯形图程序。
(4)输入、调试程序。
(5)安装、运行控制系统。
(6)汇总整理文档,保留工程文件。

三、技能训练评价

技能训练评价见表1-3-3。

表1-3-3 技能训练评价

序号	主要内容	考核要求	评分标准	配分	扣分	得分
1	方案设计	根据控制要求,画出I/O分配表,设计梯形图程序,画出PLC的外部接线图	1. 输入/输出地址遗漏或错误,每处扣1分; 2. 梯形图表达不正确或画法不规范,每处扣2分; 3. PLC的外部接线图表达不正确或画法不规范,每处扣2分; 4. 指令有错误,每个扣2分	30		
2	安装与接线	按PLC的外部接线图在板上正确接线,要求接线正确、紧固、美观	1. 接线不紧固、不美观,每根扣2分; 2. 接点松动,每处扣1分; 3. 不按接线图接线,每处扣2分	30		
3	程序输入与调试	学会编程软件的基本操作,正确操作电脑开机和停机,并能正确地将程序输入PLC,按动作要求进行模拟调试,最终达到控制要求	1. 不熟练操作电脑,扣2分; 2. 不会用删除、插入、修改等指令,每项扣2分; 3. 第一次试车不成功扣5分,第二次试车不成功扣10分,第三次试车不成功扣20分	30		
4	安全与文明生产	遵守国家相关专业的安全文明生产规程,遵守学校纪律、学习态度端正	1. 不遵守教学场所规章制度,扣2分; 2. 出现重大事故或人为损坏设备扣10分	10		

续表

序号	主要内容	考核要求	评分标准	配分	扣分	得分
5	备注	电气元件均采用国家统一规定的图形符号和文字符号	由教师或指定学生代表负责依据评分标准评定	合计100分		
小组成员签名						
教师签名						

思维拓展

特殊标志位为用户提供一些特殊的控制功能及系统信息，用户对操作的一些特殊要求也要通过特殊标志继电器SM通知系统。特殊标志位分为只读区和可读可写区两部分。

只读区特殊标志位，用户只能使用其触点，如下所述。

(1)SM0.0：RUN监控，PLC在RUN状态时，SM0.0总为1。

(2)SM0.1：初始化脉冲，PLC由STOP转为RUN时，SM0.1接通一个扫描周期。

(3)SM0.2：当RAM中保存的数据丢失时，SM0.2接通一个扫描周期。

(4)SM0.3：PLC上电进入RUN时，SM0.3接通一个扫描周期。

(5)SM0.4：该位提供了一个周期为1 min，占空比为0.5的时钟。

(6)SM0.5：该位提供了一个周期为1 s，占空比为0.5的时钟。

(7)SM0.6：该位为扫描时钟，本次扫描置1，下次扫描置0，交替循环，可作为扫描计数器的输入。

(8)SM0.7：该位指示CPU工作方式开关的位置，0＝TERM，1＝RUN，通常用来在RUN状态下启动自由口通信方式。

【例1-3-1】用SM0.4，SM0.5可以分别产生占空比为1/2、脉冲周期为1 min和1 s的脉冲周期信号，如图1-3-8(a)所示。在图1-3-8(b)所示的梯形图中，用SM0.4的触点控制输出端Q0.0，用SM0.5的触点控制输出端Q0.1，可使Q0.0和Q0.1按脉冲周期间断通电。

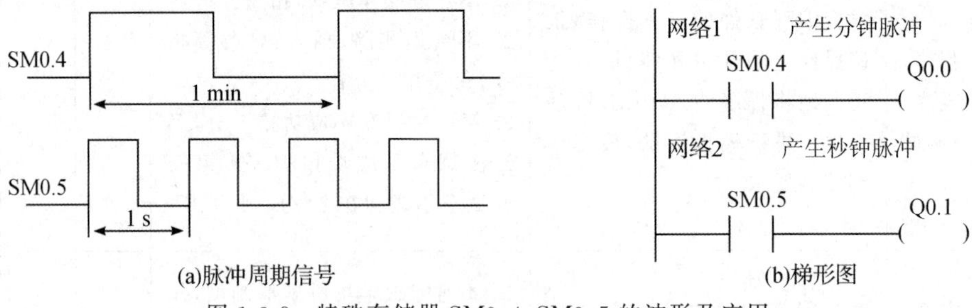

图1-3-8 特殊存储器SM0.4，SM0.5的波形及应用

【例1-3-2】用自复位定时器来产生任意周期的脉冲信号。例如，产生周期为15 s的脉冲信号，其梯形图和时序图如图1-3-9所示。

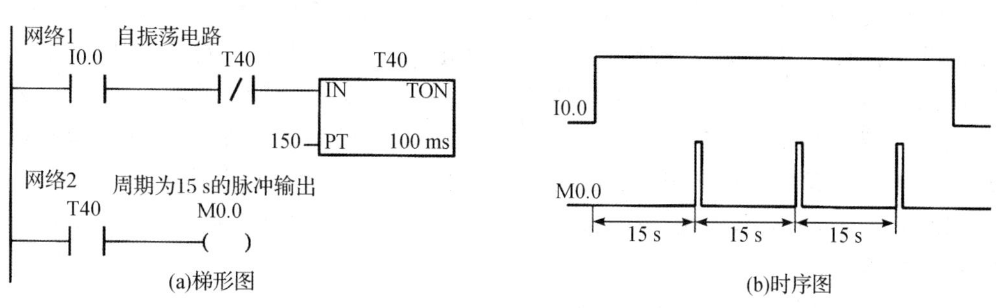

图 1-3-9　产生周期为 15 s 的脉冲信号

由于定时器指令设置的原因,分辨率为 1 ms 和 10 ms 的定时器不能组成如图 1-3-10(a)所示的自复位定时器,图 1-3-10(b)所示为 10 ms 自复位定时器正确使用的例子。

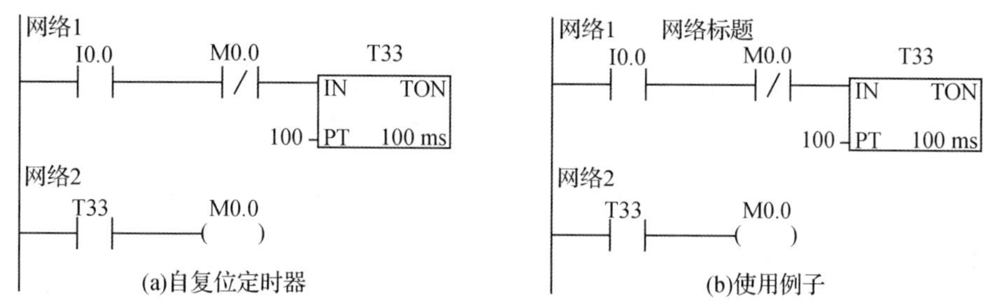

图 1-3-10　10 ms 自复位定时器

【例 1-3-3】产生一个占空比可调的任意周期的脉冲信号,脉冲信号的低电平时间为 1 s,高电平时间为 2 s 的程序如图 1-3-11 所示。其中,I0.0 为启动按钮,I0.1 为停止按钮。

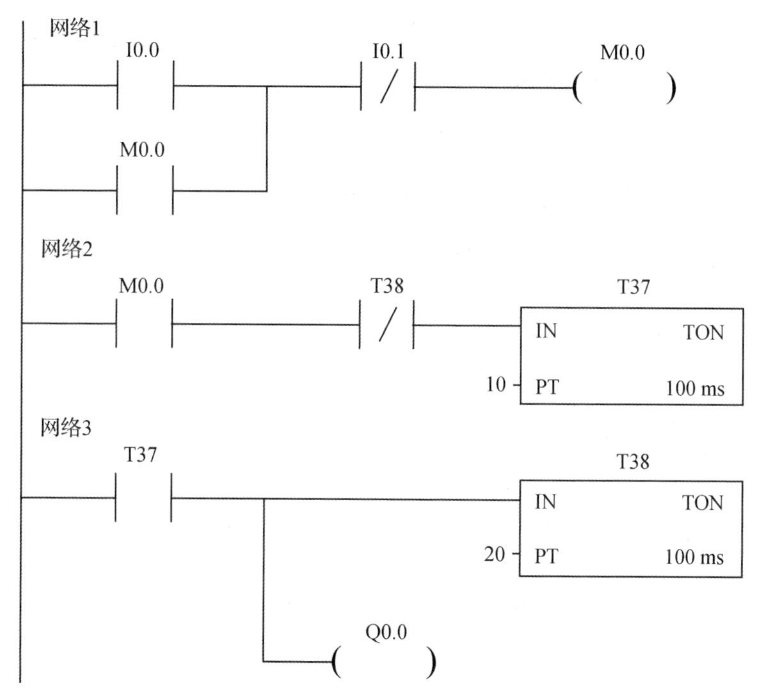

图 1-3-11　产生一个占空比可调的任意周期的脉冲信号梯形图

当I0.0接通时,T37开始计时,T37定时1 s时间到,T37常开触点闭合;当Q0.0接通时,T38开始计时,T38定时2 s时间到,T38常闭触点分断,T37复位,Q0.0分断,T38复位。T38常闭触点闭合,T37再次接通延时。因此,输出继电器Q0.0周期性通电2 s、断电1 s。

【例1-3-4】某机械设备有3台电动机,控制要求如下:按下启动按钮,第1台电动机M1启动;运行4 s后,第2台电动机M2启动;M2运行15 s后,第3台电动机M3启动。按下停止按钮,3台电动机全部停止。在启动过程中,指示灯闪烁(亮0.5 s,灭0.5 s),在运行过程中,指示灯常亮。

(1)I/O端口分配表。I/O端口分配见表1-3-4。

表1-3-4 I/O端口分配

输入		输出	
I0.0	启动	Q0.0	指示灯
I0.1	停止	Q0.1	电动机M1接触器
I0.2	过载保护	Q0.2	电动机M2接触器
		Q0.3	电动机M3接触器

(2)程序。梯形图如图1-3-12所示。

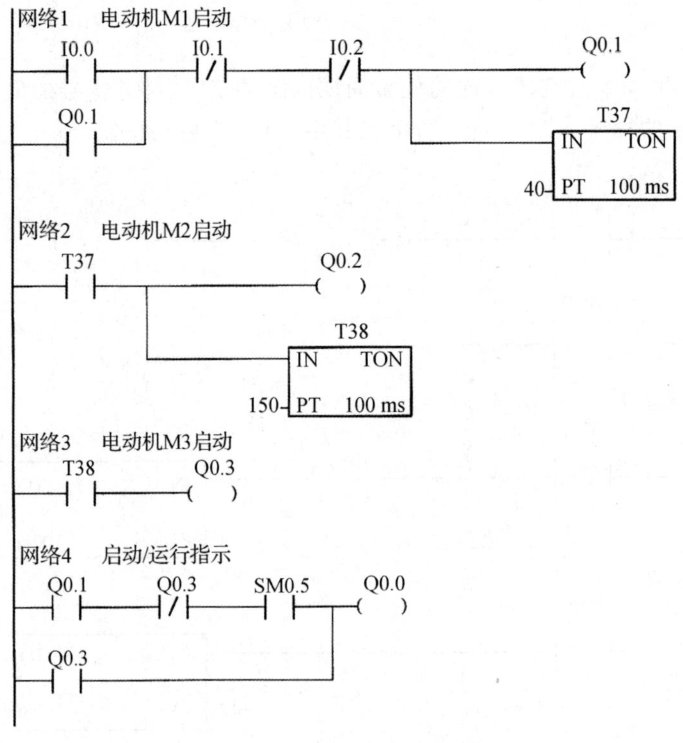

图1-3-12 【例1-3-4】梯形图

任务 1.4　电动机带动传送带的 PLC 控制

★教学导航

知识目标

①理解计数器指令[CTU(增计数器)、CTD(减计数器)、CTUD(增/减计数器)]的含义；

②掌握 PLC 控制系统的设计方法。

能力目标

①会进行 I/O 点设置；

②能用计数器指令编写控制指令。

涵盖内容

计数器指令，包括 CTU，CTD 及 CTUD。

任务导入

图 1-4-1 所示为一种典型的传送带控制装置，其工作过程为：按下启动按钮(I0.0＝1)，运货车到位(I0.2＝1)，传送带(由 Q0.0 控制)开始传送工件。件数检测仪在没有工件通过时，I0.1＝1；当有工件经过时，I0.1＝0。当件数检测仪检测到 3 个工件时，推板机(由 Q0.1 控制)推动工件到运货车，此时传送带停止传送。当工件推到运货车上后(行程可以由时间控制)，推板机返回，计数器复位，准备重新计数。只有当下一辆运货车到位，并且按下启动按钮后，传送带和推板机才能重新开始工作。

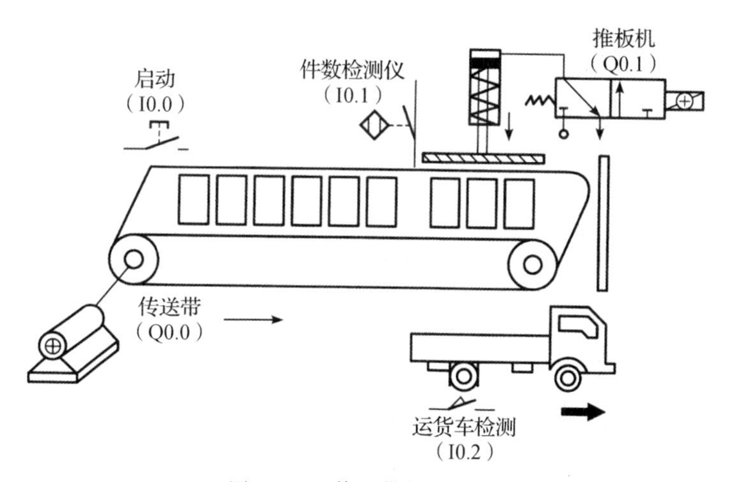

图 1-4-1　传送带控制装置

任务分析

分析上述控制要求可见，传送带(Q0.0)启动条件为启动按钮接通(I0.0=1)、运货车到位(I0.2=1)，传送带(Q0.0)停止条件为计数器的当前值等于3，推板机(Q0.1)的启动条件为计数器的当前值等于3。

推板机推板的行程由定时器T37的延时时间(10 s)来确定，传送带与推板机之间应有互锁控制功能。计数器C0的计数脉冲为件数检测仪信号I0.1由1变为0，计数器复位信号为推板机启动(Q0.1=1)；设定C0为增计数器，设定值为3。本任务将重点学习S7-200PLC中计数器指令的应用。

知识链接

S7-200PLC提供了C0～C256个计数器，每一个计数器都具有3种功能。由于每一个计数器只有一个当前值，因此不能把一个计数器号当作几个类型的计数器来使用。在程序中，既可以访问计数器位(表明计数器的状态)，也可以访问计数器的当前值，它们的使用方式相同，都以计数器加编号的方式访问，可根据使用的指令方式的不同由程序确定。

S7-200PLC的计数器有3种：增计数器(CTU)、增/减计数器(CTUD)和减计数器(CTD)。

一、指令格式

LAD及STL格式如图1-4-2所示。

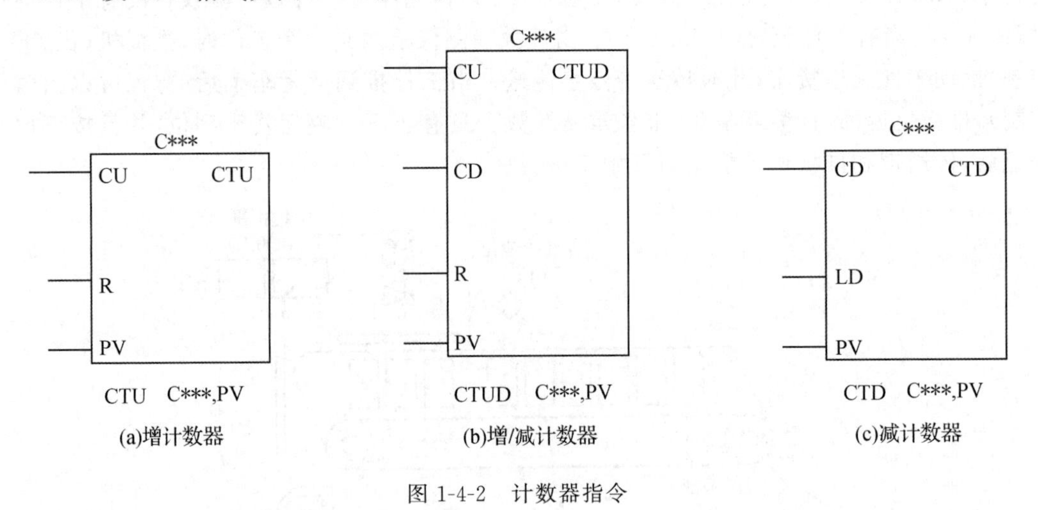

图1-4-2　计数器指令

C ***：计数器编号。程序可以通过计数器编号对计数器位或计数器当前值进行访问。

CU：递增计数器脉冲输入端，上升沿有效。

CD：递减计数器脉冲输入端，上升沿有效。

R：复位输入端。

LD：装载复位输入端，只用于递减计数器。

PV：计数器预置值。

二、操作数的取值范围

C ***：WORD 常数。

CU,CD,LD,R:BOOL 能流。

PV:INT,VW,IW,QW,MW,SW,SMW,LW,AIW,T,C,AC,* VD,* AC,* LD。

三、功　能

以下介绍增计数器(CTU)指令。当增计数器的计数输入端(CU)有一个计数脉冲的上升沿(由 OFF 到 ON)信号时,增计数器被启动,计数值加 1,计数器进行递增计数,计数至最大值 32 767 时停止计数。当计数器的当前值等于或大于设定值(PV)时,该计数器位被置位(ON)。复位输入端(R)有效时,计数器被复位,计数器位为 0,并且当前值被清零。也可用复位指令(R)复位计数器。

图 1-4-3 所示为增计数器(CTU)的应用。在本例中,当 I0.0 第 5 次闭合时,计数器位被置位,输出线圈 Q0.0 得电。当 I0.1 闭合时,计数器被复位,Q0.0 失电。

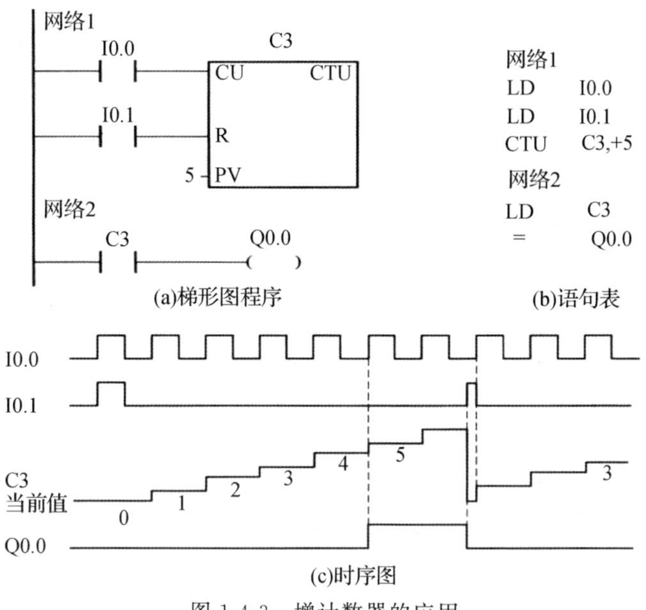

图 1-4-3　增计数器的应用

任务实施

(1)根据控制要求分析输入信号与被控信号,列出 PLC 的 I/O 分配表见表 1-4-1。

表 1-4-1　I/O 分配

输入量		输出量	
启动按钮 SB1	I0.0	传送带 KM1	Q0.0
件数检测仪 SQ1	I0.1	推板机 KM2	Q0.1
运货车检测 SQ2	I0.2		

(2)根据 PLC 的 I/O 分配表设计 PLC 的 I/O 硬件接线图,如图 1-4-4 所示。

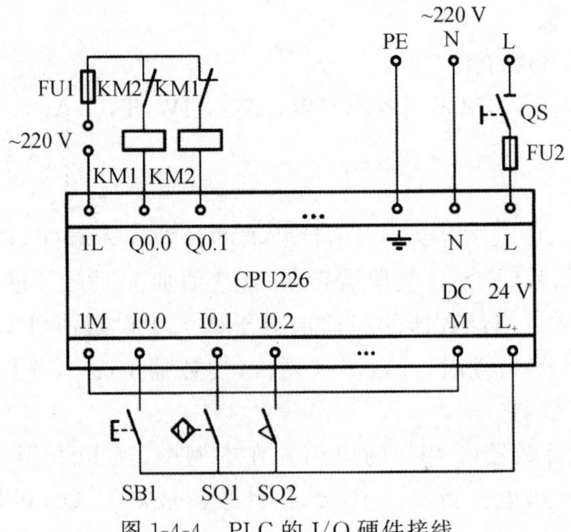

图 1-4-4　PLC 的 I/O 硬件接线

(3)设计梯形图程序,如图 1-4-5 所示。

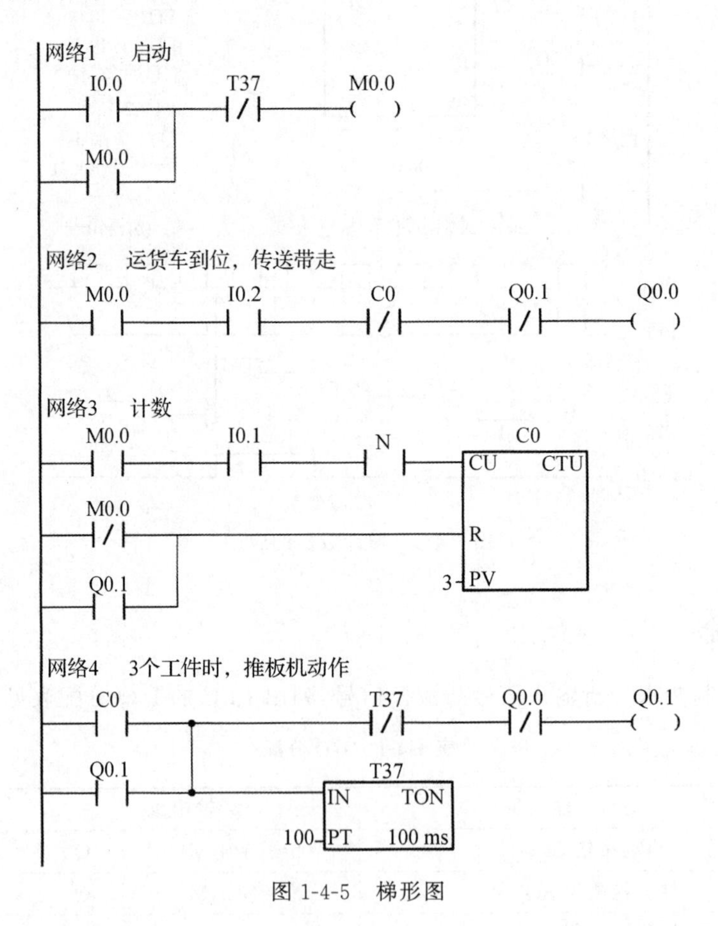

图 1-4-5　梯形图

(4)运行并调试程序。

①下载程序,先监控调试。

②连接外部按钮、接触器,分析程序运行结果是否达到任务要求。

拓展知识

一、增/减计数器(CTUD)

当增/减计数器的计数输入端(CU)有一个计数脉冲的上升沿(由OFF到ON)信号时,计数器进行递增计数;当增/减计数器的另一个计数器输入端(CD)有一个计数脉冲的上升沿(由OFF到ON)信号时,计数器进行递减计数。当计数器A当前值等于或大于设定值(PV)时,该计数器位被置位(ON)。当复位输入端(R)有效时,计数器被复位,计数器位为0,并且当前值被清零。

计数器在达到计数最大值32 767后,下一个CU输入端上升沿将使计数器值变为最小值(−32 768),同样在达到最小数值(−32 768)时,下一个CD输入端上升沿将使计数值变为最大值(32 767)。

当用复位指令(R)复位计数器时,计数器被复位,计数器位为0,并且当前值被清零。

【例1-4-1】图1-4-6中,C8的当前值大于等于5时,C8常开触点闭合;当前值小于5时,C8触点断开。I0.2闭合时,复位当前值及计数器位。输出线圈Q0.0在C8触点闭合时得电。

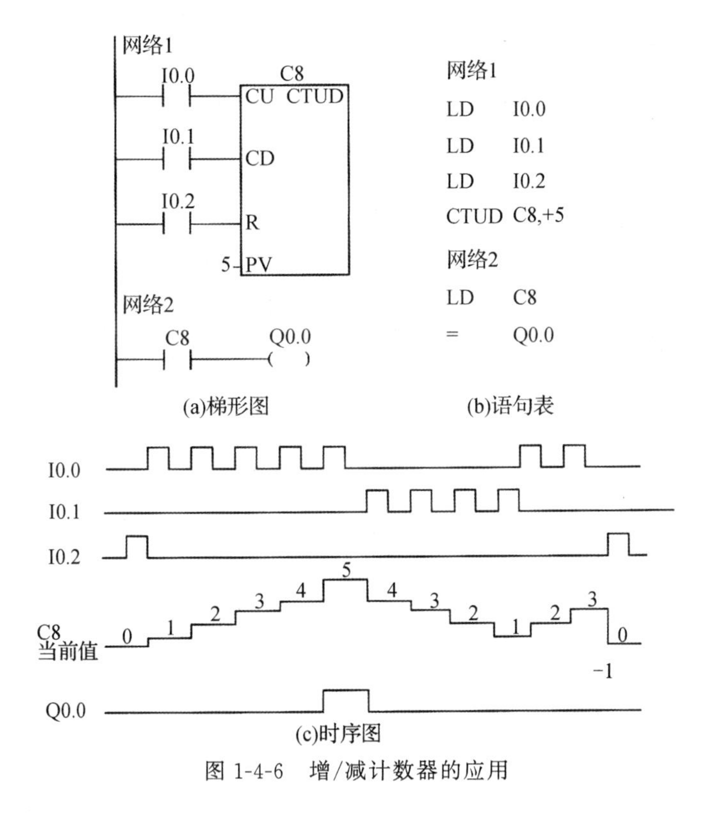

图1-4-6 增/减计数器的应用

二、减计数器(CTD)指令

当装载输入端(LD)有效时,计数器复位并把设定值(PV)装入当前值寄存器(CV)中。当减计数器的计数输入端(CD)有一个计数脉冲的上升沿(由 OFF 到 ON)信号时,计数器从设定值开始进行递减计数,直至计数器当前等于 0 时,停止计数,同时计数器位被置位。减计数器指令无复位端,它是在装载输入端(LD)接通时,使计数器复位并把设定值装入当前值寄存器中。

计数器指令说明如下:

(1)在使用指令表编程时,一定要分清各输入端的作用,次序一定不能颠倒。

(2)在程序中,既可以访问计数器位,又可以访问计数器的当前值,都是通过计数器编号 C*n* 实现的。使用位控制指令则访问计数器位,使用数据处理功能指令则访问当前值。

【例 1-4-2】在图 1-4-7 中,当 I0.0 第 5 次闭合时,计数器位被置位,输出线圈 Q0.0 得电。当 I0.1 闭合时,定时器被复位,输出线圈 Q0.0 失电,计数器可以重新工作。

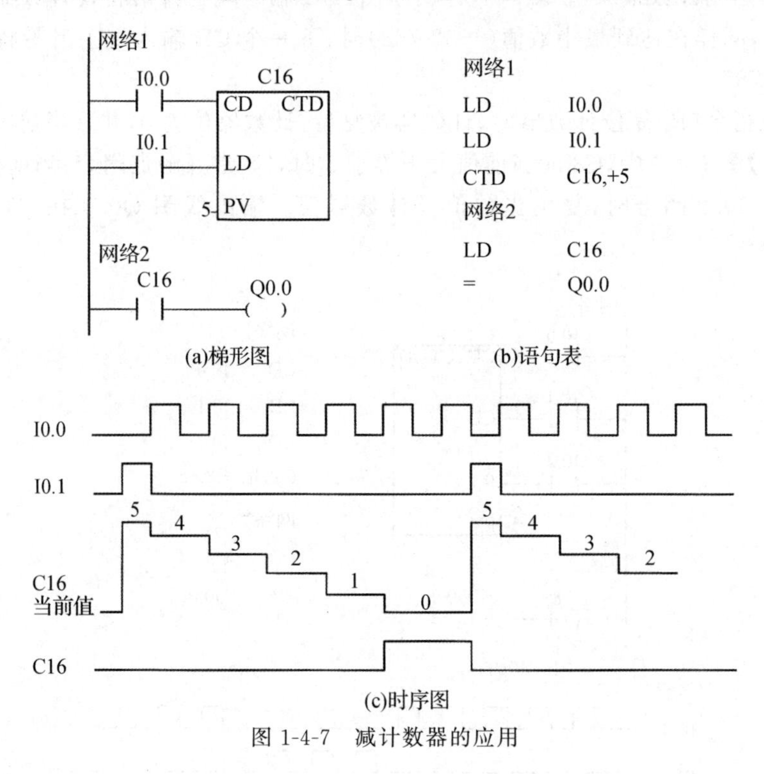

图 1-4-7　减计数器的应用

技能训练

一、控制要求

设计单键控制电动机的启停。控制要求:第一次按下按键,输出开的状态;第二次按下该按键,输出关的状态,如此循环,可用于电梯控制等。本设计使用 1 个按钮控制 1 个接触器,接触器的通、断分别控制电动机的启动、停止。

二、实训内容

(1)画 I/O 分配表。
(2)画电气控制图。
(3)按接线图安装 PLC。
(4)根据控制要求，设计梯形图程序。
(5)调试运行程序。
(6)汇总整理文档，保留工程文件。

三、技能训练评价

技能训练评价见表 1-4-3。

表 1-4-3　技能训练评价

序号	主要内容	考核要求	评分标准	配分	扣分	得分
1	方案设计	根据控制要求，画出 I/O 分配表，设计梯形图程序，画出 PLC 的外部接线图	1. 输入/输出地址遗漏或错误，每处扣 1 分； 2. 梯形图表达不正确或画法不规范，每处扣 2 分； 3. PLC 的外部接线图表达不正确或画法不规范，每处扣 2 分； 4. 指令有错误，每个扣 2 分	30		
2	安装与接线	按 PLC 的外部接线图在板上正确接线，要求接线正确、紧固、美观	1. 接线不紧固、不美观，每根扣 2 分； 2. 接点松动，每处扣 1 分； 3. 不按接线图接线，每处扣 2 分	30		
3	程序输入与调试	学会编程软件的基本操作，正确操作电脑开机和停机，并能正确地将程序输入 PLC，按动作要求进行模拟调试，最终达到控制要求	1. 不熟练操作电脑，扣 2 分； 2. 不会用删除、插入、修改等指令，每项扣 2 分； 3. 第一次试车不成功扣 5 分，第二次试车不成功扣 10 分，第三次试车不成功扣 20 分	30		
4	安全与文明生产	遵守国家相关专业的安全文明生产规程，遵守学校纪律、学习态度端正	1. 不遵守教学场所规章制度，扣 2 分； 2. 出现重大事故或人为损坏设备扣 10 分	10		
5	备注	电气元件均采用国家统一规定的图形符号和文字符号	由教师或指定学生代表负责依据评分标准评定	合计 100 分		
小组成员签名						
教师签名						

思维拓展

【例 1-4-3】控制要求：按下启动按钮，KM1 通电，电动机正转；经过延时 5 s，KM1 断电，同时 KM2 得电，电动机反转；再经过 6 s 延时，KM2 断电，KM1 通电。这样反复 8 次后电动机停下。

设计的梯形图如图 1-4-8 所示。

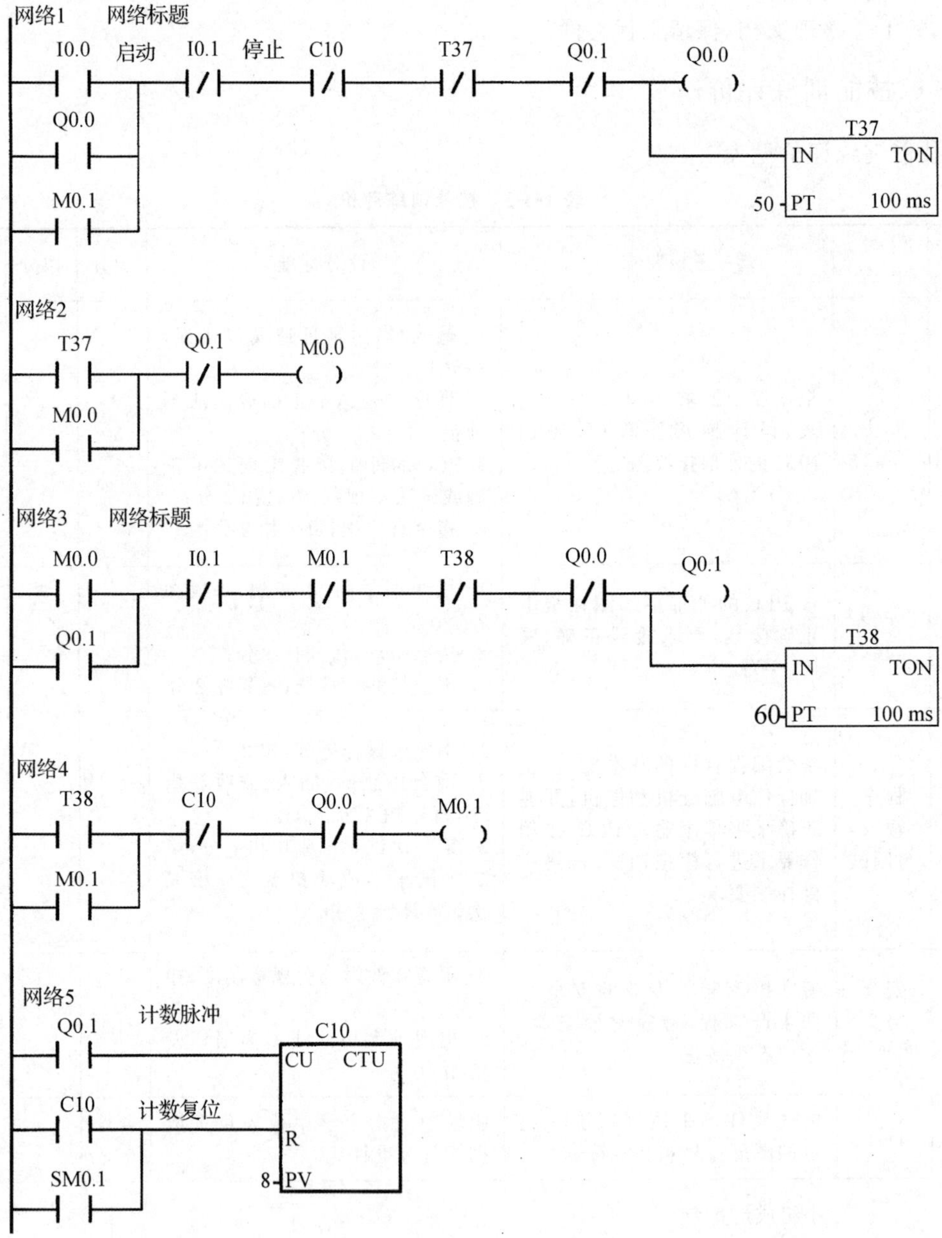

图 1-4-8 【例 1-4-3】的梯形图

【例 1-4-4】试设计一个会议大厅入口人数统计报警控制程序。

控制要求：会议大厅入口处安装光电检测装置I0.0，进入一人发一高电平信号；会议大厅出口处安装光电检测装置I0.1，退出一人发出一高电平信号；会议大厅只能容纳2 000人。当厅内达到2 000人时，发出报警信号Q0.0，并自动关闭入口（电动机拖动Q0.1）。有人退出，不足2 000人时，则打开大门（电动机反向拖动Q0.2）。设I0.2为开门到位开关，I0.3为关门到位开关，I0.4为启动开关。设计的梯形图如图1-4-9所示。

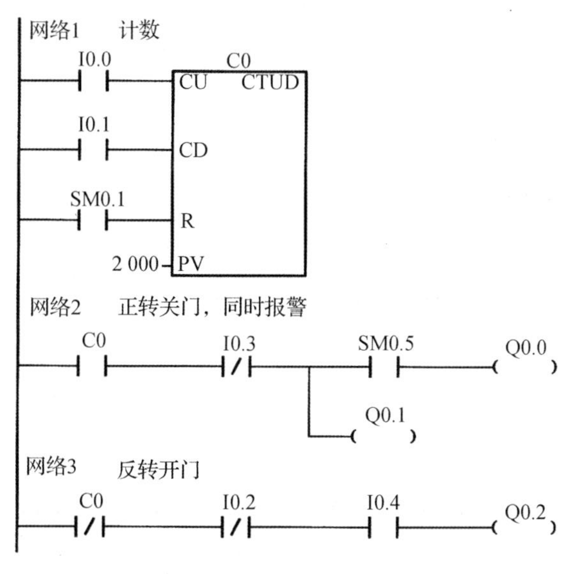

图 1-4-9　【例 1-4-4】的梯形图

任务 1.5　运料小车的PLC控制

★教学目标

知识目标

①理解PLC基本指令综合应用；

②掌握PLC在典型控制系统应用中的经验设计方法。

能力目标

①熟练使用基本指令编写较复杂的控制程序；

②能独立分析问题，具备使用经验设计法编写控制程序的基本技能。

涵盖内容

启保停电路设计梯形图的方法及S,R指令设计梯形图的方法。

任务导入

针对工业控制企业生产线上运输工程的需要，设计自动生产线上运料小车的自动控制系统的工作过程。一小车运行过程如图 1-5-1 所示，小车原位在后退终端，当小车压下后限位开关 SQ1 时，按下启动按钮 SB，小车前进；当运行至料斗下方时，前进限位开关 SQ2 动作，此时打开料斗给小车加料，延时 7 s 后关闭料斗，小车后退返回；SQ1 动作时，打开小车底门卸料，5 s 后结束，完成一次动作。如此循环 4 次后，系统停止。

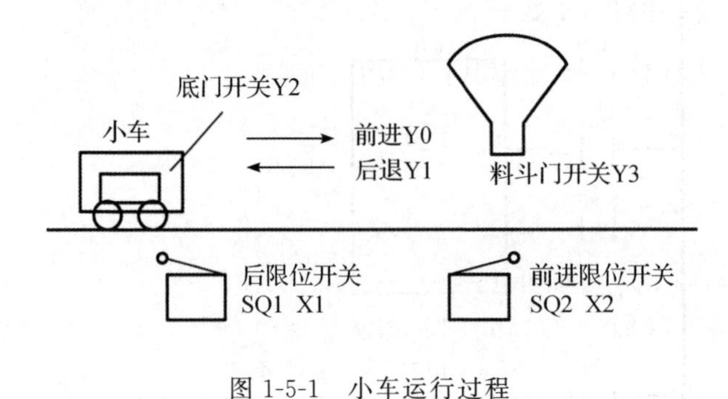

图 1-5-1　小车运行过程

任务分析

分析上述控制要求可见，初始状态小车停在左侧，后限位开关接通。小车的左右行走由电动机正反转控制线路实现，小车底门和漏斗翻门的电磁阀用中间继电器控制。小车右行的启动条件为后限位开关接通和按下启动按钮，停止条件为前进限位开关接通。漏斗翻门的打开条件为前进限位开关接通，关闭条件为定时器 T37 的延时(7 s)时间到。

小车左行的启动条件为定时器 T37 的延时(7 s)时间到，停止条件为后限位开关接通。小车底门的打开条件为后限位开关接通，停止条件为定时器 T38 的延时(5 s)时间到。小车左右行走应有互锁控制功能，电动机应设置过载保护装置。通过计数器计数循环 4 次，系统停止。要完成小车运动装置的 PLC 控制，应首先学习下列相关知识。

知识链接

经验设计法是依据典型的控制程序和常用的程序设计方法来设计程序，以满足控制系统的要求。这种方法没有普遍的规律可以遵循，具有很大的试探性和随意性，但最后的结果不是唯一的，设计所用的时间、设计的质量与设计者的经验有很大的关系，它可以用于较简单的梯形图的设计。

数字量控制系统又称开关量控制系统，继电器控制系统就是典型的数字量控制系统。可以用设计继电器电路图的方法来设计比较简单的数字量控制系统的梯形图，即在一些典型电路的基础上，根据被控对象对控制系统的具体要求，不断地修改和完善梯形图。有时需要多次反复地调试和修改梯形图，增加一些中间编程元件和触点，最后才能得到一个较为满意的结果。

前面任务的学习，可总结出两种设计典型的数字量控制系统的方法，即采用启保停电路设计梯形图和采用 S,R 指令设计梯形图。采用启保停电路设计梯形图是经验设计法的基础，它来源于继电器控制思想，易于理解和掌握；而采用 S，R 指令设计梯形图是对启保停电路的一种改进，使得程序结构更加简单，一目了然，这两种设计方法都可以完成控制要求。

任务实施

一、I/O 分配表

I/O 分配见表 1-5-1。

表 1-5-1 I/O 分配

输入			输出		
左行程开关限位停止	SQ1	I0. 0	小车右行接触器	KM1	Q0. 1
右行程开关限位	SQ2	I0. 1	小车左行接触器		
启动	SB	I0. 2	翻门		
热继电器	FR	I0. 3	底门		

二、运料小车 PLC 控制系统接线图

运料小车 PLC 控制系统接线图如图 1-5-2 所示。

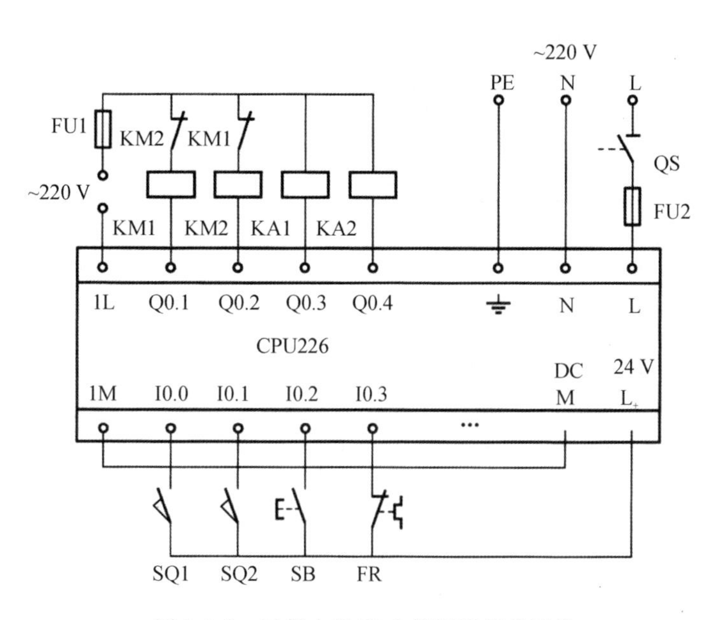

图 1-5-2 运料小车 PLC 控制系统的接线

三、设计梯形图程序

1. 采用启保停电路设计的梯形图

采用启保停电路设计的梯形图如图 1-5-3 所示。

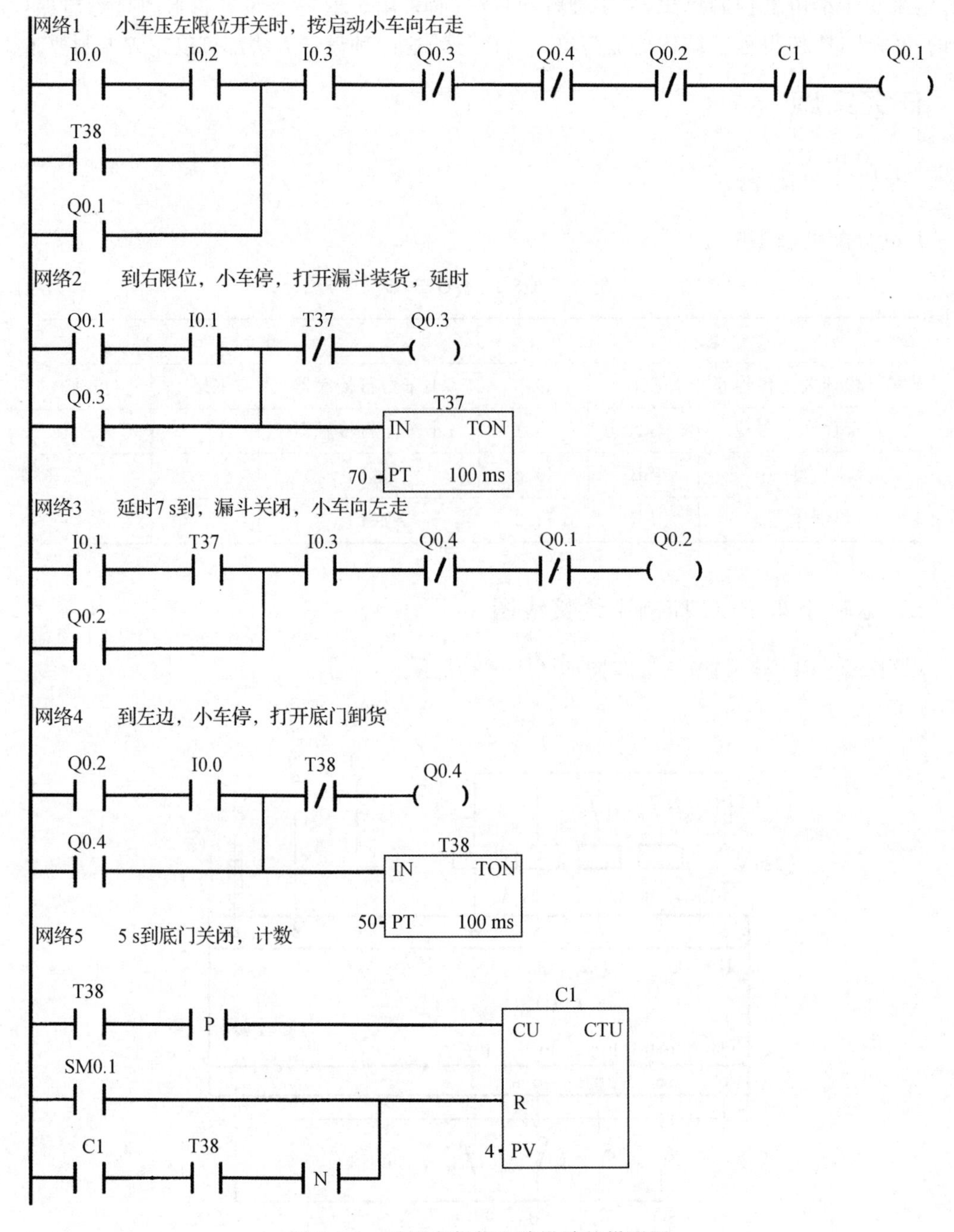

图 1-5-3 采用启保停电路设计的梯形图

2. 采用 S,R 指令设计的梯形图

采用 S,R 指令设计的梯形图如图 1-5-4 所示。

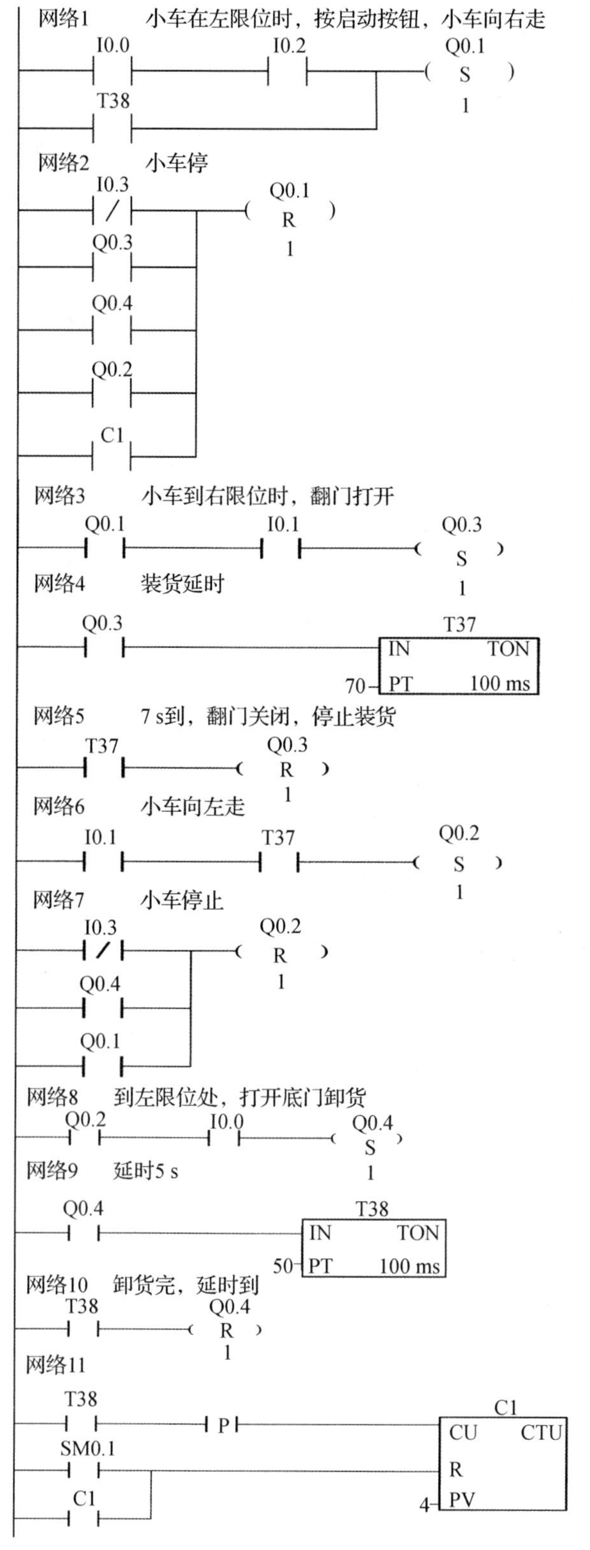

图 1-5-4　采用 S,R 指令设计的梯形图

四、运行并调试程序

(1)下载程序,先监控调试。

(2)连接外部按钮、接触器,分析程序运行结果是否达到任务要求。

项目 2

灯光系统的 PLC 控制系统设计与调试

任务 2.1 彩灯的 PLC 控制

★教学导航

知识目标

①理解数据传送指令、移位指令的用法；

②了解字节立即传送指令和单一传送指令的使用方法。

能力目标

①会用数据传送指令、移位指令设计程序；

②会用移位寄存器设计彩灯程序。

涵盖内容

①数据传送指令，包括传送指令(MOV_B，MOV_W，MOV_DW，MOV_R)和块传送指令(BLKMOV_B，BLKMOV_W，BLKMO_D)；

②移位指令，包括右移(SHR_B，SHR_W，SHR_DW)、左移(SHL_B，SHL_W，SHL_DW)、循环右移(ROR_B，ROR_W，ROR_DW)和循环左移(ROL_B，ROL_W，ROL_DW)；

③位移位寄存器 SHRB 的使用。

任务引入

广告灯的控制有多种方式，采用 PLC 控制的彩灯具有良好的稳定性，而且更改彩灯的控制方式也非常容易。

任务分析

本任务中当按下 SB1(启动)时，点亮彩灯 L1；之后每按一次 SB2，彩灯左移一位(运行)；按钮 SB3 为停止按钮，按下后所有彩灯熄灭。

可利用单一传送指令及循环移位指令实现控制要求。本任务重点为单一传送指令及循环移位指令的学习。

知识链接

一、S7-200 数据类型

在计算机中使用的都是二进制数,其最基本的存储单位是位(bit),8 位二进制数组成 1 个字节(byte),其中的第 0 位为最低位(LSB),第 7 位为最高位(MSB),两个字节(16 位)组成 1 个字(word),两个字(32 位)组成 1 个双字(double word)。位、字节、字和双字占用的连续位数称为长度,如图 2-1-1 所示。

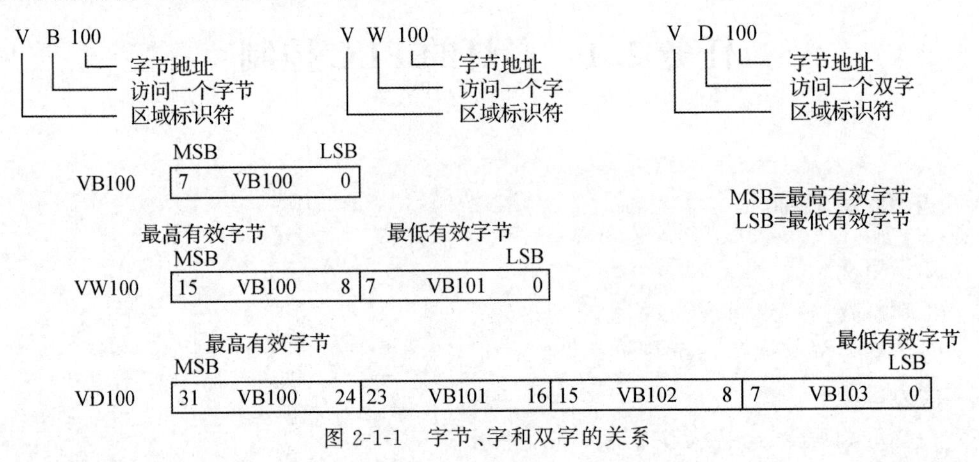

图 2-1-1 字节、字和双字的关系

可以用这种寻址方式进行寻址的存储区主要有:输入继电器(I)、输出继电器(Q)、通用辅助继电器(M)等,其表示格式见表 2-1-1 和表 2-1-2。

表 2-1-1 输入继电器表示格式

位	I0. 0~I0. 7 … I15. 0~I15. 7	128 个点
字节	IB0,IB1,…,IB15	16 个
字	IW0,IW2,…,IW14	8 个
双字	ID0,ID4,ID8,ID12	4 个

表 2-1-2 输出继电器表示格式

位	Q0. 0~Q0. 7 … Q15. 0~Q15. 7	128 个点
字节	QB0,QB1,…,QB15	16 个
字	QW0,QW2,…,QW14	8 个
双字	QD0,QD4,QD8,QD12	4 个

S7-200的许多指令中常会使用常数，常数的数据长度可以是字节、字和双字。CPU以二进制的形式存储常数，书写常数可以用二进制、十进制、十六进制、ASCII码或实数等多种形式。其书写格式如下：

十进制常数，1234。

十六进制常数，16＃3AC6。

二进制常数，2＃1010 0001 1110 0000。

ASCII码，“Show”。

实数(浮点数)，＋1.175495E－38(正数)，1.175495E－38(负数)。

二、单一传送指令

单一传送指令(move)包括字节传送、字传送和双字传送。

指令格式：LAD和STL，如图2-1-2所示。

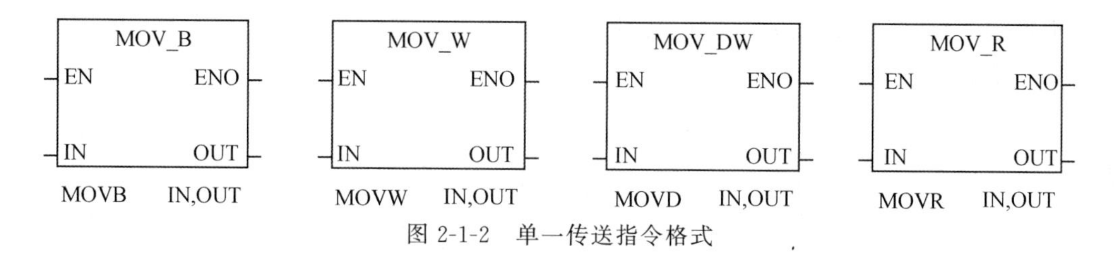

图2-1-2　单一传送指令格式

功能描述：使能输入有效时，把一个单字节数据(字、双字或实数)由IN传送到OUT所指的存储单元。

数据类型：输入/输出均为字节(字、双字或实数)。

【例2-1-1】字节、双字、实数3种数据类型的传送，如图2-1-3所示。

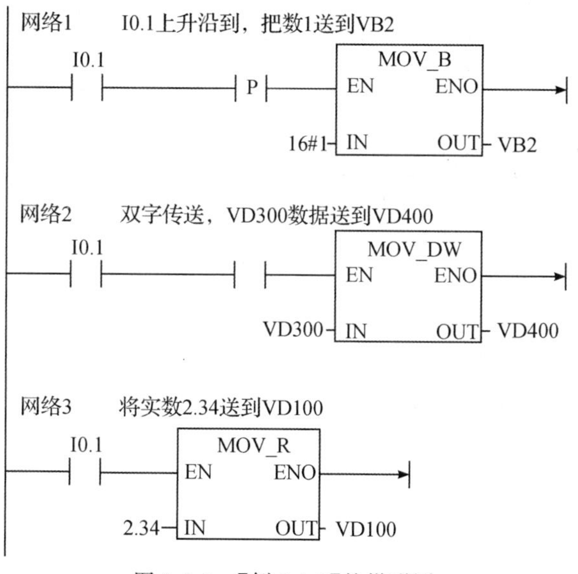

图2-1-3　【例2-1-1】的梯形图

【例2-1-2】利用传送指令实现3台电动机M0，M1，M2同时启/停控制，如图2-1-4所示。

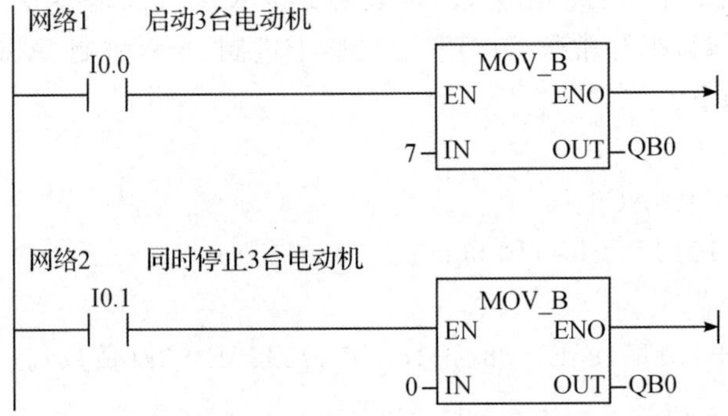

网络1 启动3台电动机
I0.0
MOV_B
EN ENO
7 IN OUT QB0
网络2 同时停止3台电动机
I0.1
MOV_B
EN ENO
0 IN OUT QB0

图 2-1-4 【例 2-1-2】梯形图

【例 2-1-3】多种预置值选择控制。

3 种型号产品设其加热时间分别是 10 s,15 s,5 s,设置一个手柄设定预置值,每一挡位一个预置值,一个开关控制电炉加热,加热时间到,则自动停止。

梯形图如图 2-1-5 所示。

设定加热时间为10 s
I0.0
I0.1
I0.2
MOV_W
EN ENO
100 IN OUT VW10
设定加热时间为15 s
I0.1
I0.0
I0.2
MOV_W
EN ENO
150 IN OUT VW10
设定加热时间为5 s
I0.2
I0.0
I0.1
MOV_W
EN ENO
50 IN OUT VW10
加热
I0.3
T37
Q0.0
Q0.0
定时时间到，停止加热
Q0.0
T37
IN TON
VW10 PT 100 ms

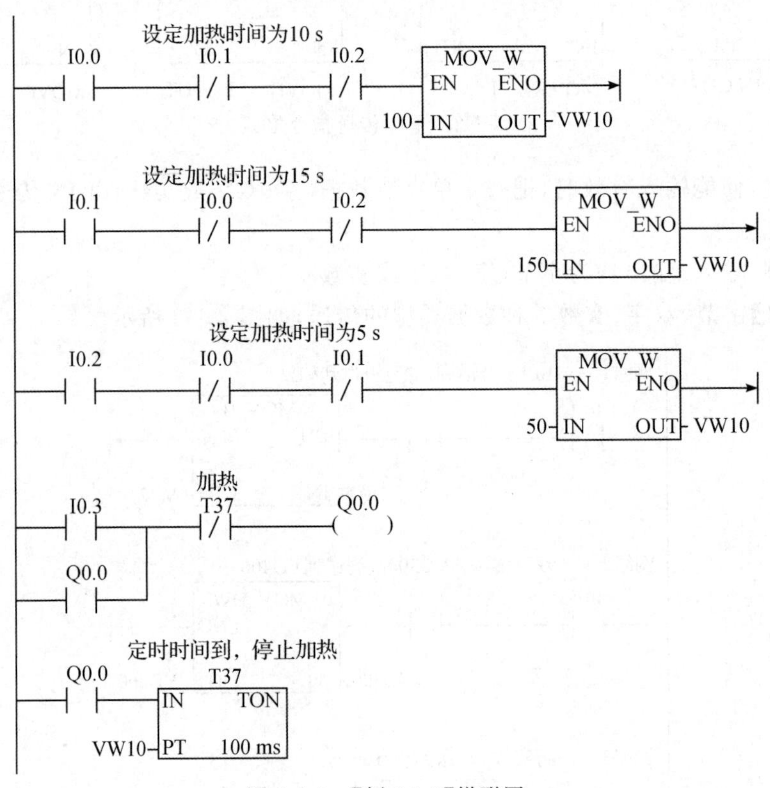

图 2-1-5 【例 2-1-3】梯形图

三、移位指令

移位指令(shift)将输入值 IN 右移或者左移 N 位,并将输出结果装载到 OUT 中。

1. 右移指令

指令格式:LAD和STL,格式如图2-1-6所示。

图2-1-6 右移指令

功能描述:把字节型(字型或双字型)输入数据IN右移*N*位后,再将结果输出到OUT所指的(字或双字)存储单元。最大实际可移位次数为8位(16位或32位)。

数据类型:输入/输出均为字节(字或双字),*N*为字节型数据。

2. 左移指令

指令格式:LAD和STL,格式如图2-1-7所示。

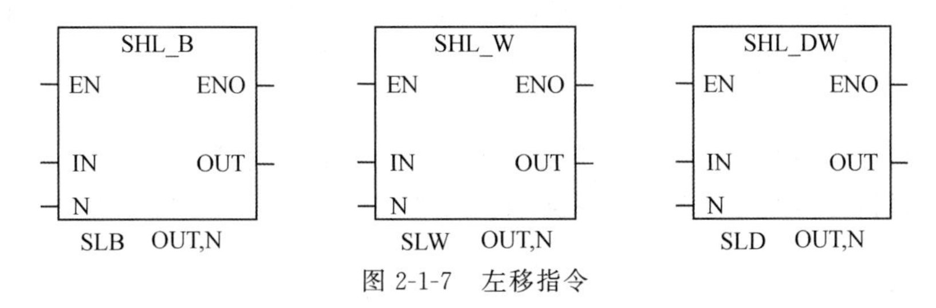

图2-1-7 左移指令

功能描述:把字节型(字型或双字型)输入数据IN左移*N*位后,再将结果输出到OUT所指的(字或双字)存储单元。最大实际可移位次数为8位(16位或32位)。

数据类型:输入/输出均为字节(字或双字),*N*为字节型数据。

四、循环移位指令

循环移位指令(rotate)将输入值IN循环右移或者循环左移*N*位,并将输出结果装载到OUT中。

1. 循环右移指令

指令格式:LAD和STL,格式如图2-1-8所示。

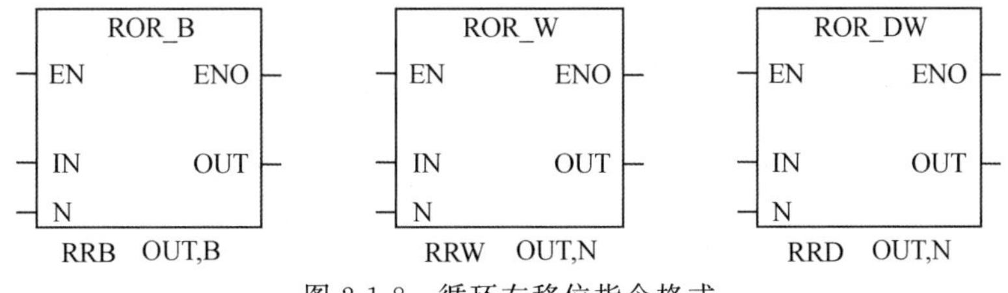

图2-1-8 循环右移位指令格式

功能描述：把字节型(字型或双字型)输入数据 IN 循环右移 *N* 位后，再将结果输出到 OUT 所指的(字或双字)存储单元。实际移位次数为系统设定值取以 8(16 或 32)为底的模所得的结果。

数据类型：输入/输出均为字节(字或双字)，*N* 为字节型数据。

2. 循环左移指令

指令格式：LAD 和 STL，格式如图 2-1-9 所示。

图 2-1-9 循环左移位指令格式

功能描述：把字节型(字型或双字型)输入数据 IN 循环左移 *N* 位后，再将结果输出到 OUT 所指的(字或双字)存储单元。实际移位次数为系统设定值取以 8(16 或 32)为底的模所得的结果。

数据类型：输入/输出均为字节(字或双字)，*N* 为字节型数据。

【例 2-1-4】移位与循环指令应用举例，如图 2-1-10 所示。

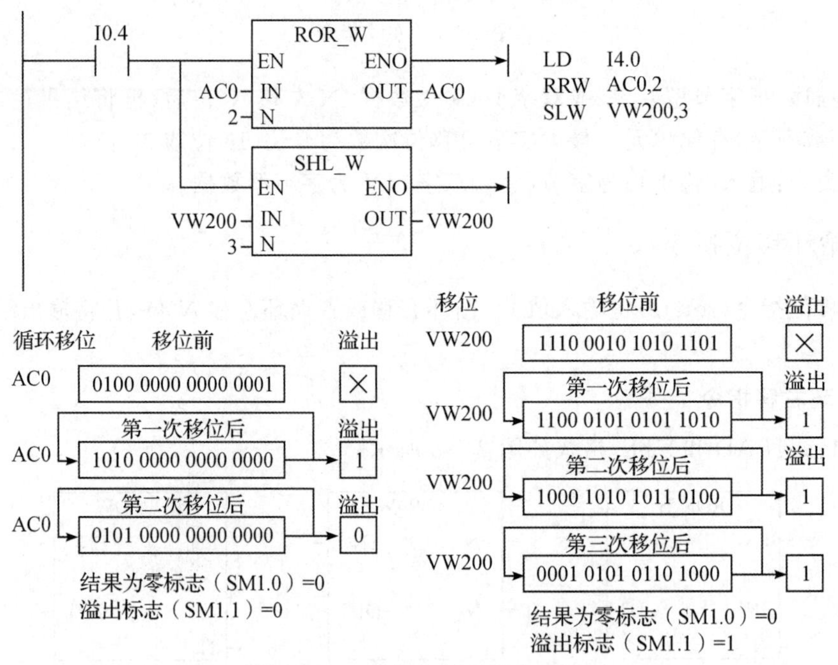

图 2-1-10 移位与循环指令应用

【例 2-1-5】8 个彩灯依顺序每秒闪亮一次，如图 2-1-11 所示。

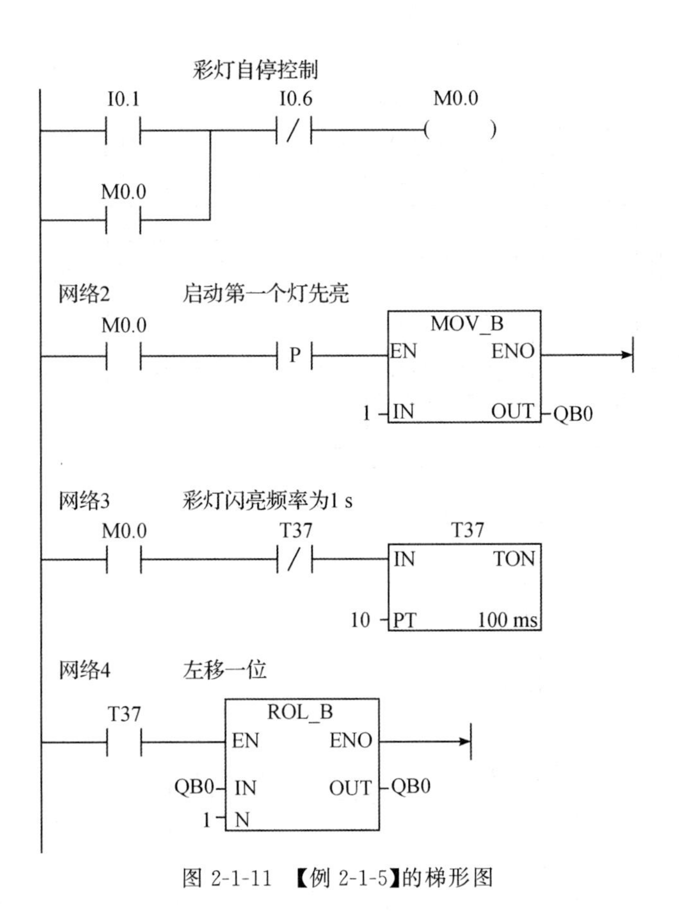

图 2-1-11　【例 2-1-5】的梯形图

任务实施

一、I/O 分配表

讨论用 PLC 如何实现彩灯的控制。

(1)主电路中，8 盏彩灯分别为 L1～L8，分别由 Q0.0～Q0.7 控制。

(2)I/O 分配表见表 2-1-3。

表 2-1-3　控制系统 I/O 分配

输入	PLC 端子	输出	PLC 端子
启动 SB1	I0.0	8 个彩灯	Q0.0～Q0.7
控制 SB2	I0.1		
停止 SB3	I0.2		

二、PLC 硬件接线图

PLC 硬件接线如图 2-1-12 所示。

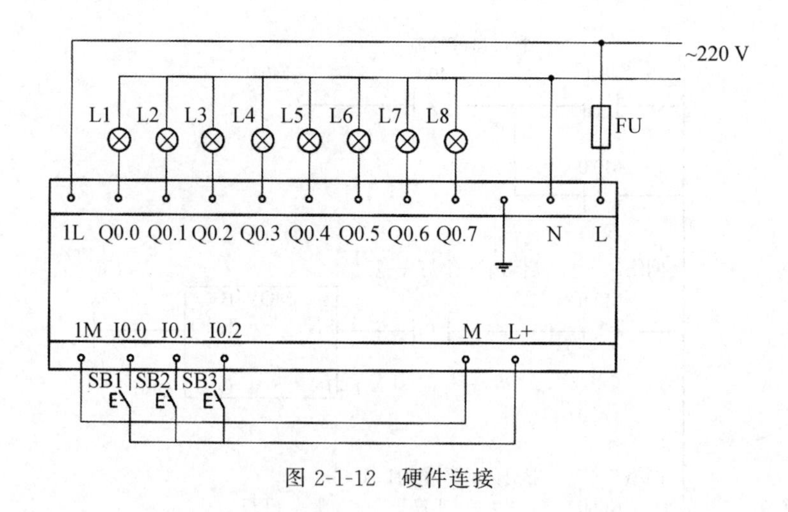

图 2-1-12　硬件连接

三、梯形图

彩灯控制的梯形图如图 2-1-13 所示。

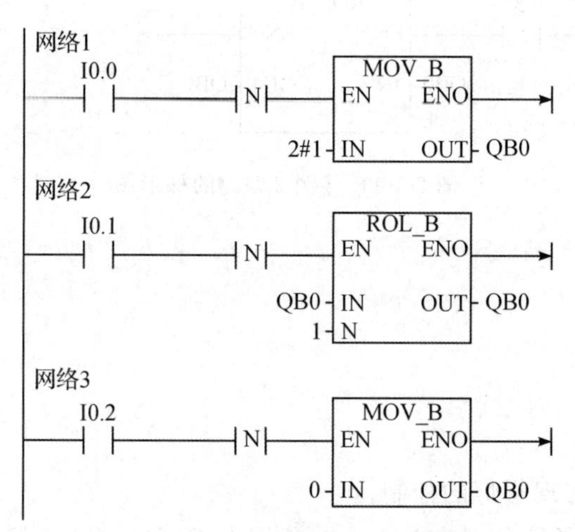

图 2-1-13　彩灯控制的梯形图

四、运行并调试程序

(1)下载程序,先监控调试。

(2)连接外部按钮、接触器、彩灯,分析程序运行结果是否达到任务要求。

拓展知识

一、块传送指令

块传送指令(block move)可用来进行一次多个(最多 255 个)数据的传送,它包括字节块传送、字块传送和双字块传送。

指令格式:LAD 和 STL,格式如图 2-1-14 所示。数据类型可为 B,W,DW(LAD 中),D 或 R。

功能描述:把从 IN 开始的 *N* 个字节(字或双字)型数据传送到从 OUT 开始的 *N* 个字节(字或双字)存储单元。

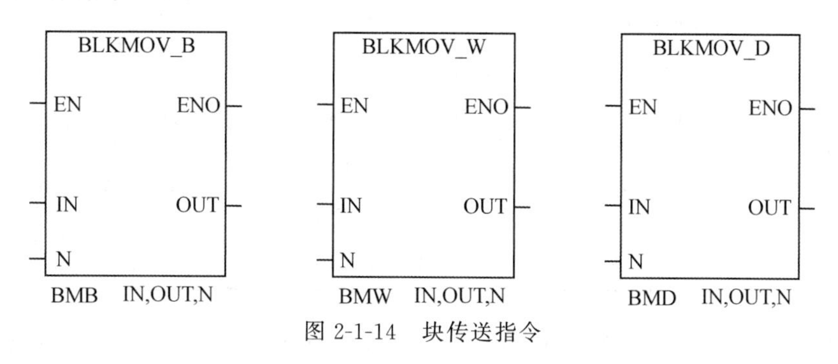

图 2-1-14　块传送指令

数据类型:输入/输出均为字节(字或双字),*N* 为字节(字或双字)数。

二、移位寄存器指令

指令格式:LAD 和 STL,格式如图 2-1-15 所示。

功能描述:移位寄存器指令(shift register)在梯形图中有 3 个数据输入端,即 DATA 为数值输入,将该位的值移入移位寄存器;S_BIT 为移位寄存器的最低位端;N 指定移位寄存器的长度。当使能输入端有效时,在每个扫描周期内,且在允许输入端(EN)的每个上升沿时刻对 DATA 端采样一次,把输入端(DATA)的数值移入移位寄存器,整个移位寄存器移动一位。因此,要用边沿跳变指令来控制使能端的状态。

数据类型:DATA 和 S_BIT 为 BOOL 型,*N* 为字节型,可以指定的移位寄存器最大长度为 64 位,可正可负。

N 为正值,左移,输入数据从最低位移入,最高位(S_BIT 下)移出。

N 为负值,右移,输入数据从最高位移入,最低位(S_BIT 下)移出。

SHRB 指令移出的每一位都被放入溢出标志位(SM1.1)。

【例 2-1-6】用 PLC 形成对喷泉的控制。喷泉的 12 个喷水柱用 L1～L12 表示,喷水柱的布局如图 2-1-16 所示。控制要求如下:按下启动按钮后,L1 喷0.5 s后停,接着 L2 喷0.5 s后停,接着 L3 喷0.5 s后停,接着 L4 喷 0.5 s 后停,接着 L5,L9 喷 0.5 s 后停,接着 L6,L10 喷 0.5 s 后停,接着 L7,L11 喷 0.5 s 后停,接着 L8,L12 喷 0.5 s 后停,然后 L1 又喷 0.5 s 后停,如此循环下去,直至按下停止按钮。

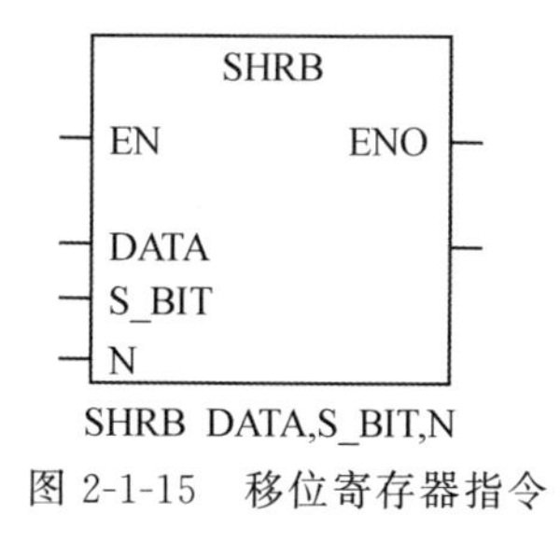

图 2-1-15　移位寄存器指令

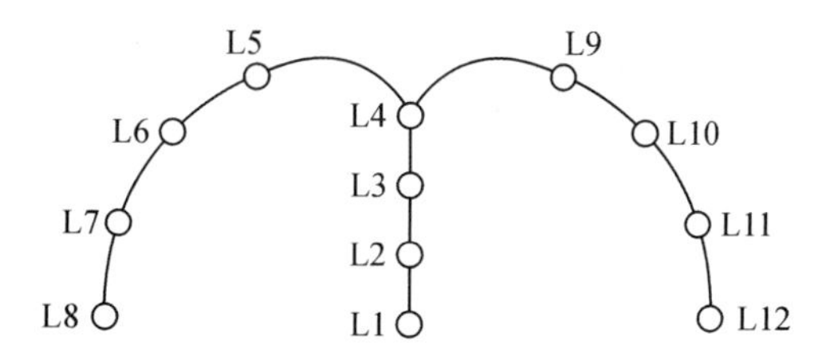

图 2-1-16　喷泉示意

表 2-1-4 所列是 I/O 分配表。

表 2-1-4 I/O 分配

输入 PLC 地址	说明	输出 PLC 地址	说明
I0.0	启动按钮	Q0.0～Q0.3	L1～L4
I0.1	停止按钮	Q0.4	L5,L9
		Q0.5	L6,L10
		Q0.6	L7,L11
		Q0.7	L8,L12

分析：在移位寄存器指令 SHRB 中，EN 连接移位脉冲 T37，每来 1 个脉冲的上升沿，移位寄存器移动 1 位。M1.0 为数据输入端 DATA。根据控制要求，每次只有 1 个输出，因此只需要在第 1 个移位脉冲到来时由 M1.0 送入移位寄存器 S_BIT 位(Q0.0)“1”，第 2 个脉冲至第 8 个脉冲到来时由 M1.0 送入 Q0.0 的值均为“0”。这在程序中由定时器 T38 延时 0.5 s 导通 1 个扫描周期实现，第 8 个脉冲到来时 Q0.7 置位为 1，同时通过与 T38 并联的 Q0.7 常开触点使 M1.0 置位为 1，在第 9 个脉冲到来时由 M1.0 送入 Q0.0 的值又为 1，如此循环下去，直至按下停止按钮。

梯形图如图 2-1-17 所示。

技能训练

一、技术要求

设计 PLC 梯形图，完成 8 盏彩灯的控制任务。要求：按启动按钮 SB1，L1 和 L3 点亮。再按下按钮 SB1，每次右移两位点亮。当 L5 和 L7 点亮时，再按下 SB1 时，L7 和 L1 点亮，依次循环。任意时刻按下按钮 SB3，全部彩灯点亮。其示意表见表 2-1-5。

二、实训内容

(1)画 I/O 图。

(2)根据控制要求，设计梯形图程序。

(3)输入、调试程序。

(4)安装、运行控制系统。

(5)汇总整理文档，保留工程文件。

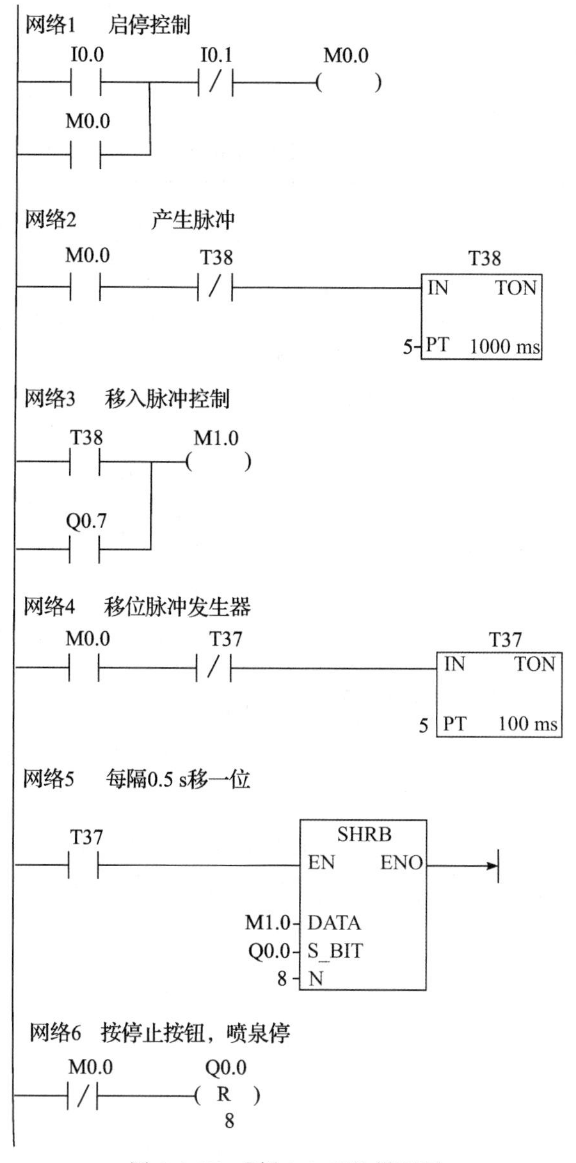

图 2-1-17　【例 2-1-6】的梯形图

表 2-1-5　彩灯亮灭示意

	L1	L2	L3	L4	L5	L6	L7	L8
按 SB1 第 1 次	亮		亮					
按 SB1 第 2 次			亮		亮			
按 SB1 第 3 次					亮		亮	
按 SB1 第 4 次	亮						亮	
按 SB1 第 5 次	亮		亮					
按 SB3	亮	亮	亮	亮	亮	亮	亮	亮

三、技能训练评价

技能训练评价见表2-1-6。

表2-1-6 技能训练评价

序号	主要内容	考核要求	评分标准	配分	扣分	得分
1	方案设计	根据控制要求，画出I/O分配表，设计梯形图程序，画出PLC的外部接线图	1. 输入/输出地址遗漏或错误，每处扣1分； 2. 梯形图表达不正确或画法不规范，每处扣2分； 3. PLC的外部接线图表达不正确或画法不规范，每处扣2分； 4. 指令有错误，每个扣2分	30		
2	安装与接线	按PLC的外部接线图在板上正确接线，要求接线正确、紧固、美观	1. 接线不紧固、不美观，每根扣2分； 2. 接点松动，每处扣1分； 3. 不按接线图接线，每处扣2分	30		
3	程序输入与调试	学会编程软件的基本操作，正确操作电脑开机和停机，并能正确地将程序输入PLC，按动作要求进行模拟调试，最终达到控制要求	1. 不熟练操作电脑，扣2分； 2. 不会用删除、插入、修改等指令，每项扣2分； 3. 第一次试车不成功扣5分，第二次试车不成功扣10分，第三次试车不成功扣20分	30		
4	安全与文明生产	遵守国家相关专业的安全文明生产规程，遵守学校纪律、学习态度端正。	1. 不遵守教学场所规章制度，扣2分； 2. 出现重大事故或人为损坏设备扣10分	10		
5	备注	电气元件均采用国家统一规定的图形符号和文字符号	由教师或指定学生代表负责依据评分标准评定	合计100分		
	小组成员签名					
	教师签名					

任务 2.2 十字路口交通灯的 PLC 控制

★教学导航

知识目标

①理解顺序功能图的含义；

②掌握 PLC 控制系统的设计方法。

能力目标

①会编写顺序控制流程图；

②能用 SCR 指令编写顺序控制梯形图。

涵盖内容

顺序控制指令：包括 LSCR（载入顺序控制指令）、SCRC（顺序控制转换指令）和 SCRE（顺序控制结束指令）。

任务导入

图 2-2-1 所示为十字路口的交通灯示意图及控制流程图。任务控制如下：当按下启动按钮之后，南北红灯亮并保持 23 s，同时东西绿灯亮，保持 20 s，20 s 到后熄灭。继而东西黄灯亮并保持 3 s，到 3 s 后，东西黄灯灭，东西红灯亮并保持 28 s，同时南北红灯灭，南北绿灯亮 25 s，25 s 到后，南北绿灯熄灭。继而南北黄灯亮并保持 3 s，到 3 s 后，南北黄灯灭，南北红灯亮，同时东西红灯灭，东西绿灯亮。到此完成一个循环。

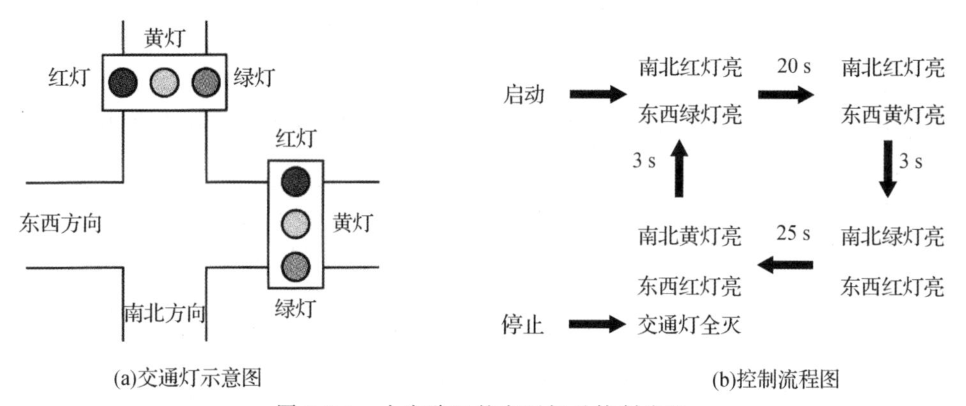

图 2-2-1 十字路口的交通灯及控制流程

任务分析

为了解决用 PLC 的基本逻辑指令编写顺序控制梯形图时所存在的编程复杂、不易理解等问题，故采用 PLC 的顺序功能图来编写顺序控制梯形图是一种非常有效的方法。该方法具有编程简单而且直观等特点，十字路口交通灯的控制是一个典型的顺序控制例子，而使用一般的基本逻辑指令来实现时，很容易引起控制程序的思路混乱，使程序变得复杂。

使用步进功能流程图和顺序控制指令会使控制程序的编写变得清晰、简单，从而提高编程的效率。

知识链接

一、功能流程图

按照顺序控制的思想，根据工艺过程，将程序的执行分成各个程序步，每一个程序步由进入条件、程序处理、转换条件和程序结束 4 部分组成，如图 2-2-2 所示。常用顺序控制继电器位 S0.0～S31.7 代表程序的状态步。

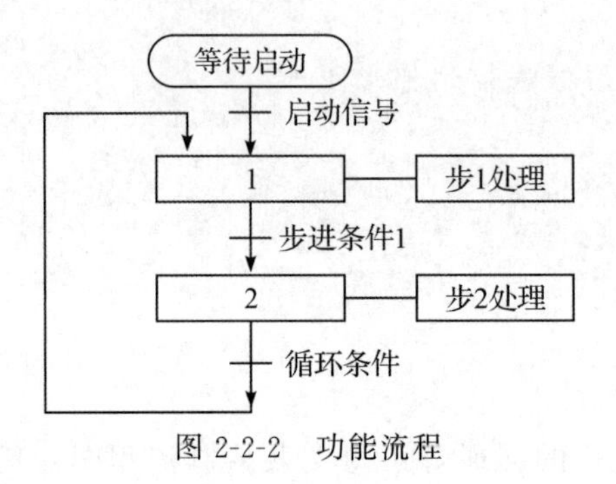

图 2-2-2　功能流程

二、顺序控制指令

S7-200 系列 PLC 有 3 条顺序控制继电器指令，见表 2-2-1。

表 2-2-1　顺序控制指令

LAD	STL	说明
??? SCR	LSCR *n*	步开始指令，为步开始的标志，该步状态元件的位被置 1 时，执行该步
??? (SCRT)	SCRT *n*	步转移指令，使能有效时，关断本步，进入下一步。该指令由转换条件的节点启动，*n* 为下一步的顺序控制状态元件
(SCRE)	SCRE	步结束指令，为步结束的标志

注：LSCR——装载顺序控制继电器指令，用于表示一个 SCR 段即状态步的开始。

SCRT——顺序控制继电器转换指令，用于表示 SCR 段之间的转换。当 SCRT 对应的线圈得电时，对应的后续步的状态元件被激活，同时当前步对应的状态元件被复位，变为不活动步。

SCRE——顺序控制继电器结束指令，用于表示 SCR 段的结束。每一个 SCR 段的结束必须使用 SCRE 指令。SCRE 指令无操作数。

在使用顺序控制指令时应注意以下几点：

(1)步进控制指令SCR只对状态元件S有效。为了保证程序的可靠运行,驱动状态元件S的信号应采用短脉冲。

(2)当输出需要保持时,可使用S,R指令。

(3)不能把同一编号的状态元件用在不同的程序中。例如,如果在主程序中使用S0.1,则不能在子程序中再使用。

(4)在SCR段中不能使用JMP和LBL指令,即不允许跳入或跳出SCR段,允许在SCR段内跳转。

(5)不能在SCR段中使用FOR,NEXT和END指令。

任务实施

使用顺序控制结构,编写出实现十字路口交通灯循环显示的程序。控制要求如下:设置一个启动按钮SB1、循环开关S。当按下启动按钮后,信号灯控制系统开始工作,首先南北红灯亮,东西绿灯亮。按下循环开关S后,信号控制系统循环工作;否则信号系统停止,所有信号灯灭。

一、I/O分配表

I/O分配表见表2-2-2。

表2-2-2　I/O分配

输入	PLC端子	输出	PLC端子
启动按钮SB	I0.0	南北绿灯	Q0.0
循环开关S	I0.1	南北黄灯	Q0.1
		南北红灯	Q0.2
		东西绿灯	Q0.3
		东西黄灯	Q0.4
		东西红灯	Q0.5

二、PLC硬件接线图

PLC硬件接线如图2-2-3所示。

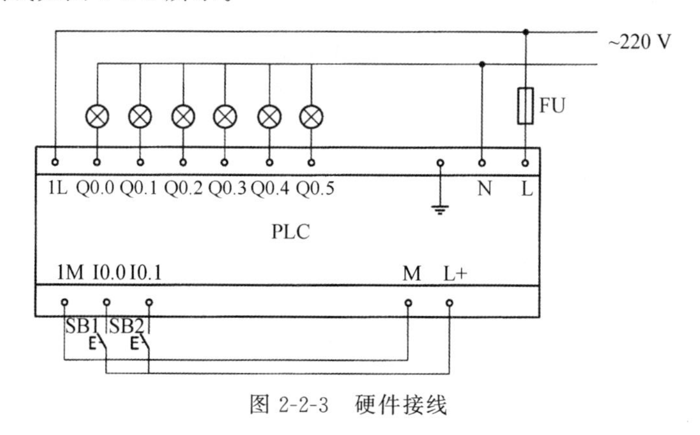

图2-2-3　硬件接线

三、设计梯形图程序

1. 流程图

程序流程如图 2-2-4 所示。

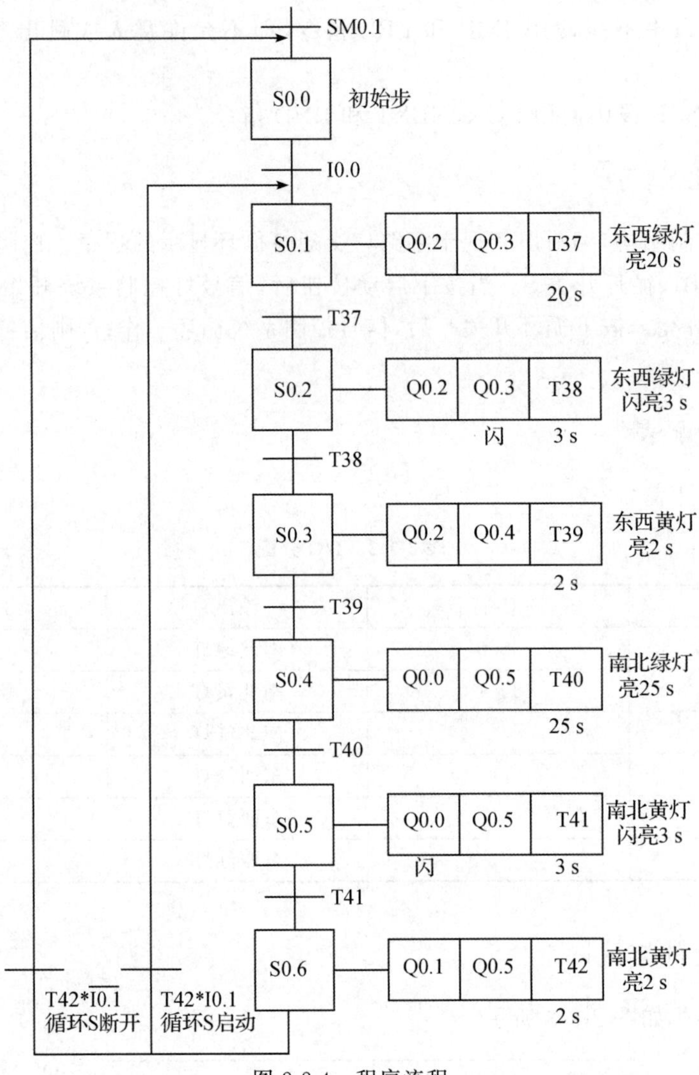

图 2-2-4 程序流程

2. 梯形图

梯形图如图 2-2-5 所示。

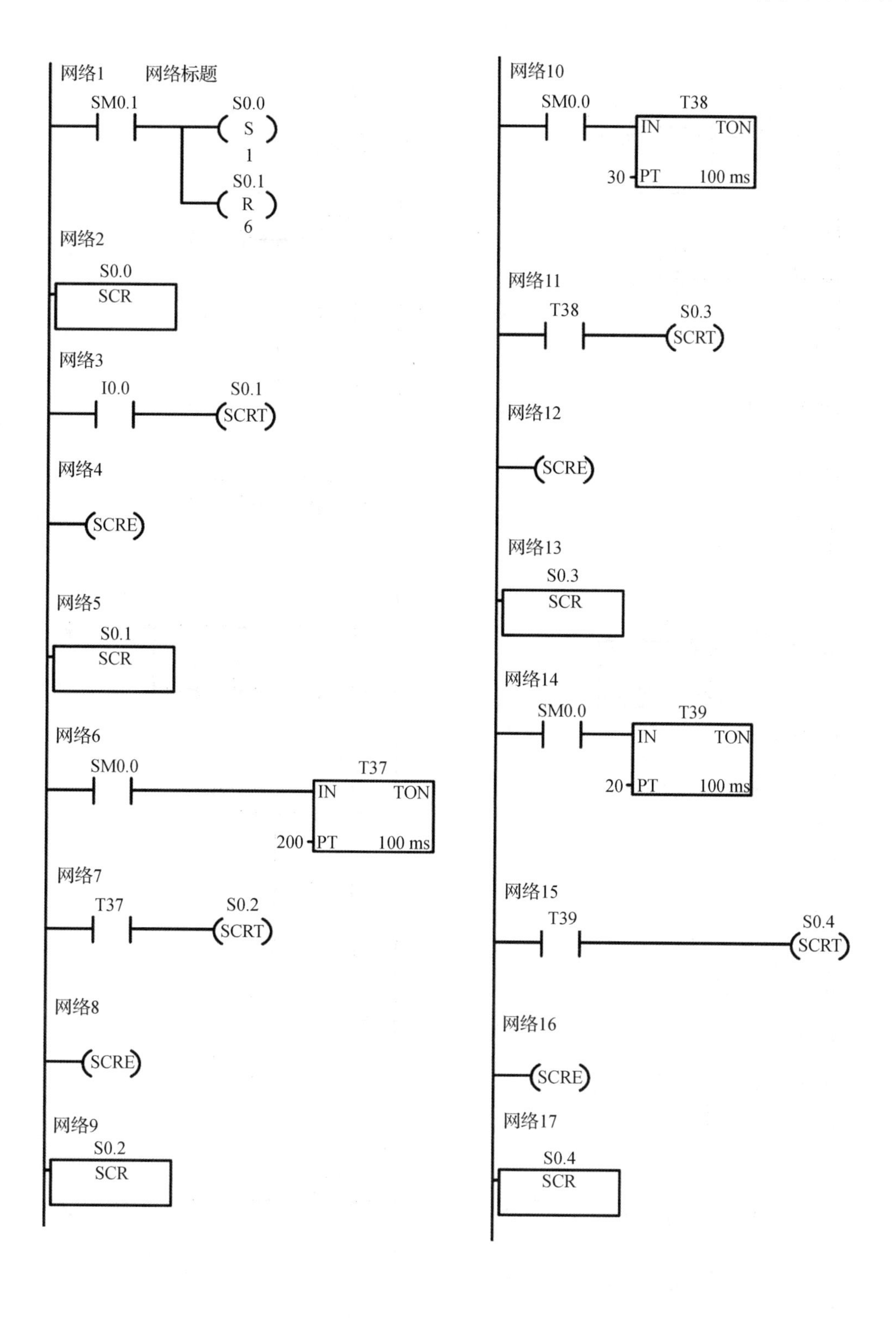
网络1　网络标题
SM0.1
S0.0
S
1
S0.1
R
6
网络2
S0.0
SCR
网络3
I0.0
S0.1
SCRT
网络4
SCRE
网络5
S0.1
SCR
网络6
SM0.0
T37
IN　TON
200
PT　100 ms
网络7
T37
S0.2
SCRT
网络8
SCRE
网络9
S0.2
SCR
网络10
SM0.0
T38
IN　TON
30
PT　100 ms
网络11
T38
S0.3
SCRT
网络12
SCRE
网络13
S0.3
SCR
网络14
SM0.0
T39
IN　TON
20
PT　100 ms
网络15
T39
S0.4
SCRT
网络16
SCRE
网络17
S0.4
SCR

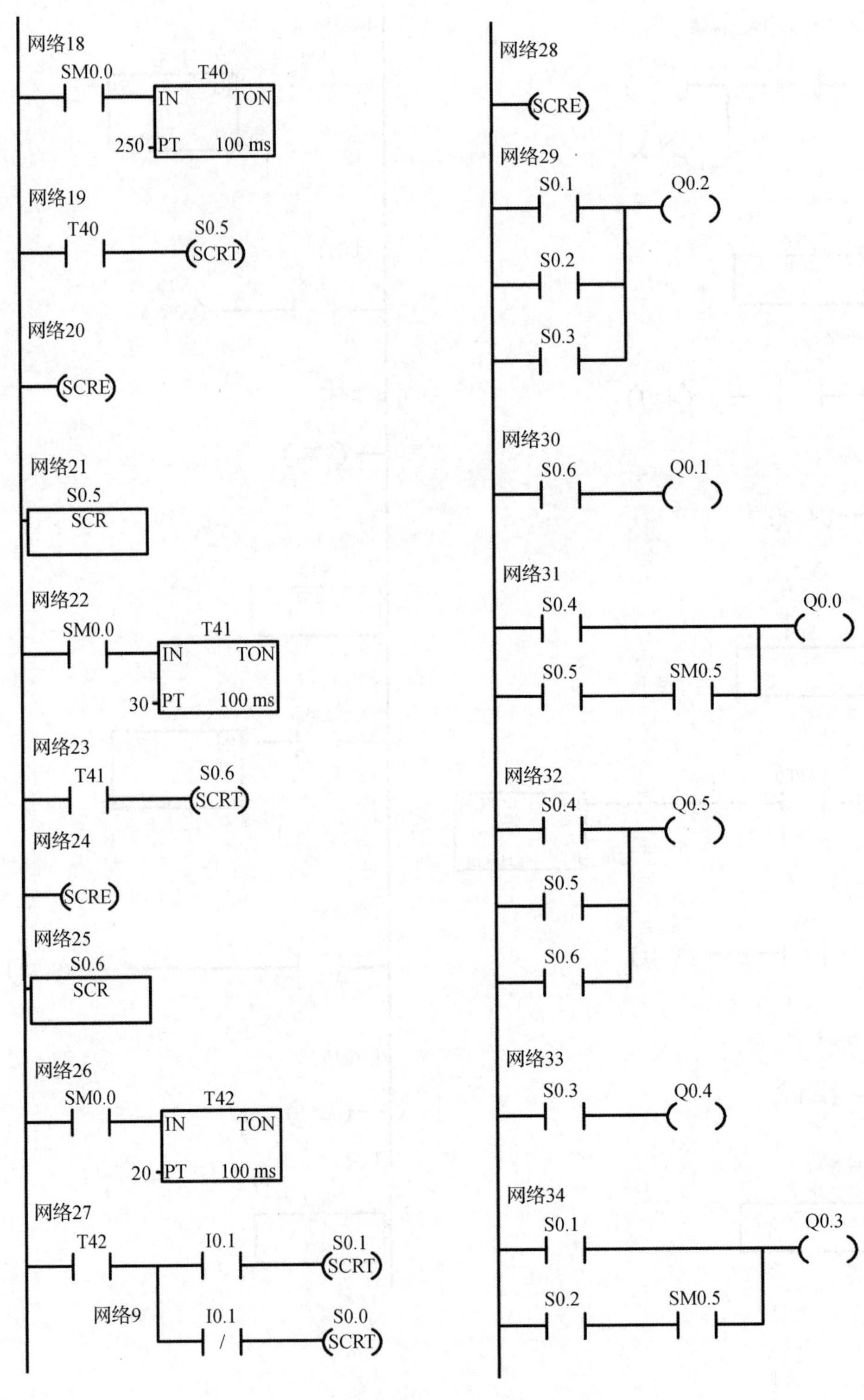

网络18
SM0.0
T40
IN
TON
250
PT
100 ms
网络19
T40
S0.5
SCRT
网络20
SCRE
网络21
S0.5
SCR
网络22
SM0.0
T41
IN
TON
30
PT
100 ms
网络23
T41
S0.6
SCRT
网络24
SCRE
网络25
S0.6
SCR
网络26
SM0.0
T42
IN
TON
20
PT
100 ms
网络27
T42
I0.1
S0.1
SCRT
网络9
I0.1
S0.0
SCRT
网络28
SCRE
网络29
S0.1
Q0.2
S0.2
S0.3
网络30
S0.6
Q0.1
网络31
S0.4
Q0.0
S0.5
SM0.5
网络32
S0.4
Q0.5
S0.5
S0.6
网络33
S0.3
Q0.4
网络34
S0.1
Q0.3
S0.2
SM0.5

图 2-2-5　梯形图

四、运行并调试程序

(1)下载程序,先监控调试。

(2)连接外部按钮、彩灯,调试程序,分析程序运行结果是否达到任务要求。

拓展知识

一、功能图及其基本概念

绘制功能流程图时应注意以下几点:

(1)初始步对应于系统启动时的初始状态,是必不可少的,一个功能流程图至少有一个初始步。

(2)状态与状态间不能直接相连,必须有一个转换分隔。

(3)转换与转换间不能直接相连,必须用一个转换分隔。

(4)状态与转换之间采用有向线段,方向向下、向右时有向线段的箭头可以省略。

二、顺序功能图的种类

1. 单序列

由一系列相继激活的步组成,每一步之后仅有一个转换,每一个转换之后只有一个步,如图 2-2-6(a)所示。

2. 选择序列

如图 2-2-6(b)所示,步 5 为活动步,转换条件 h=1,则发生步 5→步 8 的转换;若步 5 为活动步,转换条件 k=1,则发生步 5→步 10 的转换,一般只允许同时选择一个序列。

3. 并联序列

如图 2-2-6(c)所示,步 3 为活动步,转换条件 e=1,步 4 和步 6 的转换同时变为活动步,步 3 变为不活动步,步 4 和步 6 被同时激活后,每个序列中活动步的进展是独立的。

注意:①西门子 S7-200 不允许双线圈输出,如同一个输出有几个地方出现,则可用辅助继电器过渡。

②计数器不能在活动步中,而必须在公式的程序段,否则不能计数和复位。

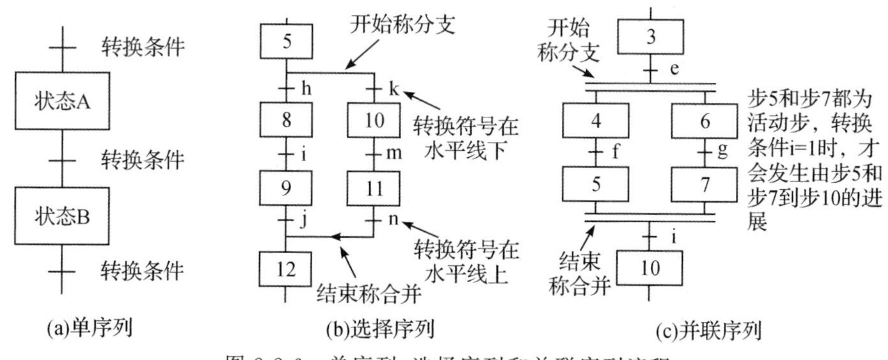

图 2-2-6　单序列、选择序列和并联序列流程

拓展技能

【例 2-2-1】某台设备具有手动/自动两种操作方式，S 是操作方式选择开关，当 S 处于断开时，选择手动方式；当 S 处于接通状态时，选择自动方式。不同操作方式的进程如下所述。

①手动方式：按启动按钮 SB2，电动机运转；按停止按钮 SB1，电动机停止。

②自动方式：按启动按钮 SB2，电动机运转 1 min 后自动停止；按停止按钮 SB1，电动机立即停止。

一、I/O 分配表

I/O 分配情况见表 2-2-3。

表 2-2-3 I/O 分配

输入	PLC 端子	输出	PLC 端子
选择开关 S	I0.0	控制电动机	Q0.0
启动按钮 SB2	I0.1		
停止按钮 SB1	I0.2		

二、程　序

1. 流程图

流程如图 2-2-7 所示。

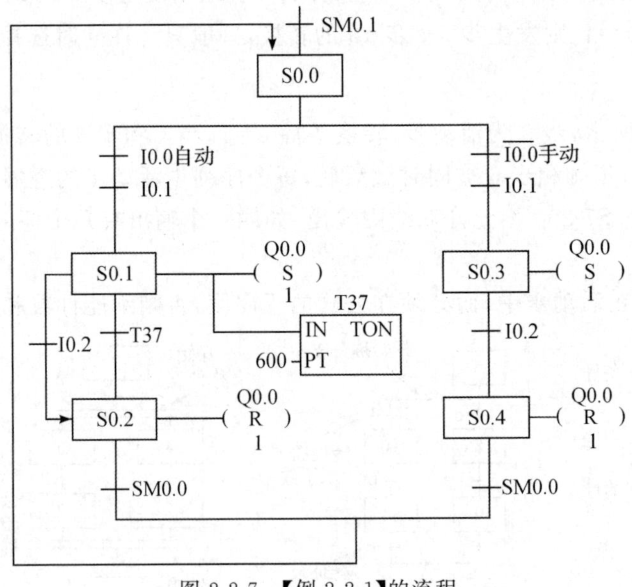

图 2-2-7 【例 2-2-1】的流程

2. 梯形图

梯形图如图 2-2-8 所示。

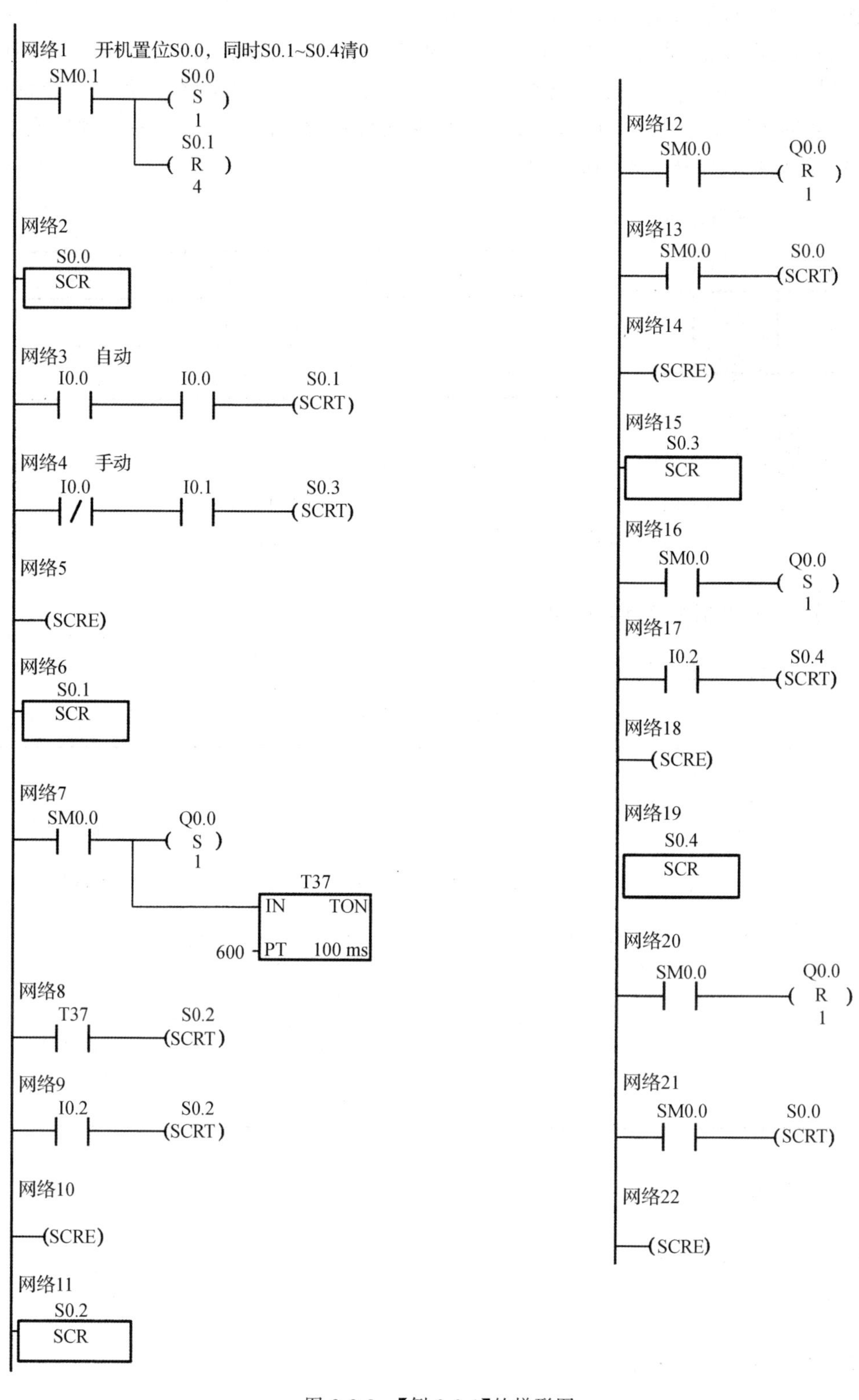

图 2-2-8　【例 2-2-1】的梯形图

【例 2-2-2】人行横道交通信号灯的 PLC 控制。

控制要求：图 2-2-9 所示为人行道和马路的交通灯控制的示意图和时序图。马路的交通灯有红灯、黄灯、绿灯，人行道交通灯只有红灯、绿灯。当行人过马路时，可按下分别安装在马路两侧的按钮 SB0(I0.0)或 SB1(I0.1)，则交通灯系统按图 2-2-9(b)所示的形式工作。在工作期间，任何按钮按下都不起作用。

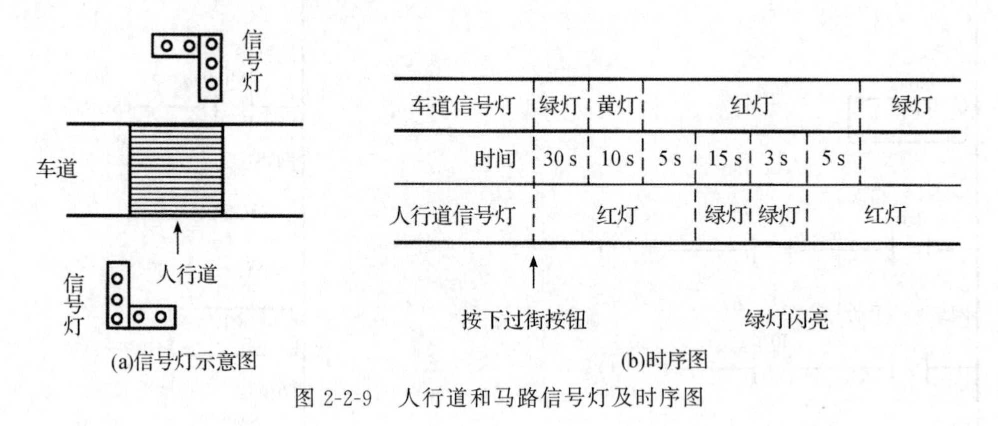

图 2-2-9　人行道和马路信号灯及时序图

三、交通灯控制的 I/O 分配表

I/O 分配情况见表 2-2-4。

表 2-2-4　I/O 分配

输入			输出	
PLC 端子	按钮	说明	PLC 端子	说明
I0.0	SB0	人行道南边按钮	Q0.0	马路绿灯
I0.1	SB1	人行道北边按钮	Q0.1	马路黄灯
			Q0.2	马路红灯
			Q0.3	人行道红灯
			Q0.4	人行道绿灯

四、流程图

流程如图 2-2-10 所示。

五、梯形图

梯形图如图 2-2-11 所示。

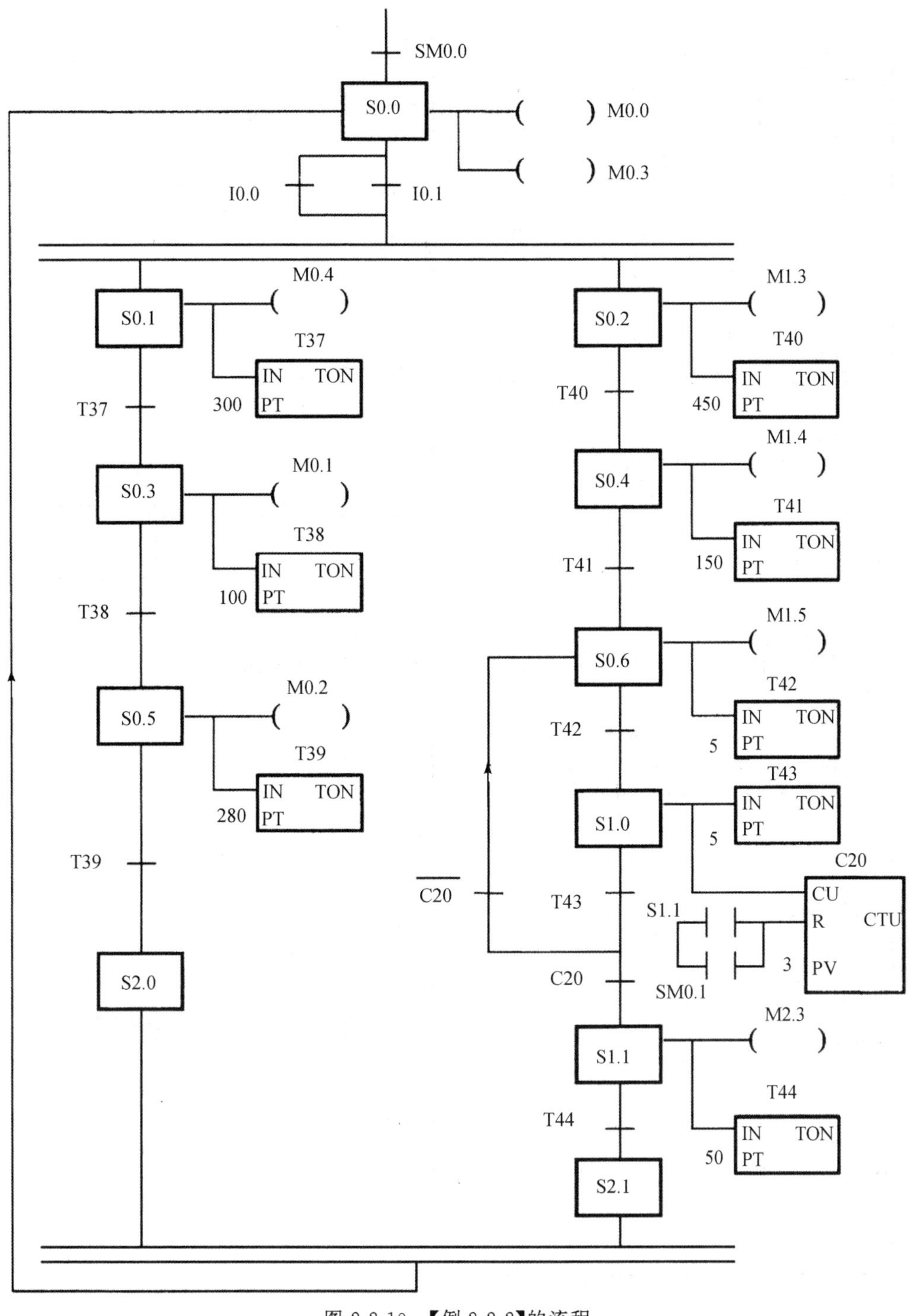

图 2-2-10 【例 2-2-2】的流程

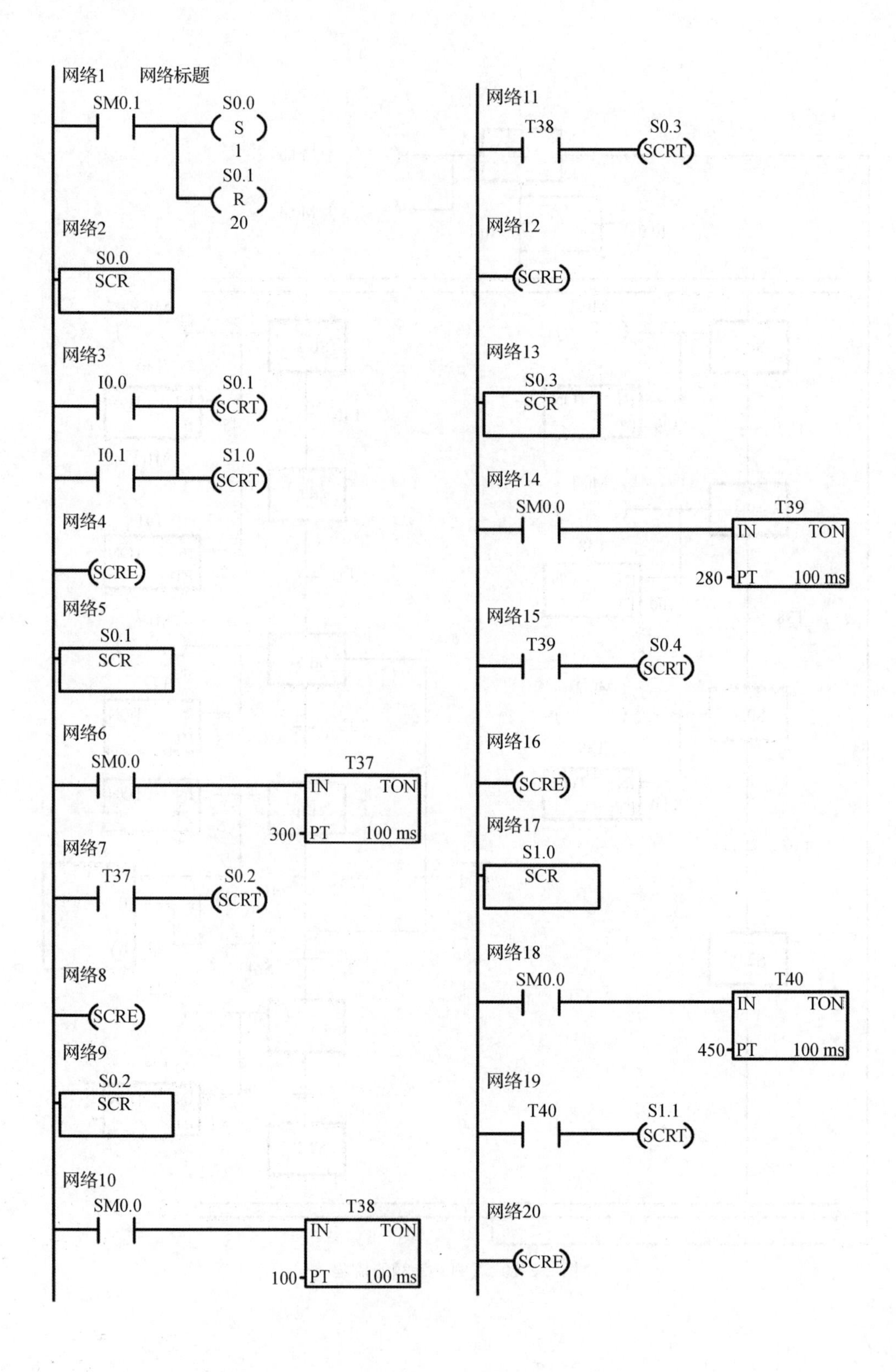
网络1 网络标题
SM0.1
S0.0
S
1
S0.1
R
20
网络2
S0.0
SCR
网络3
I0.0
S0.1
SCRT
I0.1
S1.0
SCRT
网络4
SCRE
网络5
S0.1
SCR
网络6
SM0.0
T37
IN TON
300 PT 100 ms
网络7
T37
S0.2
SCRT
网络8
SCRE
网络9
S0.2
SCR
网络10
SM0.0
T38
IN TON
100 PT 100 ms
网络11
T38
S0.3
SCRT
网络12
SCRE
网络13
S0.3
SCR
网络14
SM0.0
T39
IN TON
280 PT 100 ms
网络15
T39
S0.4
SCRT
网络16
SCRE
网络17
S1.0
SCR
网络18
SM0.0
T40
IN TON
450 PT 100 ms
网络19
T40
S1.1
SCRT
网络20
SCRE

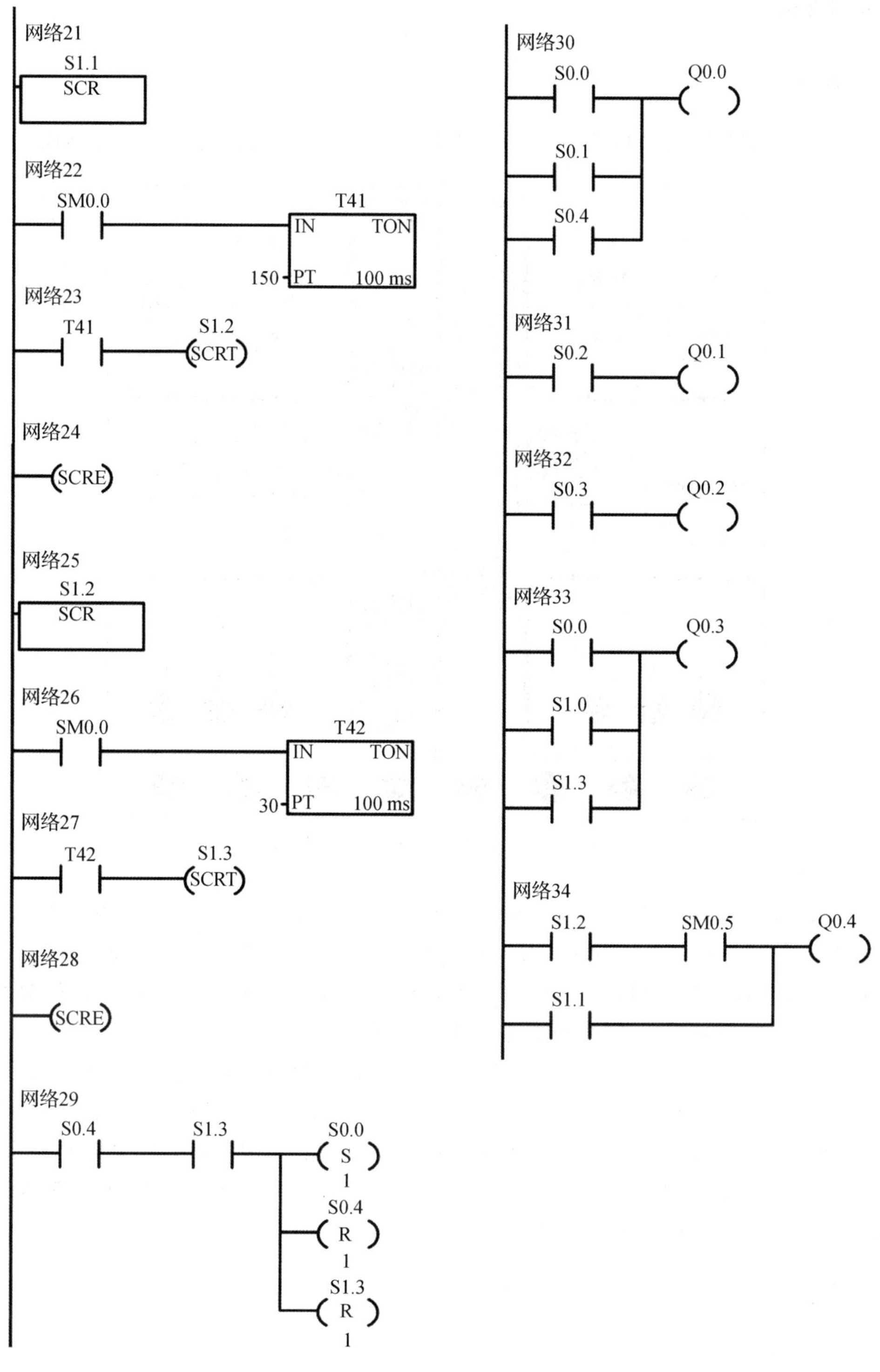

图 2-2-11　【例 2-2-2】的梯形图

技能训练

一、技术要求

设计 PLC 梯形图，完成图 2-2-12 所示的十字路口交通灯按顺序操作的控制任务。

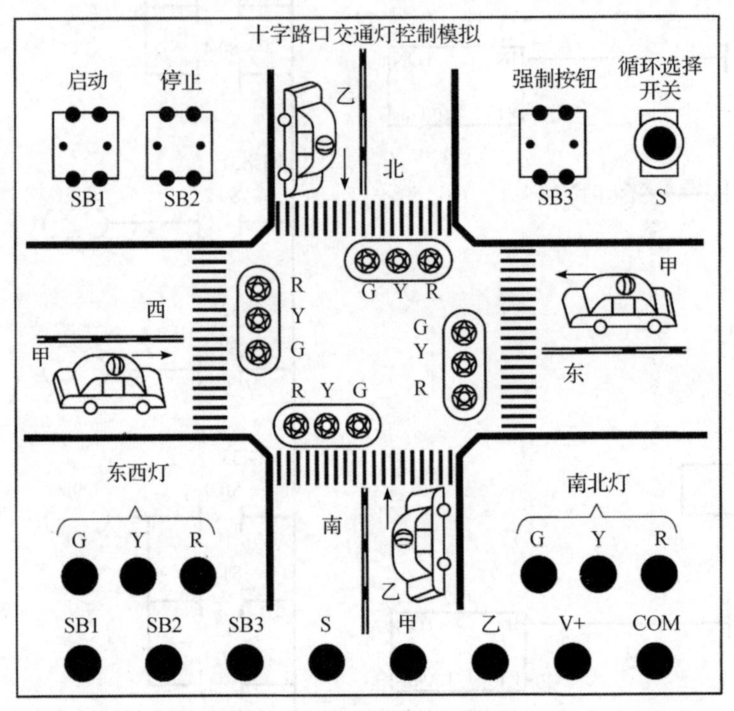

图 2-2-12 十字路口交通灯控制模拟

要求：设置一个启动按钮 SB1、停止按钮 SB2、强制按钮 SB3、循环选择开关 S。当按下启动按钮后，信号灯控制系统开始工作，首先南北红灯亮，东西绿灯亮。按下停止按钮后，信号控制系统停止，所有信号灯灭。按下强制按钮 SB3 后，东西南北黄、绿灯灭，红灯亮。循环选择开关 S 可以用来设定系统单次运行还是连续循环运行。

其工作流程如下：南北红灯亮并保持 25 s，同时东西绿灯亮，保持 20 s，20 s 到后，东西绿灯闪亮 3 次（每周期 1 s）后熄灭。继而东西黄灯亮并保持 2 s，到 2 s 后，东西黄灯灭，东西红灯亮并保持 30 s，同时南北红灯灭，南北绿亮 25 s，25 s 到后，南北绿灯闪亮 3 次（每周期 1 s）后熄灭。继而南北黄灯亮并保持 2 s，到 2 s 后，南北黄灯灭，南北红灯亮，同时东西红灯灭，东西绿灯亮。到此完成一个循环。

二、训练过程

（1）画 I/O 图。

（2）根据控制要求，设计梯形图程序。

（3）输入、调试程序。

（4）安装、运行控制系统。

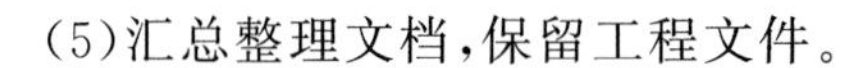

(5)汇总整理文档,保留工程文件。

三、技能训练评价

技能训练评价见表 2-2-5。

表 2-2-5　技能训练评价

序号	主要内容	考核要求	评分标准	配分	扣分	得分
1	方案设计	根据控制要求,画出 I/O 分配表,设计梯形图程序,画出 PLC 的外部接线图	1. 输入/输出地址遗漏或错误,每处扣 1 分; 2. 梯形图表达不正确或画法不规范,每处扣 2 分; 3. PLC 的外部接线图表达不正确或画法不规范,每处扣 2 分; 4. 指令有错误,每个扣 2 分	30		
2	安装与接线	按 PLC 的外部接线图在板上正确接线,要求接线正确、紧固、美观	1. 接线不紧固、不美观,每根扣 2 分; 2. 接点松动,每处扣 1 分; 3. 不按接线图接线,每处扣 2 分	30		
3	程序输入与调试	学会编程软件的基本操作,正确操作电脑开机和停机,并能正确地将程序输入 PLC,按动作要求进行模拟调试,最终达到控制要求	1. 不熟练操作电脑,扣 2 分; 2. 不会用删除、插入、修改等指令,每项扣 2 分; 3. 第一次试车不成功扣 5 分,第二次试车不成功扣 10 分,第三次试车不成功扣 20 分	30		
4	安全与文明生产	遵守国家相关专业的安全文明生产规程,遵守学校纪律、学习态度端正	1. 不遵守教学场所规章制度,扣 2 分; 2. 出现重大事故或人为损坏设备扣 10 分	10		
5	备注	电气元件均采用国家统一规定的图形符号和文字符号	由教师或指定学生代表负责依据评分标准评定	合计 100 分		
小组成员签名						
教师签名						

任务2.3 抢答器的PLC控制

★教学导航

知识目标

①理解比较指令(comparison)、BCD码指令的含义；

②掌握基于PLC的抢答器控制系统的设计方法。

能力目标

①会进行I/O口点设置；

②能用比较指令、BCD码指令编写程序。

涵盖内容

比较指令、数码显示指令SEG。

任务导入

工厂、学校、电视台等单位常举办各种智力比赛，抢答器是必要设备。抢答器是一名公正的裁判员，它的任务是从若干名参赛者中确定出最先的抢答者，其准确性和灵活性均得到了广泛应用。采用PLC控制抢答器是常见的方法，基本控制面板如图2-3-1所示，它是根据抢答过程中的动作时间快慢利用比较指令与BCD指令来实现控制的。

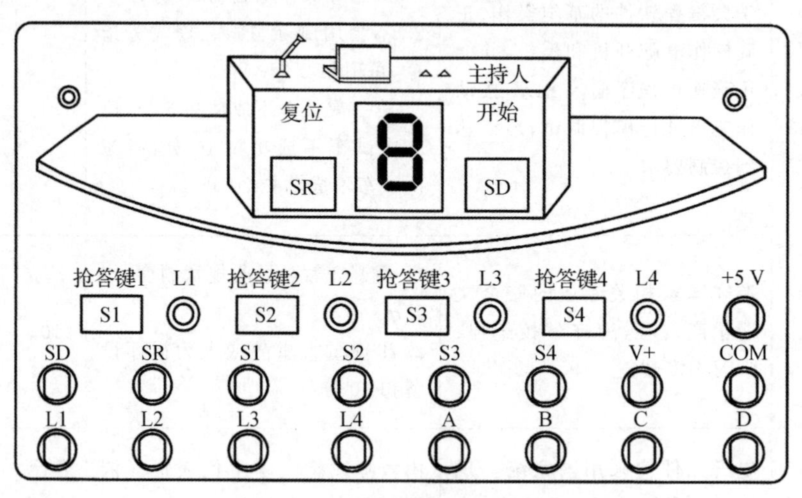

图2-3-1 抢答器基本控制面板

任务分析

控制要求：

(1)系统初始上电后，主控人员在总控制台上单击“开始”按键后，允许各队人员开始抢

答，即各队抢答按键有效。

(2)抢答过程中，1～4 队中的任何一队抢先按下各自的抢答按键(S1，S2，S3，S4)后，该队指示灯(L1，L2，L3，L4)点亮，

LED 数码显示系统显示当前的队号，并使蜂鸣器发出响声(持续 2 s 后停止)，同时锁住抢答器，使其他组按键无效，直至本次答题完毕。

(3)主控人员对抢答状态确认后，单击“复位”按键，系统又继续允许各队人员开始抢答，直至又有一队抢先按下自己的抢答按键。

分析控制要求，4 组抢答台使用的 S1～S4 抢答按钮及主控人员操作的复位按钮 SR、开始按钮 SD，作为 PLC 的输入信号，输出信号包括七段数码管和蜂鸣器。七段数码管的每一段应分配一个输出信号，因此总共需要 8 个输出点。为保证只有最先抢到的台号被显示，各抢答台之间应设置互锁。复位按钮 SR 的作用有两个：一是复位抢答器，二是复位七段数码管，为下一次的抢答做准备。

本任务中用到比较指令及用于七段数码管驱动的七段译码指令 SEG。

知识链接

一、S7-200PLC 的比较指令

比较指令是 PLC 中的重要基本指令，是一种比较判断，两数比较结果为真时，触点闭合，否则断开。

比较运算符有：=(等于)、＞=(大于等于)、＜=(小于等于)、＞(大于)、＜(小于)、＜＞(不等于)。

比较指令类型：字节比较(B)、字整数比较(W)、双字整数比较(DW)、实数比较(R)。

比较字节指令用于比较两个值：IN1 和 IN2。

比较包括：IN1=IN2，IN1＞=IN2，IN1＜=IN2，IN1＞IN2，IN1＜IN2 或 IN1＜＞IN2。字节比较不带符号。

在 LAD 中，比较为真时，触点闭合；在 FBD 中，比较为真时，输出打开；在 STL 中，比较为真时，1 位于堆栈顶端，指令执行载入、AND(与)或 OR(或)操作。

二、比较指令

比较指令的梯形图如图 2-3-2 所示。

(a)	(b)	(c)	(d)
IN1 ==B IN2	IN1 ==I IN2	IN1 ==D IN2	IN1 ==R IN2

图 2-3-2　比较指令

字节比较指令如图 2-3-2(a)所示：用于比较两个无符号字节数的大小。

字整数比较指令如图 2-3-2(b)所示：用于比较两个有符号整数的大小。

双字整数比较指令如图 2-3-2(c)所示:用于比较两个有符号双字整数的大小。

实数比较指令如图 2-3-2(d):用于比较两个有符号实数的大小。

其他比较运算相比,只是运算符不同。

【例 2-3-1】用比较控制指令设计、安装与调试 3 台电动机(M1,M2,M3)。控制要求:按下启动按钮,每隔 5 s,按 M1,M2,M3 顺序启动运行,按下停止按钮,M3,M2,M1 同时停止。

梯形图如图 2-3-3 所示。

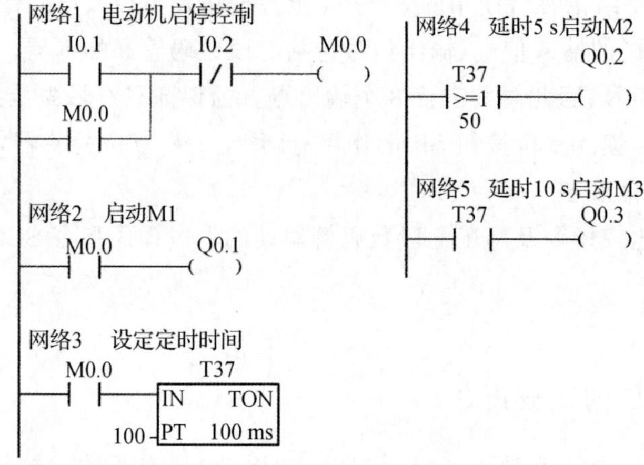

图 2-3-3 【例 2-3-1】的梯形图

【例 2-3-2】某计数器,计到 10 次时 Q0.1 通,计数次数在 12 次与 20 次之间,Q0.2 通,计到 30 次时 Q0.3 通。

梯形图如图 2-3-4 所示。

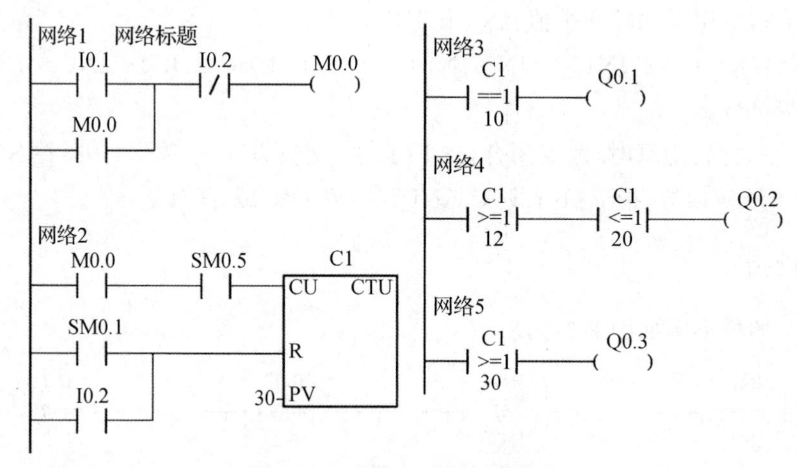

图 2-3-4 【例 2-3-2】的梯形图

【例 2-3-3】某压力值,上限是 10,下限是 5.1,正常压力时绿灯亮,非正常压力时红灯亮。

梯形图如图 2-3-5 所示。

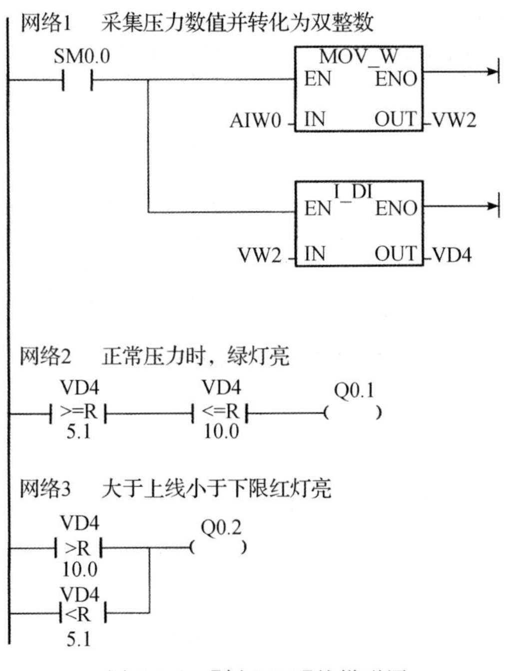

图 2-3-5 【例 2-3-3】的梯形图

三、七段显示译码指令(SEG)

七段显示器的 abcdefg 段分别对应字节的第 0 位～第 6 位，字节的某位为 1 时，其对应的段亮，输出字节的某位为 0 时，其对应的段暗。

将字节的第 7 位补 0，则构成与七段显示器相对应的 8 位编码，称为七段显示码。数字 0～9、字母 A～F 与七段显示码的对应如图 2-3-6 所示。

IN	段显示	(OUT) - g f e d c b a	IN	段显示	(OUT) - g f e d c b a
0	0	0011 1111	8	8	0111 1111
1	1	0000 0110	9	9	0110 0111
2	2	0101 1011	A	A	0111 0111
3	3	0100 1111	B	b	0111 1100
4	4	0110 0110	C	C	0011 1001
5	5	0110 1101	D	d	0101 1110
6	6	0111 1101	E	E	0111 1001
7	7	0000 0111	F	F	0111 0001

图 2-3-6 数字 0～9、字母 A～F 与七段显示码的对应关系

如要显示“2”，则先送“2”给 VB0，再用显示译码指令(SEG)转换，如图 2-3-7 所示。

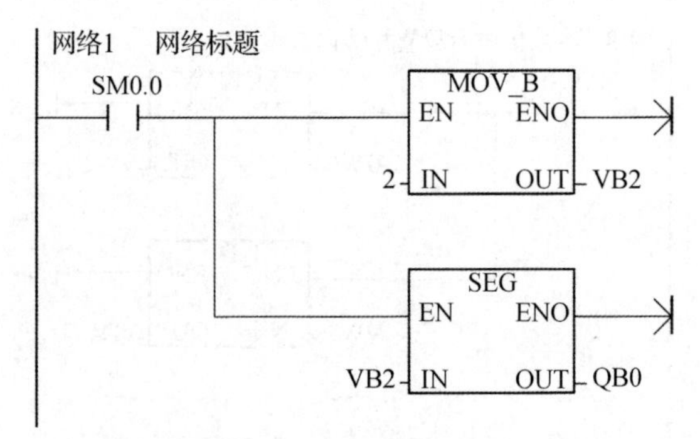

图 2-3-7　SEG 转换梯形图

任务实施

一、I/O 分配表

I/O 分配情况见表 2-3-1。

表 2-3-1　I/O 分配

序号	PLC 端子	电气符号(面板端子)	功能说明
1	I0.0	SD	启动
2	I0.1	S1	第一组抢答按钮
3	I0.2	S2	第二组抢答按钮
4	I0.3	S3	第三组抢答按钮
5	I0.4	S4	第四组抢答按钮
6	I0.5	SR	复位
7	Q0.0	a	数码显示输出
8	Q0.1	b	
9	Q0.2	c	
10	Q0.3	d	
11	Q0.4	e	
12	Q0.5	f	
13	Q0.6	g	
14	Q1.0		蜂鸣器

二、接线图

硬件接线如图 2-3-8 所示。

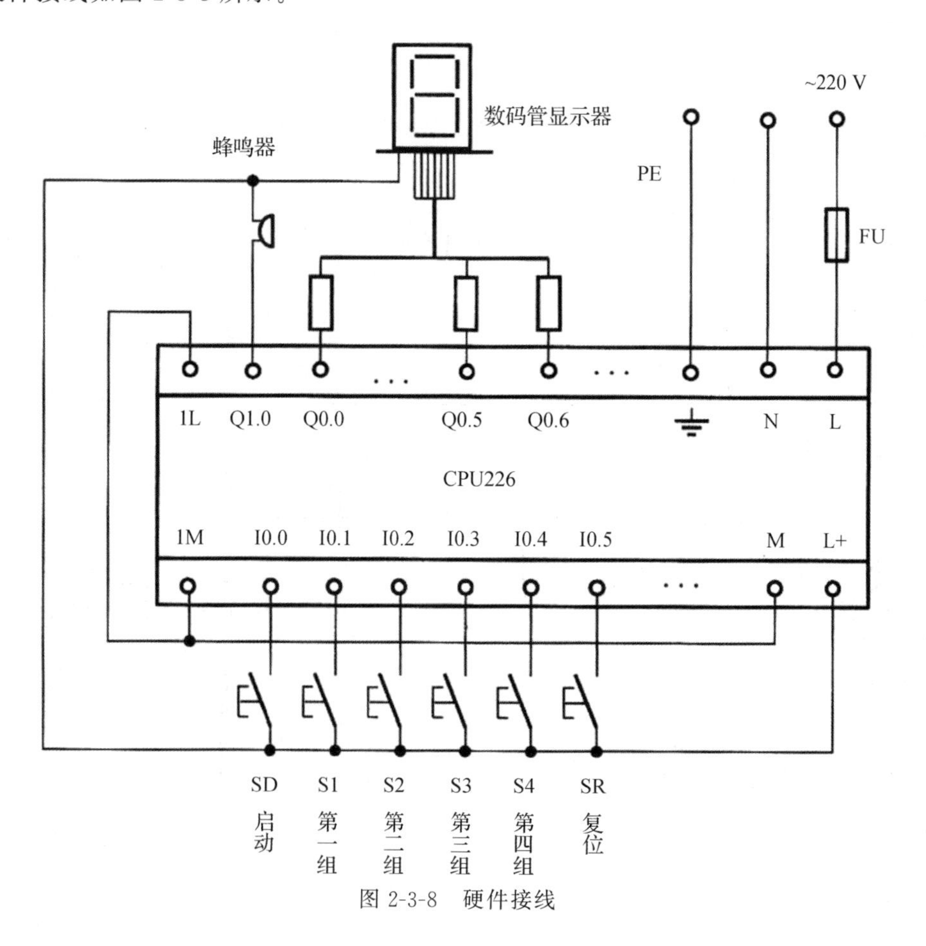

图 2-3-8　硬件接线

三、设计梯形图程序

根据要求设计程序梯形图如图 2-3-9 所示。

四、运行并调试程序

(1)下载程序,先监控调试。

(2)将编译无误的控制程序下载至 PLC 中,并将模式选择开关拨至 RUN 状态。分别按“开始”开关,允许 1～4 队抢答;分别按 S1～S4 按钮,模拟 4 个队进行抢答,观察并记录系统响应情况。

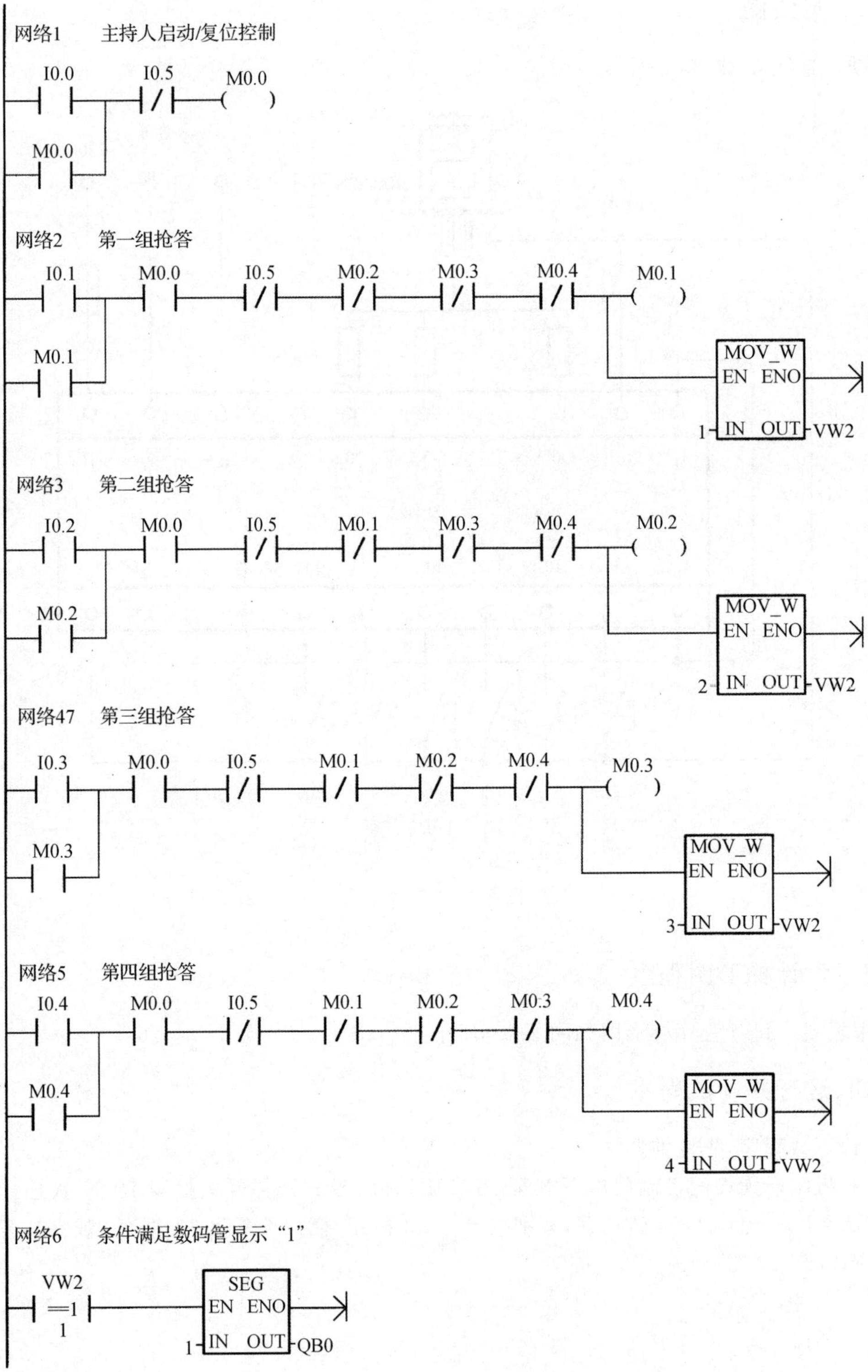

网络1　主持人启动/复位控制

I0.0　I0.5　M0.0

M0.0

网络2　第一组抢答

I0.1　M0.0　I0.5　M0.2　M0.3　M0.4　M0.1

M0.1

MOV_W
EN　ENO
1 IN　OUT VW2

网络3　第二组抢答

I0.2　M0.0　I0.5　M0.1　M0.3　M0.4　M0.2

M0.2

MOV_W
EN　ENO
2 IN　OUT VW2

网络47　第三组抢答

I0.3　M0.0　I0.5　M0.1　M0.2　M0.4　M0.3

M0.3

MOV_W
EN　ENO
3 IN　OUT VW2

网络5　第四组抢答

I0.4　M0.0　I0.5　M0.1　M0.2　M0.3　M0.4

M0.4

MOV_W
EN　ENO
4 IN　OUT VW2

网络6　条件满足数码管显示“1”

VW2
==I
1

SEG
EN　ENO
1 IN　OUT QB0

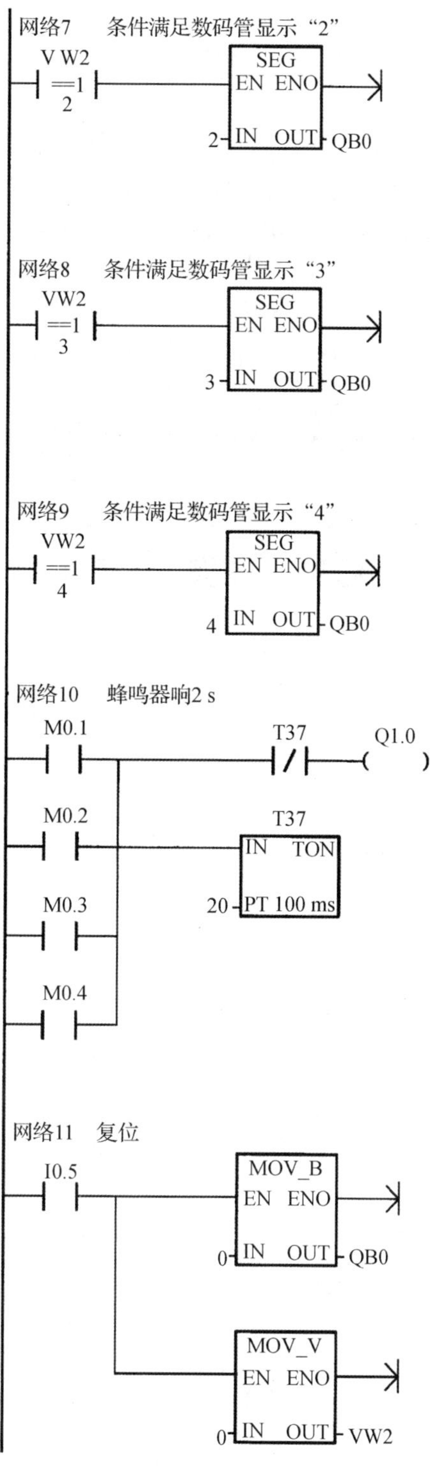
网络7 条件满足数码管显示“2”
VW2
==I
2
SEG
EN ENO
2 IN OUT QB0
网络8 条件满足数码管显示“3”
VW2
==I
3
SEG
EN ENO
3 IN OUT QB0
网络9 条件满足数码管显示“4”
VW2
==I
4
SEG
EN ENO
4 IN OUT QB0
网络10 蜂鸣器响2 s
M0.1
T37
Q1.0
M0.2
T37
IN TON
20 PT 100 ms
M0.3
M0.4
网络11 复位
I0.5
MOV_B
EN ENO
0 IN OUT QB0
MOV_V
EN ENO
0 IN OUT VW2

图 2-3-9 梯形图

技能训练

一、技术要求

一架运料小车，可在1＃～4＃工位间自动移动，只要对应工位有呼叫信号，小车便会自动向呼叫工位移动，并在到达呼叫工位后自动停止，其示意图如图2-3-10所示。设SB1为启动信号，SB2为停止信号，SQ1，SQ2，SQ3，SQ4为小车位置检测信号，SB3，SB4，SB5，SB6为呼叫位置检测信号。

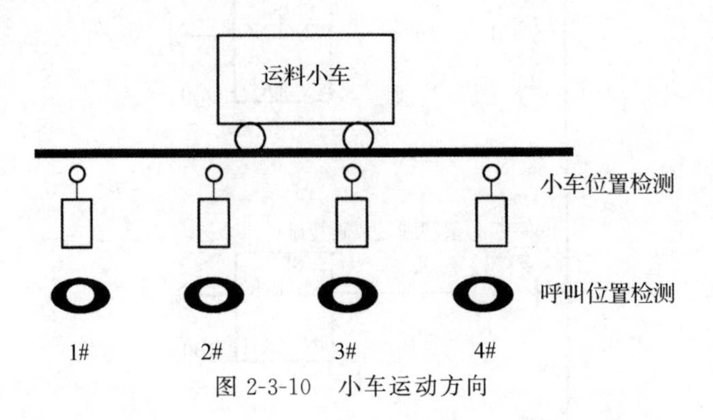

图2-3-10　小车运动方向

二、训练过程

(1)画I/O图。
(2)根据控制要求，设计梯形图程序。
(3)输入、调试程序。
(4)安装、运行控制系统。
(5)汇总整理文档，保留工程文件。

三、技能训练评价

技能训练评价见表2-3-2。

表2-3-2　技能训练评价

序号	主要内容	考核要求	评分标准	配分	扣分	得分
1	方案设计	根据控制要求，画出I/O分配表，设计梯形图程序，画出PLC的外部接线图	1. 输入/输出地址遗漏或错误，每处扣1分； 2. 梯形图表达不正确或画法不规范，每处扣2分； 3. PLC的外部接线图表达不正确或画法不规范，每处扣2分； 4. 指令有错误，每个扣2分	30		

续表

序号	主要内容	考核要求	评分标准	配分	扣分	得分
2	安装与接线	按 PLC 的外部接线图在板上正确接线，要求接线正确、紧固、美观	1. 接线不紧固、不美观，每根扣 2 分； 2. 接点松动，每处扣 1 分； 3. 不按接线图接线，每处扣 2 分	30		
3	程序输入与调试	学会编程软件的基本操作，正确操作电脑开机和停机，并能正确地将程序输入 PLC，按动作要求进行模拟调试，最终达到控制要求	1. 不熟练操作电脑，扣 2 分； 2. 不会用删除、插入、修改等指令，每项扣 2 分； 3. 第一次试车不成功扣 5 分，第二次试车不成功扣 10 分，第三次试车不成功扣 20 分	30		
4	安全与文明生产	遵守国家相关专业的安全文明生产规程，遵守学校纪律、学习态度端正	1. 不遵守教学场所规章制度，扣 2 分； 2. 出现重大事故或人为损坏设备扣 10 分	10		
5	备注	电气元件均采用国家统一规定的图形符号和文字符号	由教师或指定学生代表负责依据评分标准评定	合计 100 分		
小组成员签名						
教师签名						

项目 3

机电一体化设备的 PLC 控制系统设计与调试

任务 3.1 机械手的 PLC 控制

★教学导航

知识目标

①掌握子程序、跳转指令的应用；

②掌握多种工作方式程序设计方法。

能力目标

①会用子程序、跳转指令进行编程；

②具有分析较复杂控制系统的能力。

涵盖内容

跳转指令(JMP)、标号指令(LBL)及子程序指令(SBR_n)。

任务引入

在机电一体化控制系统中，很多工作要用到机械手。机械手动作一般采用气动方式进行，动作的顺序用 PLC 控制，如图 3-1-1 所示。

一、控制要求

(1)工作方式设置为自动/手动、连续/单周期、回原点。

(2)有必要的电气互锁和保护。

(3)自动循环时应按上述顺序动作。

二、工作内容

1. 初始状态

机械手在原点位置，压左限位 SQ4=1，压上限位 SQ2=1，机械手松开。

2. 启动运行

按下启动按钮，机械手按照下降→夹紧(延时 1 s)→上升→右移→下降→松开(延时 1 s)→上升→左移的顺序依次从左向右转送工件。下降/上升、左移/右移、夹紧/松开使用电磁阀控制。

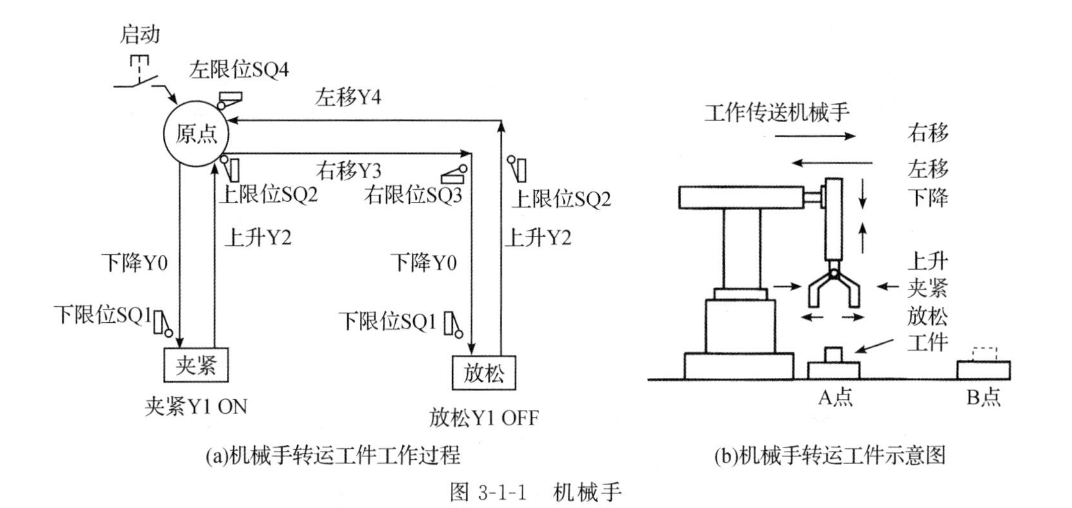

(a)机械手转运工件工作过程　　(b)机械手转运工件示意图

图 3-1-1　机械手

3. 停止操作

按下停止按钮，机械手完成当前工作过程，停在原点位置。

任务分析

根据控制要求，按照工作方式将控制程序分为 3 部分：第一部分为自动程序，包括连续和单周期两种控制方式，采用主程序进行控制；第二部分为手动程序，采用子程序 SBR_0 进行控制；第三部分为自动回原点程序，采用子程序 SBR_1 进行控制。

知识链接

一、跳转指令

与跳转相关的指令有下面两条。

1. 跳转指令(JMP)

跳转指令如图 3-1-2 所示，"????"处的参数为跳转标号"。功能是：当使能输入有效时，把程序的执行跳转到同一程序指定的标号(n)处向下执行。

2. 标号指令(LBL)

标号指令如图 3-1-3 所示，标记程序段，作为跳转指令执行时跳转到的目的位置。操作数为 0～255 的字型数据。

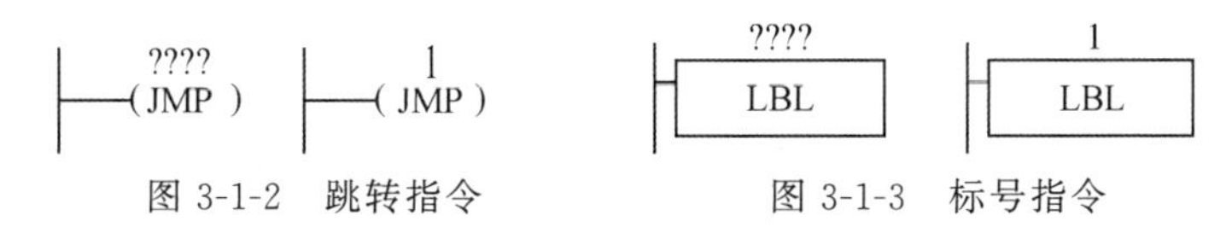

图 3-1-2　跳转指令　　图 3-1-3　标号指令

必须强调的是：跳转指令及标号必须同在主程序内或在同一子程序内，或在同一中断服务程序内，不可由主程序跳转到中断服务程序或子程序，也不可由中断服务程序或子程序跳转到主程序。

3. 跳转指令示例

【例 3-1-1】在图 3-1-4 中，当 JMP 条件满足(即 I0.0 为 ON)时，程序跳转执行 LBL 标号以后的指令，而在 JMP 和 LBL 之间的指令一概不执行，在这个过程中，即使 I0.1 接通也不会有 Q0.1 输出。当 JMP 条件不满足时，只有 I0.1 接通后 Q0.1 才有输出。

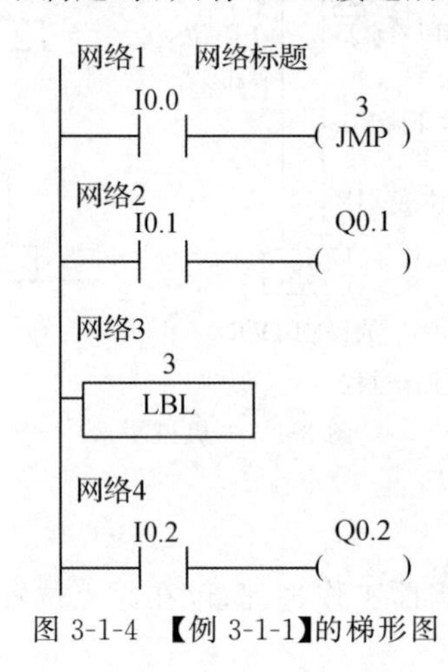

图 3-1-4 【例 3-1-1】的梯形图

【例 3-1-2】如图 3-1-5 所示，用可逆计数器进行计数，如果当前值小于 300，则程序按原顺序执行，若当前值超过 300，则跳转到从标号 5 开始的程序执行。

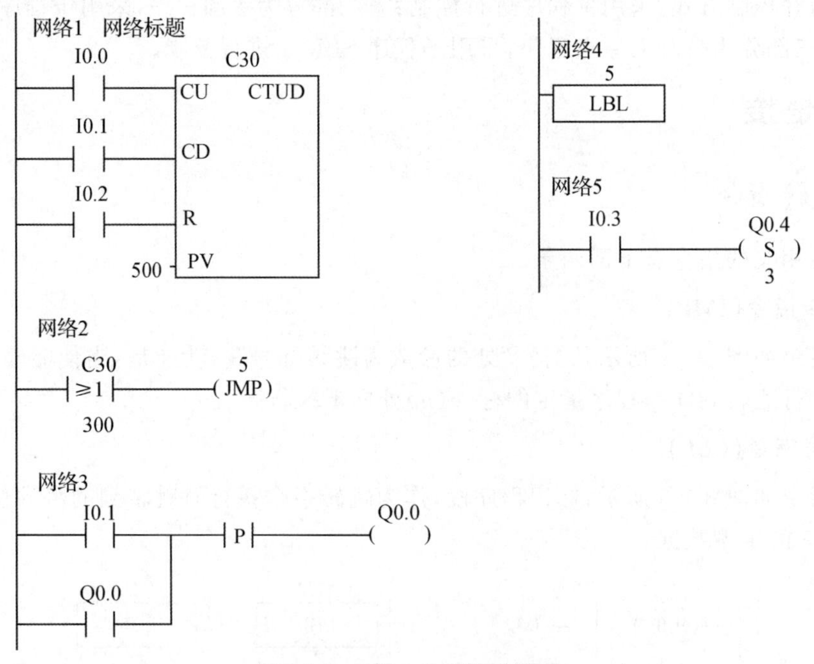

图 3-1-5 【例 3-1-2】的梯形图

【例 3-1-3】应用举例：JMP 和 LBL 指令在工业现场控制中常用于工作方式的选择，如有 3 台电动机 M1～M3，具有两种启/停工作方式。

①手动操作方式：分别用每个电动机各自的启/停按钮控制 M1～M3 的启/停状态。

②自动操作方式：按下启动按钮，M1～M3 每隔 5 s 依次启动；按下停止按钮，M1～M3 同时停止。

PLC 控制的外部接线图、程序结构图、梯形图分别如图 3-1-6(a)、图 3-1-6(b)和图 3-1-7 所示。

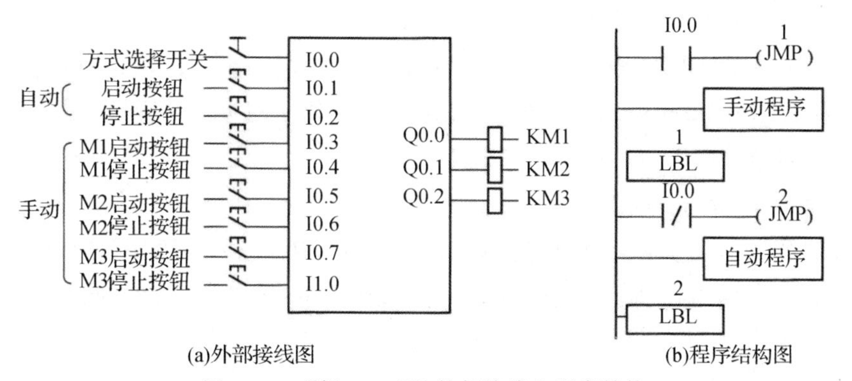

图 3-1-6　【例 3-1-3】的外部接线和程序结构

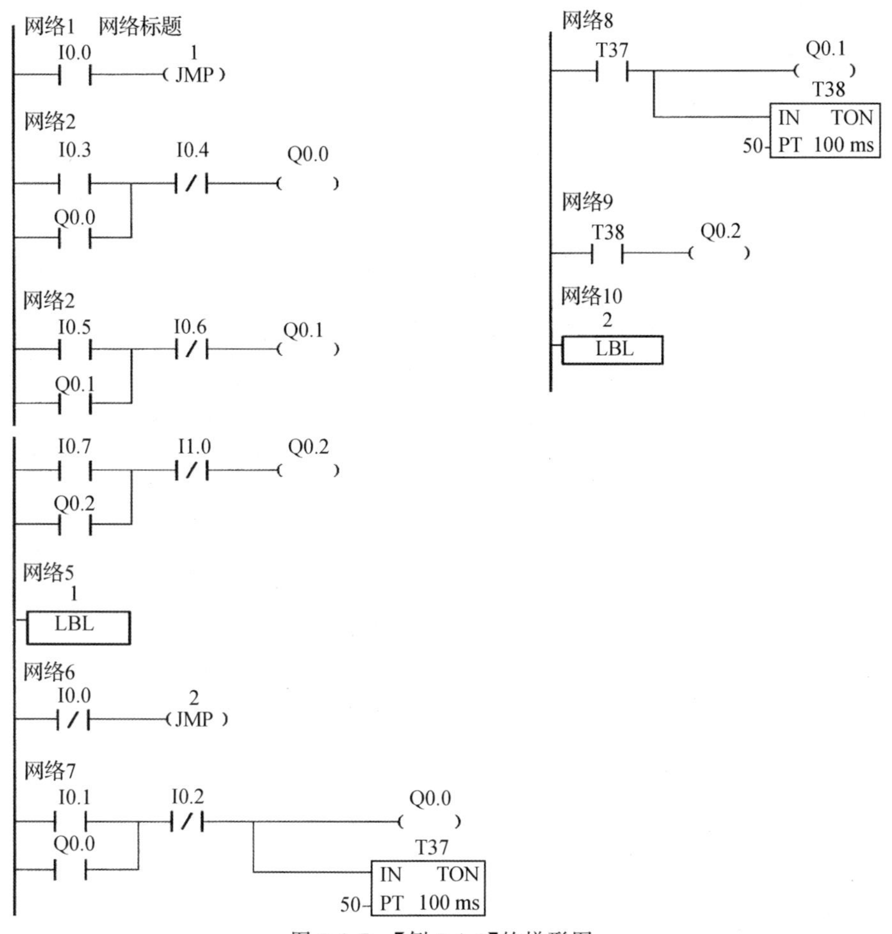

图 3-1-7　【例 3-1-3】的梯形图

从控制要求中可以看出，需要在程序中体现两种可以任意选择的控制方式，运用跳转指令的程序结构可以满足控制要求。当操作方式选择开关闭合时，I0.0 的常开触点闭合，跳过手动程序段；I0.0 常闭触点断开，选择自动方式的程序段执行。而操作方式选择开关断开时的情况与此相反，跳过自动方式程序段，选择手动方式程序段执行。

二、子程序的编写与应用

S7-200PLC 的控制程序由主程序、子程序和中断程序组成。软件窗口里为每个程序组织单元(program organization unit，POU)提供了一个独立的页。主程序总是第一页，后面是子程序和中断程序。

1. 子程序的作用

子程序常用于需要多次反复执行相同任务的地方，只需要写一次子程序，别的程序在需要子程序时就可以调用它，而无需重写该程序。子程序的调用是有条件的，未调用它时，不会执行子程序的指令，因此使用子程序可以减少扫描时间。同时，使用子程序可以将程序分成容易管理的小块，使程序结构简单清晰，易于查错和维护。

建立子程序方法：单击“菜单”/“插入”/“子程序”命令或右击在弹出的快捷菜单中单击“插入”/“子程序”命令。

2. 子程序指令

子程序指令格式如图 3-1-8 所示，主程序调用为 SBR_N。

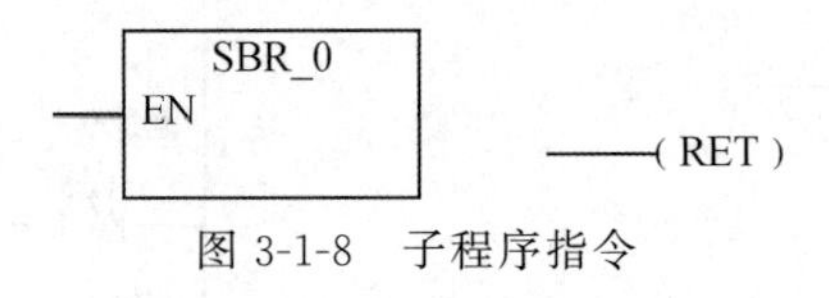

图 3-1-8　子程序指令

说明：子程序调用指令编在主程序中，子程序返回指令编在子程序中，子程序的标号 N 的范围是 0～63。

无条件子程序返回指令为 RET，有条件子程序返回指令为 CRET。

【例 3-1-4】子程序应用举例：I0.0 闭合时，执行手动程序；I0.0 断开时，执行自动程序。

主程序如图 3-1-9 所示。

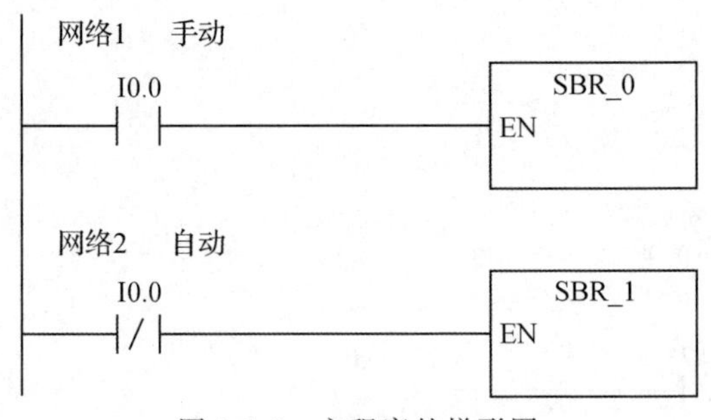

图 3-1-9　主程序的梯形图

子程序 SBR_0 如图 3-1-10 所示，子程序 SBR_1 如图 3-1-11 所示。

任务实施

系统设有手动、单周期、连续和回原点 4 种工作方式，机械手在最上面和最左边且松开

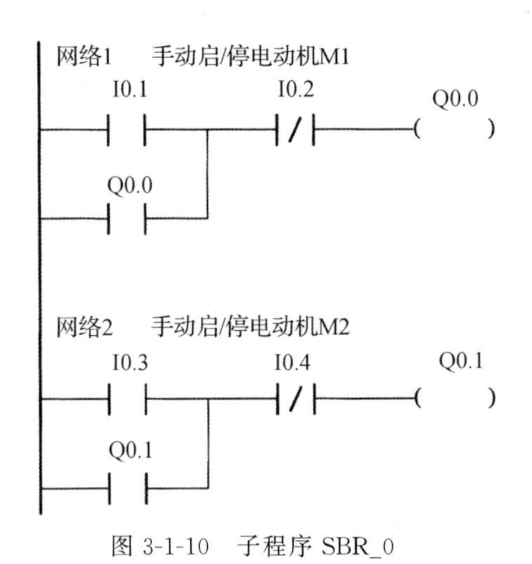

图 3-1-10　子程序 SBR_0

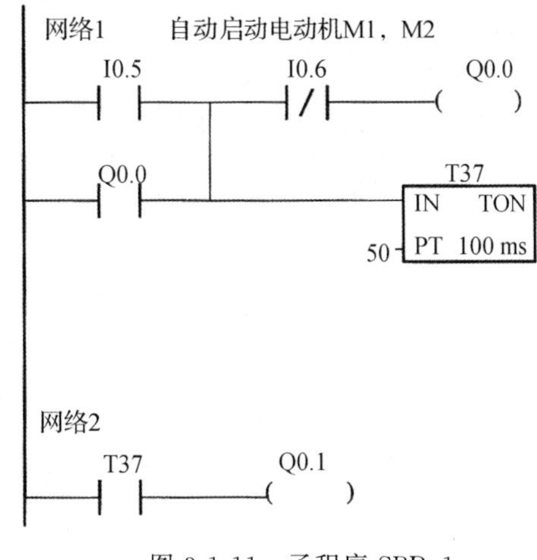

图 3-1-11　子程序 SBR_1

时，称系统处于原点状态（或称初始状态）。

一、I/O 分配表

I/O 分配情况见表 3-1-1。

表 3-1-1　I/O 分配

输入量	PLC 端子	输出量	PLC 端子
启动	I0.0	原点	Q0.0
停止	I0.1	下降	Q0.1
自动	I0.2	夹紧与松开	Q0.2
手动	I0.3	上升	Q0.3
连续/单周期	I0.4	右移	Q0.4
上限	I0.5	左移	Q0.5
下限	I0.6		
左限	I0.7		
右限	I1.0		
手动上升	I1.1		
手动夹紧	I1.2		
手动左移	I1.3		
回原点	I1.4		
手动下降	I1.5		
手动松开	I1.6		
手右移	I1.7		

二、PLC 接线图

PLC 硬件接线图如图 3-1-12 所示。

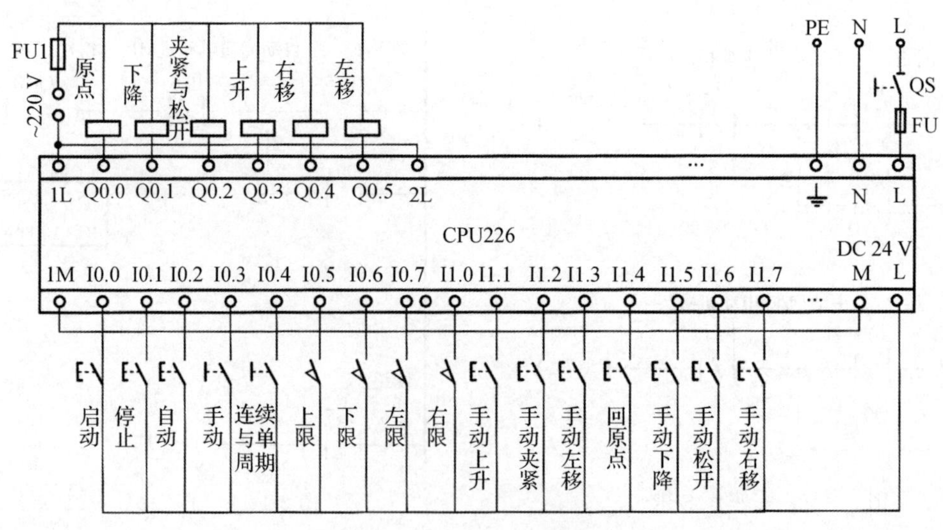

图 3-1-12　PLC 硬件接线

三、设计梯形图

(1)根据控制要求编写自动状态(单周期、连续),流程如图 3-1-13 所示。

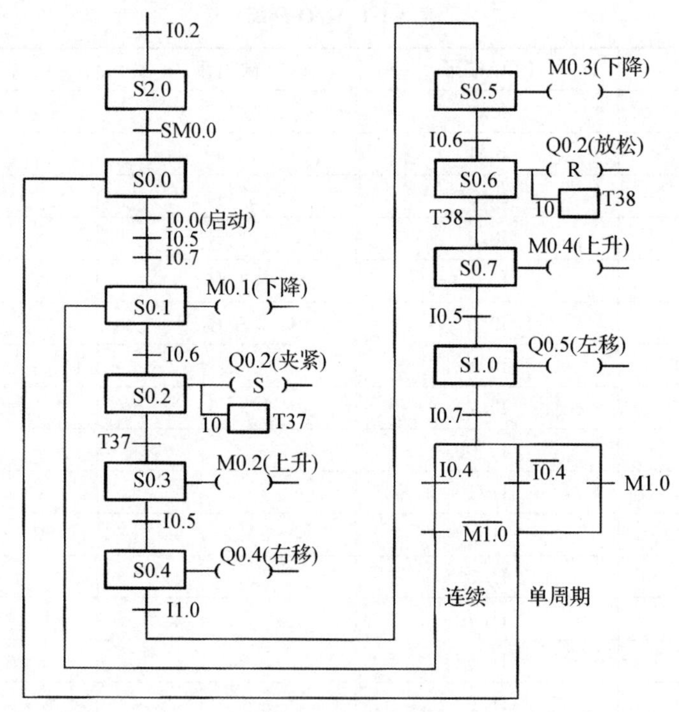

图 3-1-13　流程图

(2)根据流程图编写程序梯形图。

①主程序:如图 3-1-14 所示。

②手动子程序(SBR_0):如图 3-1-15 所示。

③回原点子程序(SBR_1)：如图 3-1-16 所示。

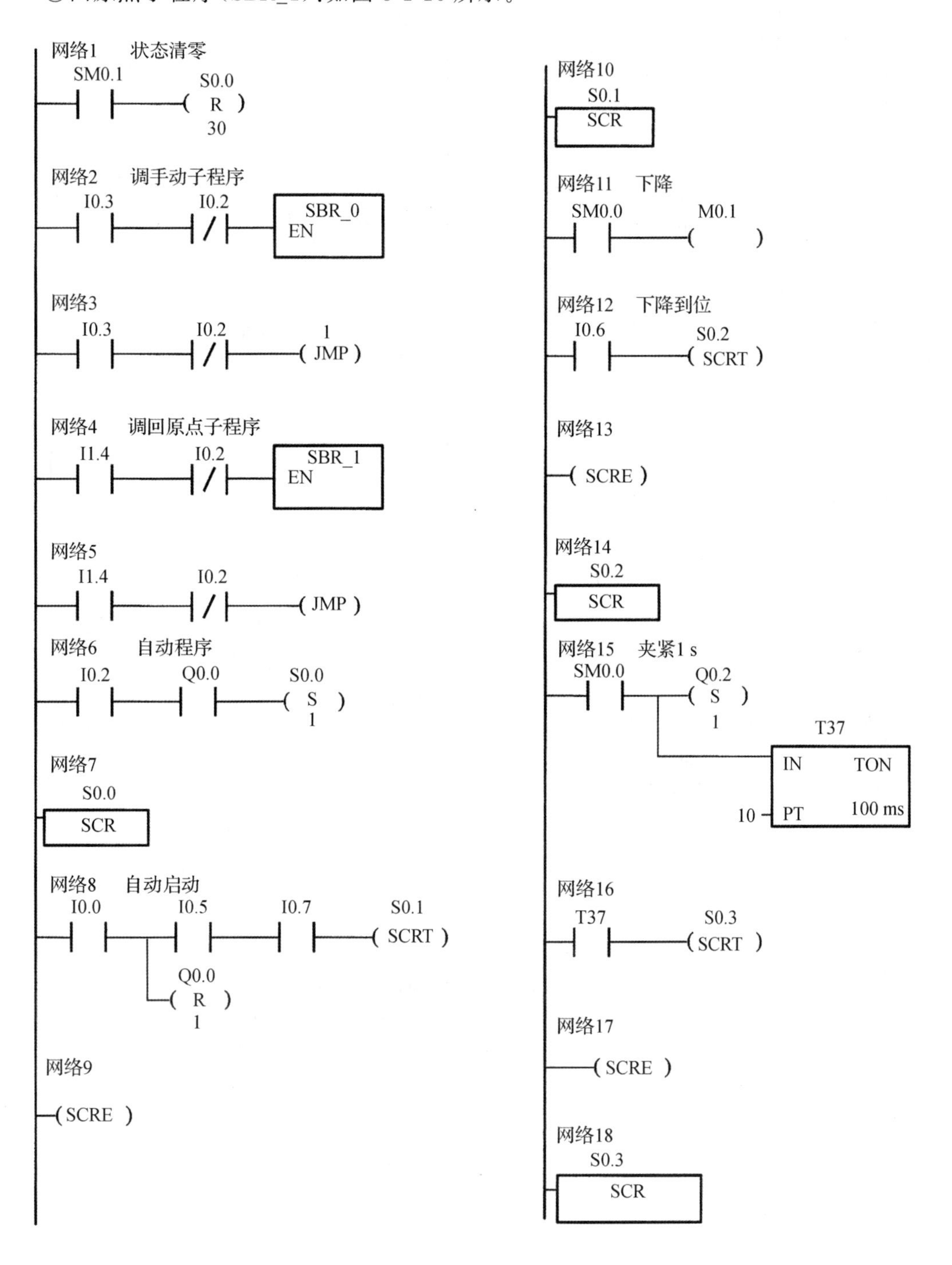

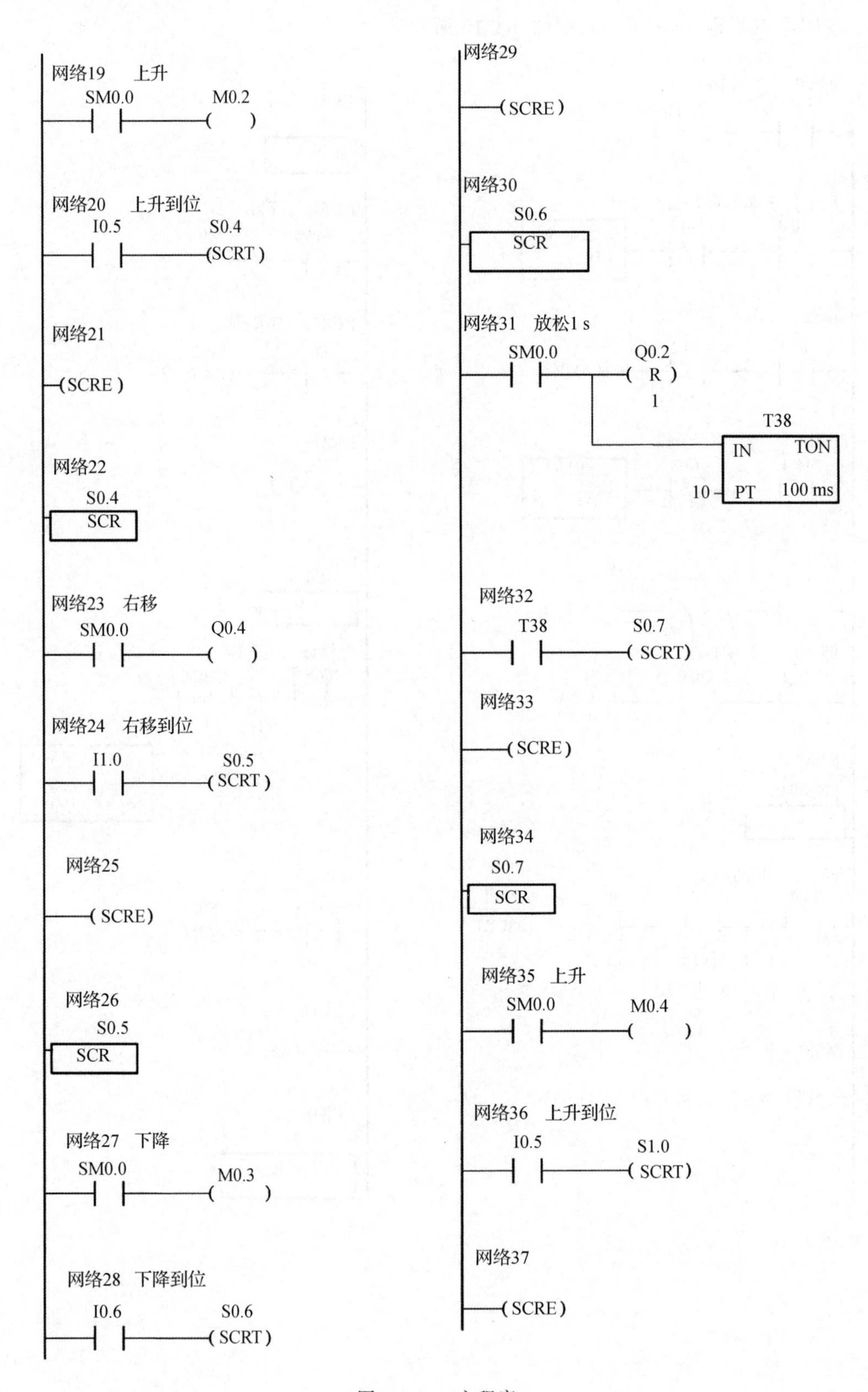

网络19 上升
SM0.0
M0.2
网络20 上升到位
I0.5
S0.4
SCRT
网络21
SCRE
网络22
S0.4
SCR
网络23 右移
SM0.0
Q0.4
网络24 右移到位
I1.0
S0.5
SCRT
网络25
SCRE
网络26
S0.5
SCR
网络27 下降
SM0.0
M0.3
网络28 下降到位
I0.6
S0.6
SCRT
网络29
SCRE
网络30
S0.6
SCR
网络31 放松1 s
SM0.0
Q0.2
R
1
T38
IN
TON
10
PT
100 ms
网络32
T38
S0.7
SCRT
网络33
SCRE
网络34
S0.7
SCR
网络35 上升
SM0.0
M0.4
网络36 上升到位
I0.5
S1.0
SCRT
网络37
SCRE

图 3-1-14 主程序

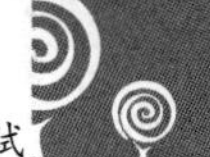

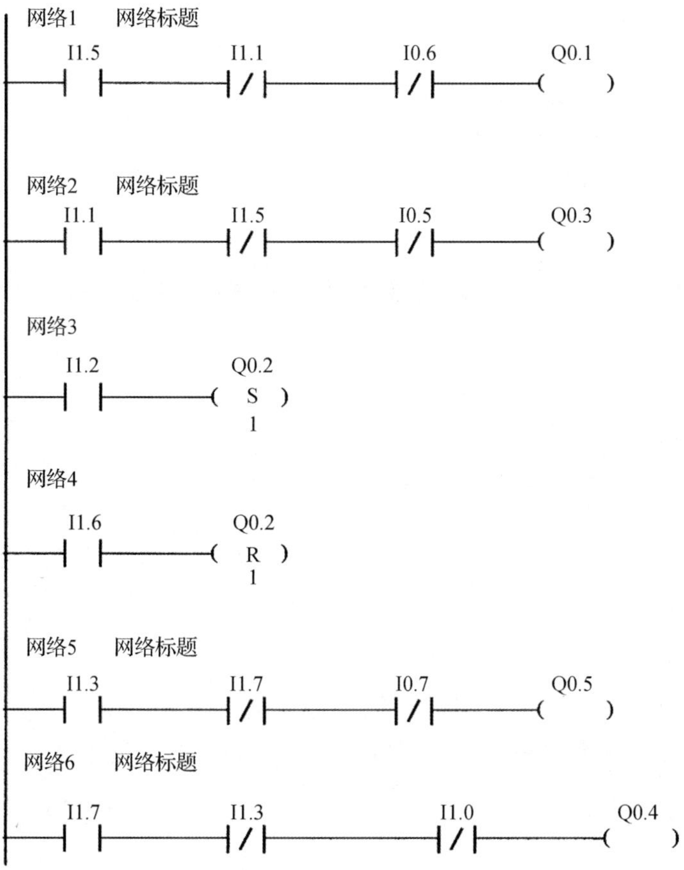

网络1　网络标题
I1.5
I1.1
I0.6
Q0.1
网络2　网络标题
I1.1
I1.5
I0.5
Q0.3
网络3
I1.2
Q0.2
S
1
网络4
I1.6
Q0.2
R
1
网络5　网络标题
I1.3
I1.7
I0.7
Q0.5
网络6　网络标题
I1.7
I1.3
I1.0
Q0.4

图 3-1-15　手动子程序

网络1　网络标题
I0.7
Q0.5
网络2　网络标题
I0.5
Q0.3
网络3
SM0.0
Q0.2
R
1
网络4
I0.5
I0.7
Q0.0

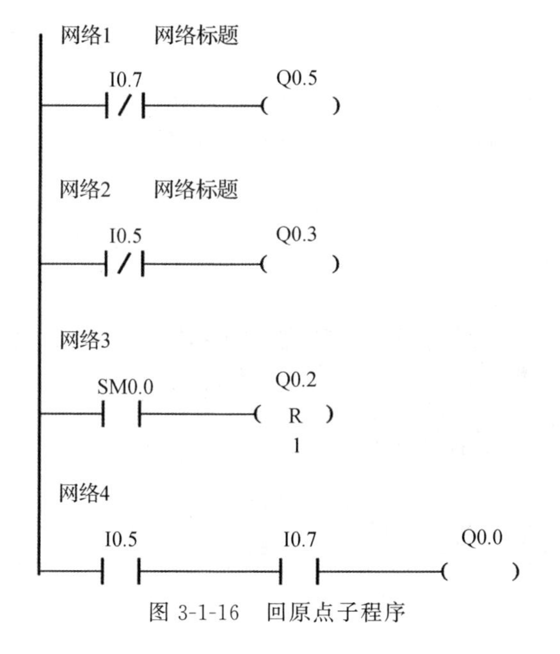

图 3-1-16　回原点子程序

四、运行调试程序

(1)根据 PLC 的 I/O 硬件接线图安装。
(2)下载程序,在线监控程序运行。
(3)针对程序运行情况,调试程序符合控制要求。

任务 3.2 机电一体化分拣系统的 PLC 控制

★教学导航

知识目标
①掌握高速计数指令功能及应用;
②掌握高速脉冲输出指令的使用方法;
③理解中断指令的应用。

能力目标
①能连接 PLC、编码器、变频器组成的传送带系统线路;
②会用高速计数器指令进行定位控制编程;
③能用高速脉冲输出指令对步进电动机的控制进行编程。

涵盖内容
中断指令、高速计数器指令及高速脉冲输出指令。

任务引入

TVT-2000G 机电一体化分拣系统由物料传送小系统和平面仓储小系统组成,如图 3-2-1 所示。物料传送小系统由物料出库、传送物料、物料定位等组成,平面仓储小系统由步进电动机带动物料到达指定仓位。

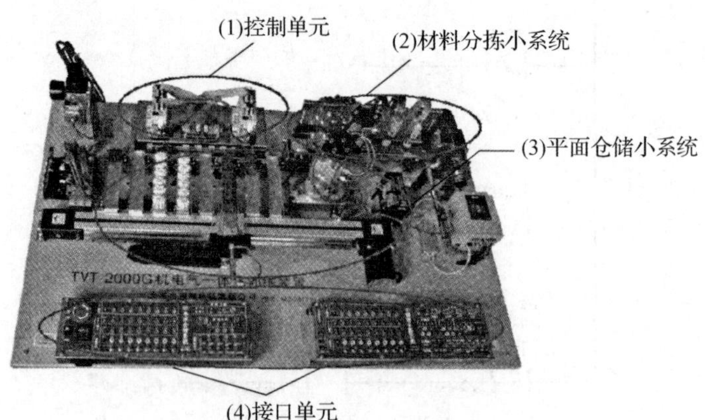

图 3-2-1 TVT-2000G 机电一体化分拣系统

一、物料传送小系统

组成：物料传送小系统由传送带单元、机械手单元、传感器单元等组成，其示意图如图 3-2-2 所示。

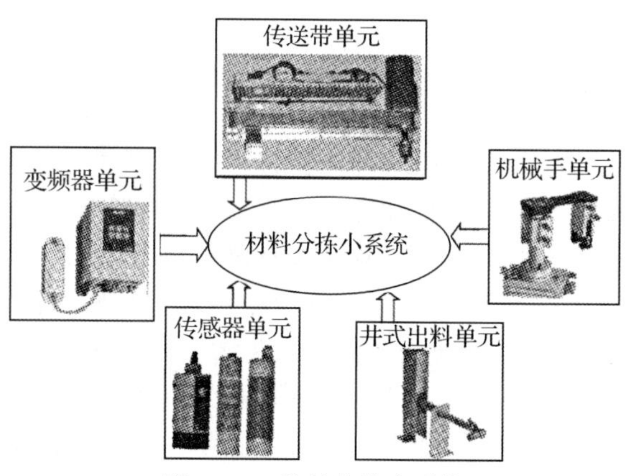

图 3-2-2　物料传送小系统

控制要求：PLC 控制变频器带动三相电动机传送物料，使用编码器双脉冲输出实现三相电动机正反转定位，传送物料向前（正转）20 cm 后停止，延时 2 s 向后（反转）15 cm 后停止。

二、平面仓储小系统

组成：平面仓储小系统由平面仓库系统、直线导轨送料单元、步进电动机单元、气动单元等组成，如图 3-2-3 所示。

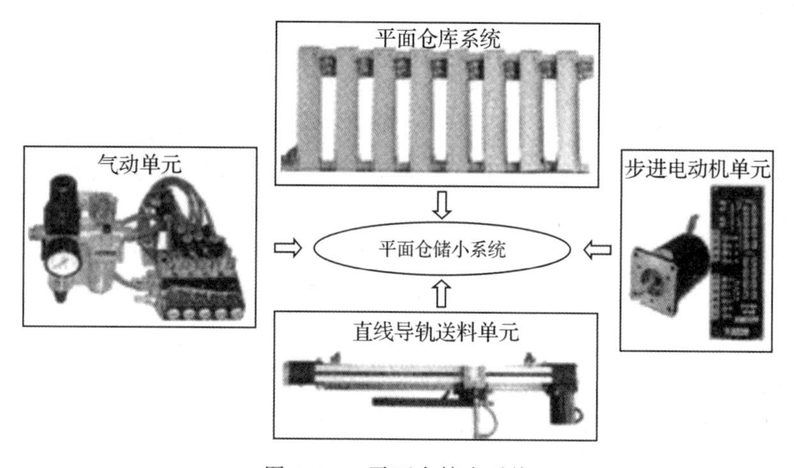

图 3-2-3　平面仓储小系统

送料机构的定位由电动机单元控制，其定位点可根据系统不同进行手动调整设定。

控制要求：手动控制步进电动机实现正反转进行定位。

任务分析

要实现物料传送小系统子任务定位，一般用编码器检测物料走过的距离再转化成脉冲送入 PLC 进行控制，同时要学习中断指令和高速计数器指令。

平面仓储小系统子任务，用步进电动机进行定位控制，同时学习高速计数器脉冲输出指令 PTO，利用 PTO 指令输出高速脉冲串控制步进电动机。

知识链接

一、中断指令

有很多 PLC 内部或外部的事件是随机发生的，如外部开关量的输入信号的上升沿或下降沿、高速计数器的当前值等于设定值和定时中断。事先并不知道这些事件何时发生，但是当它们出现时又需要尽快处理，PLC 用中断的方法来解决上述问题。

所谓中断就是当 CPU 执行正常程序时，系统中出现了某些急需处理的特殊请求，这时 CPU 暂时中断正在执行的程序，转而去对随机发生的更紧急事件进行处理(称为执行中断服务程序)，当该事件处理完毕后，CPU 自动返回原来被中断的程序继续执行。执行中断服务程序前后，系统会自动保护被中断程序的运行环境，故不会造成混乱。

S7-200CPU 支持 3 类中断事件：通信端口中断、I/O 中断和定时中断。不同的中断事件具有不同的级别，中断程序执行过程中发生的其他中断事件不会影响它的执行，即任何时刻只能执行一个中断程序。

在激活一个中断程序前，必须使中断事件和该事件发生时希望执行的中断程序间建立一种联系。这个中断事件也称为中断源，S7-200CPU 支持 34 种中断源，见表 3-2-1。

1. 中断事件

中断事件向 CPU 发出中断请求。S7-200 有 34 个中断事件，每一个中断事件都分配一个编号用于识别，叫中断事件号。中断事件大致可以分为三大类。

(1)通信中断。PLC 在自由通信模式下，通信口的状态可由程序控制，用户可以通过编程设置通信协议、波特率和奇偶校验。S7-200 系列 PLC 有 6 种通信口中断事件。

(2)I/O 中断。S7-200 对 I/O 点状态的各种变化产生中断，包括外部输入中断、高速计数器中断和脉冲串输出中断。这些事件可以对高速计数器、脉冲输出或输入的上升或下降状态做出响应。

外部输入中断是系统利用 I0.0～I0.3 的上升或下降沿产生中断，这些输入点可用于连接某些一旦发生必须引起注意的外部事件；高速计数器中断可以响应当前值等于预置值、计数方向改变、计数器外部复位等事件引起的中断，高速计数器的中断可以实时得到迅速响应，从而实现比 PLC 扫描周期还要短的控制任务；脉冲串输出中断用来响应给定数量脉冲输出完成引起的中断，脉冲串输出主要的应用是步进电动机。

(3)时基中断。时基中断包括定时中断和定时器 T32/T96 中断。

定时中断用来支持周期性的活动。周期时间以毫秒为单位，周期时间范围为 1～255 ms。对于定时中断 0，把周期时间值写入 SMB34；对于定时中断 1，把周期时间值写入 SMB35。当达到设定周期时间值时，定时器溢出，执行中断处理程序。通常用定时中断以固定的时间间隔去控制模拟量输入的采样或者执行一个 PID 回路。

定时器中断是利用定时器对一个指定的时间段产生中断。这类中断只能使用 1 ms 的定时器 T32 和 T96。当 T32 或 T96 的当前值等于预置值时，CPU 响应定时器中断，执行中

断服务程序。

2. 中断优先级

在 PLC 应用系统中通常有多个中断事件，当多个中断事件同时向 CPU 申请中断时，要求 CPU 能够将全部中断事件按中断性质和轻重缓急进行排队，并依优先权高低逐个处理。

S7-200CPU 规定的中断优先权由高到低依次是通信中断、I/O 中断和定时中断，每类中断又有不同的优先级。

中断事件及优先级见表 3-2-1。

表 3-2-1　中断事件及优先级

事件号	中断描述	优先级	优先组中的优先级
8	端口 0:接收字符	通信(最高)	0
9	端口 0:发送完成		0
23	端口 0:接收信息完成		0
24	端口 1:接收信息完成		1
25	端口 1:接收字符		1
26	端口 1:发送完成		1
19	PTO0:完成中断	I/O 中断(中等)	0
20	PTO1:完成中断		1
0	上升沿:I0.0		2
2	上升沿:I0.1		3
4	上升沿:I0.2		4
6	上升沿:I0.3		5
1	下降沿:I0.0		6
3	下降沿:I0.1		7
5	下降沿:I0.2		8
7	下降沿:I0.3		9
12	HSC0 CV=PV(当前值=预置值)		10
27	HSC0 输入方向改变		11
28	HSC0 外部复位		12
13	HSC1 CV=PV(当前值=预置值)		13
14	HSC1 输入方向改变		14
15	HSC1 外部复位		15
16	HSC2 CV=PV(当前值=预置值)		16
17	HSC2 输入方向改变		17
18	HSC2 外部复位		18
32	HSC3 CV=PV(当前值=预置值)		19
29	HSC4 CV=PV(当前值=预置值)		20
30	HSC4 输入方向改变		21
31	HSC4 外部复位		22
33	HSC5 CV=PV(当前值=预置值)		23
10	定时中断 0	定时(最低)	0
11	定时中断 1		1
21	定时器 32 CT=PT		2
22	定时器 96 CT=PT		3

二、中断指令

1. 中断连接指令 ATCH

如图 3-2-4 所示，INT 是中断子程序，EVNT 是中断事件。

2. 中断允许指令 ENI

如图 3-2-4 所示，ENI 是全局允许中断指令。

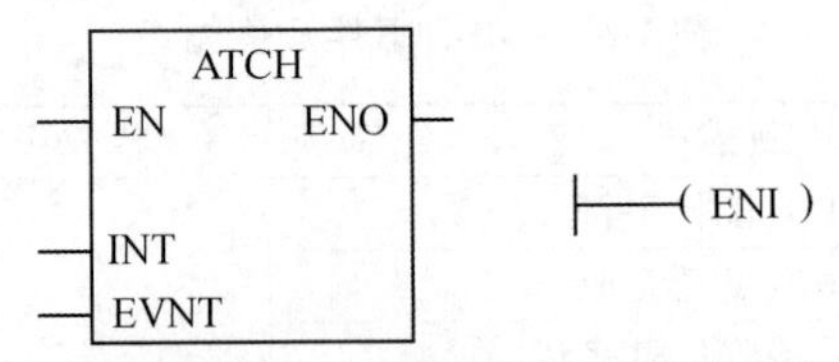

图 3-2-4　中断连接指令及中断允许指令

3. 中断分离指令 DTCH

如图 3-2-5 所示为中断事件与中断子程序的分离，并禁止该中断事件。DISI 为全局禁止中断。

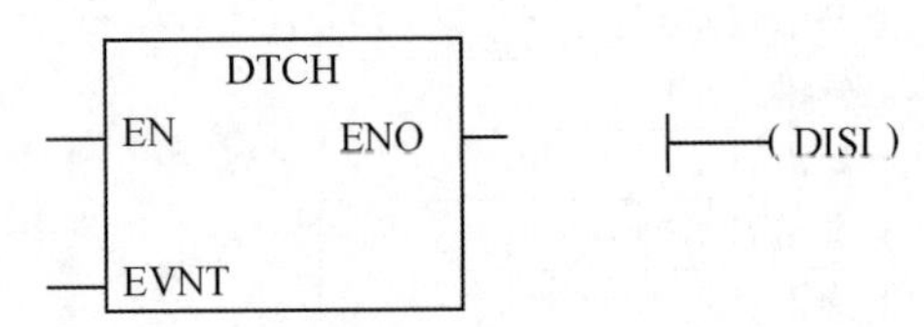

图 3-2-5　中断分离指令及全局禁止中断指令

图 3-2-6(a)所示为使中断事件 10 与中断程序 INT_0 连接，图 3-2-6(b)所示为使中断事件 10 与中断程序分离。

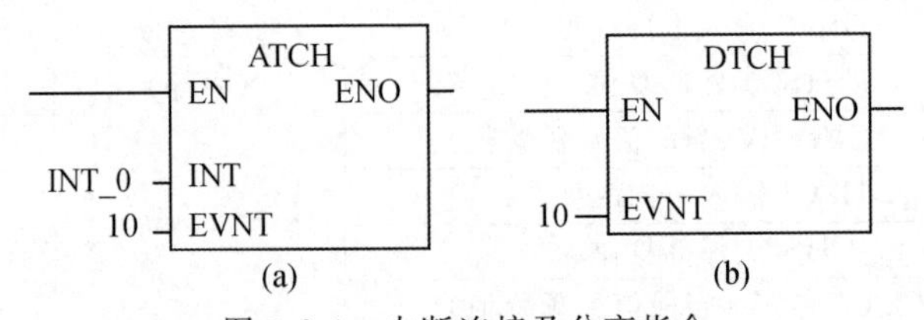

图 3-2-6　中断连接及分离指令

【例 3-2-1】在 I0.0 的上升沿(中断事件 0)通过中断使 Q0.0 立即置位。在 I0.1 的下降沿(中断事件 3)通过中断使 Q0.0 立即复位。

主程序：

梯形图如图 3-2-7 所示。

子程序 INT_0 如图 3-2-8(a)所示，子程序 INT_1 如图 3-2-8(b)所示。

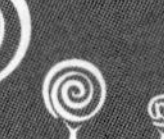

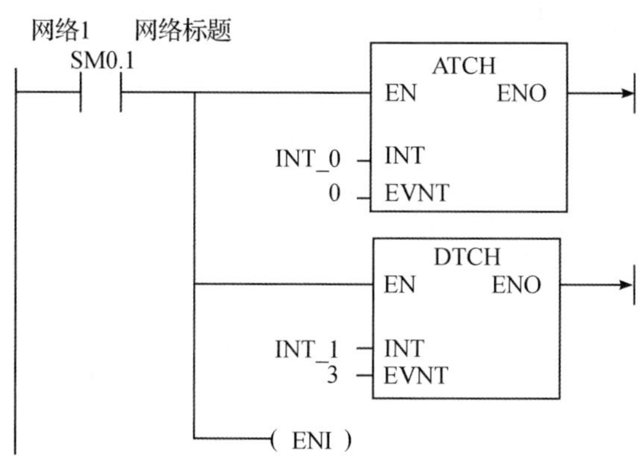

网络1　网络标题
SM0.1
ATCH
EN
ENO
INT_0
INT
0
EVNT
DTCH
EN
ENO
INT_1
INT
3
EVNT
ENI

图 3-2-7　【例 3-2-1】的梯形图

网络1　网络标题
SM0.0
Q0.0
S
1
(a)
网络1　网络标题
SM0.0
Q0.0
R
1
(b)

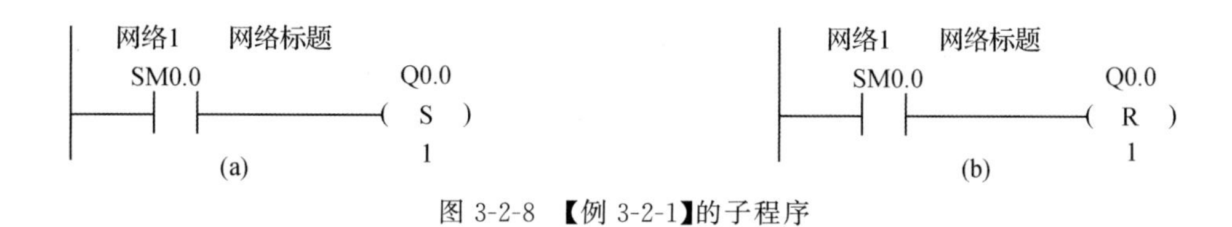

图 3-2-8　【例 3-2-1】的子程序

【例 3-2-2】编程完成模拟量采样工作，要求每 10 ms 采样一次。

分析：完成每 10 ms 采样一次，需用定时中断，查表 3-2-1 可知，定时中断 0 的中断事件号为 10。因此在主程序中将采样周期(10 ms)即定时中断的时间间隔写入定时中断 0 的特殊存储器 SMB34，并将中断事件 10 和 INT_0 连接，全局开中断。在中断程序 0 中，将模拟量输入信号读入，梯形图如图 3-2-9 和图 3-2-10 所示。

网络1　网络标题
I0.0
MOV_B
EN
ENO
10
INT
SMB34
ATCH
EN
ENO
INT_0
INT
10
EVNT
ENI

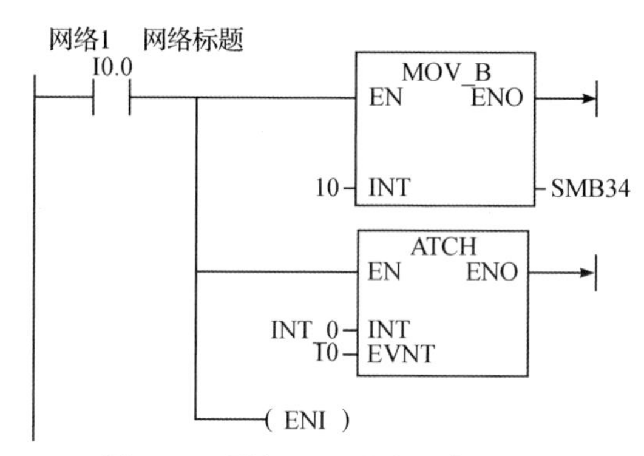

图 3-2-9　【例 3-2-2】的主程序梯形图

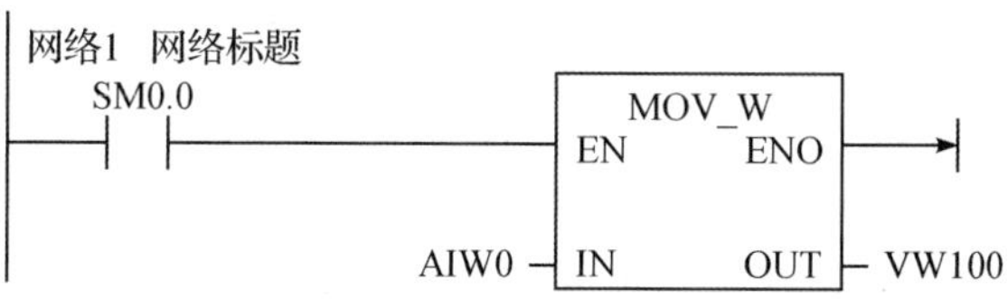

网络1　网络标题
SM0.0
MOV_W
EN
ENO
AIW0
IN
OUT
VW100

图 3-2-10　【例 3-2-2】的中断程序梯形图

【例 3-2-3】用定时器中断的方式实现 Q0.0～Q0.7 输出依次移位(间隔时间是 1 s)，按启动按钮 I0.0,移位从 Q0.0 开始,按停止按钮 I0.1,停止移位并清 0。

主程序梯形图如图 3-2-11 所示,中断子程序梯形图如图 3-2-12 所示。

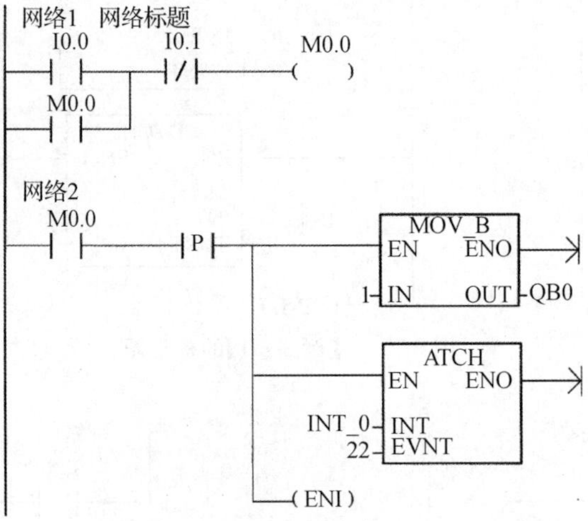

图 3-2-11 【例 3-2-3】的主程序梯形图

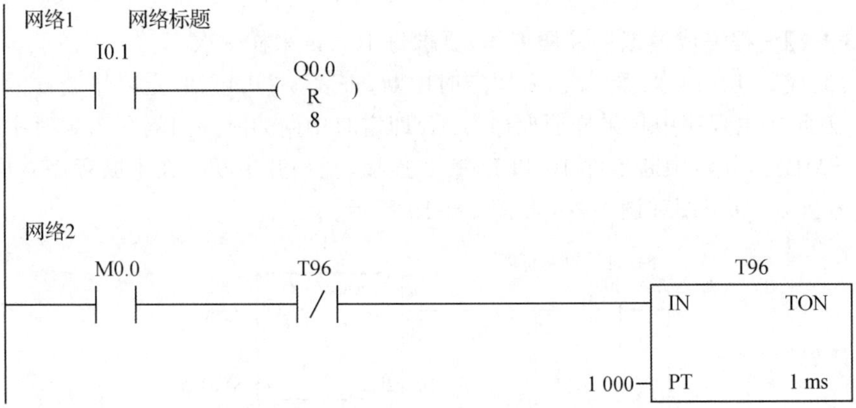

图 3-2-12 【例 3-2-3】的子程序梯形图

三、高速计数器指令

普通计数器工作频率低,只有几十赫兹。对外部高速变化脉冲如 20 kHz,只能用高速计数器。S7-200 有 6 个,即 HSC0～HSC5,共 12 种工作模式。

高速计数器与增量编码器一起使用,编码器每圈发生一定数量脉冲和一个复位脉冲,高速计数器有一个预置值,开始运行时装入一个预置值,当前计数值小于预置值时,设置输出有效。当前计数值等于预置值时,中断,装入新的预置值。

1. 高速计数器的工作模式

(1)中断方式。高速计数器的计数和动作用中断方式进行,且有 3 种中断方式。

①当前计数值等于预置值时。

②输入方向改变。

③外部复位。

(2)高速计数器有 3 种计数类型。

①单相计数器:内部方向控制和外部方向控制。

②双相计数器。

③A/B 正交计数器。

(3)3 种工作状态。

①无复位,无启动。

②有复位,无启动。

③有复位,有启动。

表 3-2-2 所列为高速计数器工作模式和输入端定义。

表 3-2-2　高速计数器工作模式和输入端定义

<table>
<tr><th>模式</th><th>描述</th><th colspan="4">输入端子</th></tr>
<tr><td></td><td>HSC0</td><td>I0.0</td><td>I0.1</td><td>I0.2</td><td>×</td></tr>
<tr><td></td><td>HSC1</td><td>I0.6</td><td>I0.7</td><td>I1.0</td><td>I1.1</td></tr>
<tr><td></td><td>HSC2</td><td>I1.2</td><td>I1.3</td><td>I1.4</td><td>I1.5</td></tr>
<tr><td></td><td>HSC3</td><td>I0.1</td><td>×</td><td>×</td><td>×</td></tr>
<tr><td></td><td>HSC4</td><td>I0.3</td><td>I0.4</td><td>I0.5</td><td>×</td></tr>
<tr><td></td><td>HSC5</td><td>I0.4</td><td>×</td><td>×</td><td>×</td></tr>
<tr><td>0</td><td rowspan="3">带内部方向控制单相计数器:
控制字 SM37.3=0,减计数
控制字 SM37.3=1,加计数</td><td rowspan="3">计数脉冲输入</td><td>×</td><td>×</td><td>×</td></tr>
<tr><td>1</td><td>×</td><td>复位</td><td>×</td></tr>
<tr><td>2</td><td>×</td><td>复位</td><td>启动</td></tr>
<tr><td>3</td><td rowspan="3">带外部方向控制单相计数器:
方向控制端=0,减计数
方向控制端=1,加计数</td><td rowspan="3">计数脉冲输入</td><td>方向</td><td>×</td><td>×</td></tr>
<tr><td>4</td><td>方向</td><td>复位</td><td>×</td></tr>
<tr><td>5</td><td>方向</td><td>复位</td><td>启动</td></tr>
<tr><td>6</td><td rowspan="3">两路脉冲输入的单相加/减计数:
加计数有脉冲输入,加计数
减计数有脉冲输入,减计数</td><td rowspan="3">加计数脉冲输入端</td><td rowspan="3">减计数脉冲输入端</td><td>×</td><td>×</td></tr>
<tr><td>7</td><td>复位端</td><td>×</td></tr>
<tr><td>8</td><td>复位端</td><td>启动</td></tr>
<tr><td>9</td><td rowspan="3">两路脉冲输入的单相加/减计数:
A 相脉冲超前 B 相脉冲,加计数
A 相脉冲滞后 B 相脉冲,减计数</td><td rowspan="3">A 相脉冲输入端</td><td rowspan="3">B 相脉冲输入端</td><td>×</td><td>×</td></tr>
<tr><td>10</td><td>复位端</td><td>×</td></tr>
<tr><td>11</td><td>复位端</td><td>启动</td></tr>
<tr><td colspan="6">注:表中"×"表示没有</td></tr>
</table>

2. 高速计数器指令

(1)定义指令。指定工作方式,指令格式如图 3-2-13(a)所示,计数器 HSC0 工作于模式 1。

(2)启动指令。启动编号为 0 的高速计数器,如图 3-2-13(b)所示。

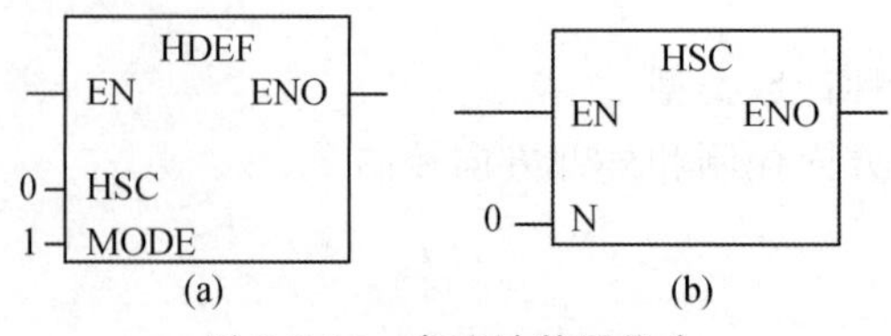

图 3-2-13　高速计数器指令

高速计数器的特殊存储器区 SM 由“状态字节”“控制字”“当前值”和“预置值”几个区组成，见表 3-2-3 至表 3-2-5。

表 3-2-3　高速计数器的存储器区 SM 定义

HSC0	HSC1	HSC2	HSC3	HSC4	HSC5	计数器号
SMB36	SMB46	SMB56	SMB136	SMB146	SMB156	状态字节
SMB37	SMB47	SMB57	SMB137	SMB147	SMB157	控制字
SMD38	SMD48	SMD58	SMD138	SMD148	SMD158	当前值
SMD42	SMD52	SMD62	SMD142	SMD152	SMD162	预置值

表 3-2-4　状态字定义

HSC0	HSC1	HSC2	HSC3	HSC4	HSC5	
SM36.0	SM46.0	SM56.0	SM136.0	SM146.0	SM156.0	未用为 0
SM36.1	SM46.1	SM56.1	SM136.1	SM146.1	SM156.1	
SM36.2	SM46.2	SM56.2	SM136.2	SM146.2	SM156.2	
SM36.3	SM46.3	SM56.3	SM136.3	SM146.3	SM156.3	
SM36.4	SM46.4	SM56.4	SM136.4	SM146.4	SM156.4	
SM36.5	SM46.5	SM56.5	SM136.5	SM146.5	SM156.5	0:减计数器 1:加计数器
SM36.6	SM46.6	SM56.6	SM136.6	SM146.6	SM156.6	当前计数值＝预置值时 0:不等 1:相等
SM36.7	SM46.7	SM56.7	SM136.7	SM146.7	SM156.7	当前计数值＜预置值时为 0 当前计数值＞预置值时为 1

表 3-2-5　控制字节定义

HSC0	HSC1	HSC2	HSC3	HSC4	HSC5	描述
SM37.0	SM47.0	SM57.0	—	SM147.0	—	0:复位高电平有效 1:复位低电平有效
—	SM47.1	SM57.1	—	—	—	0:启动高电平有效 1:启动低电平有效
SM37.2	SM47.2	SM57.2	—	SM147.2	—	0:4×倍率　1:1×倍率
SM37.3	SM47.3	SM57.3	SM137.3	SM147.3	SM157.3	0:减计数　1:加计数
SM37.4	SM47.4	SM57.4	SM137.4	SM147.4	SM157.4	计数方向:0 不更新,1 更新
SM37.5	SM47.5	SM57.5	SM137.5	SM147.5	SM157.5	预置值:0 不更新,1 更新
SM37.6	SM47.6	SM57.6	SM137.6	SM147.6	SM157.6	当前值:0 不更新,1 更新
SM37.7	SM47.7	SM57.7	SM137.7	SM147.7	SM157.7	HSC 允许:0 禁止,1 允许

【例 3-2-4】使用编码器进行定位控制,电动机通过变频器选定合适的速度使传送带带动货物运行,货物走了 2 m 后停止。

PLC 通过高速计数器来统计编码器发生的脉冲数,确定货物位置。

编码器、PLC、变频器的连接如图 3-2-14 所示。

选择高速计数器 HSC0 工作于模式 1。

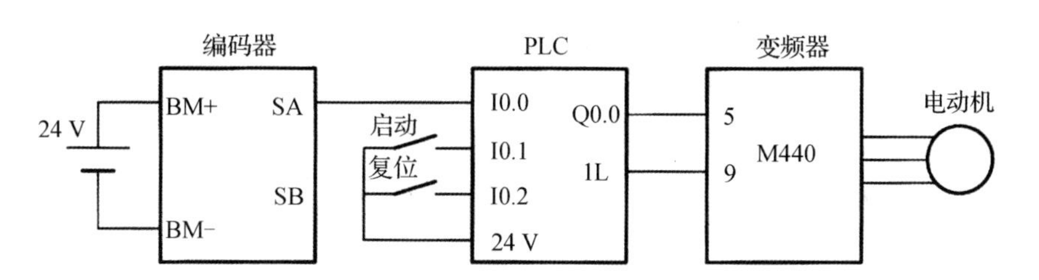

图 3-2-14　编码器、PLC、变频器的连接

主程序梯形图如图 3-2-15 所示,子程序梯形图如图 3-2-16 所示,中断程序如图 3-2-17 所示。

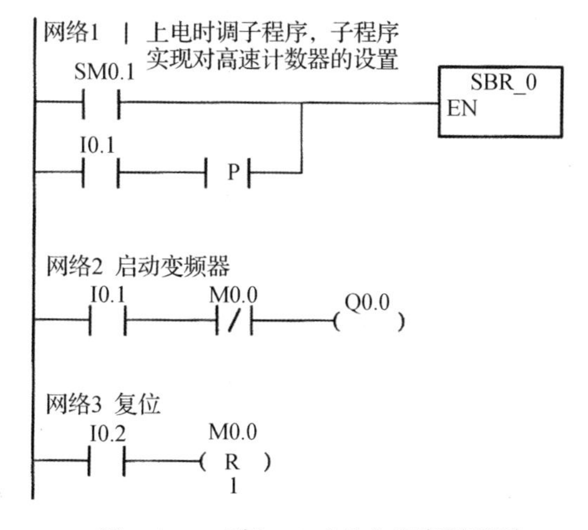

图 3-2-15　【例 3-2-4】的主程序梯形图

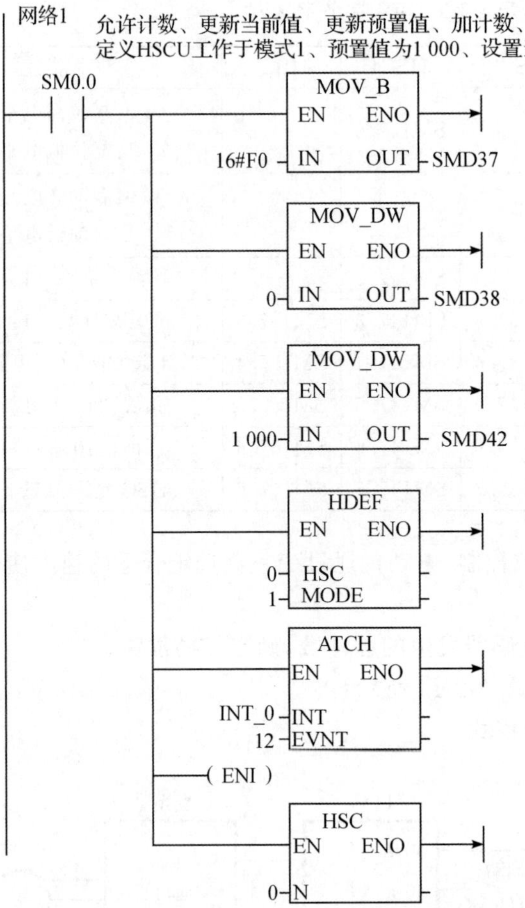

网络1
允许计数、更新当前值、更新预置值、加计数、4倍率、复位启动高电平有效
定义HSCU工作于模式1、预置值为1 000、设置当前值-预置值开中断。
SM0.0
MOV_B
EN ENO
16#F0 IN OUT SMD37
MOV_DW
EN ENO
0 IN OUT SMD38
MOV_DW
EN ENO
1 000 IN OUT SMD42
HDEF
EN ENO
0 HSC
1 MODE
ATCH
EN ENO
INT_0 INT
12 EVNT
ENI
HSC
EN ENO
0 N

图 3-2-16 【例 3-2-4】的子程序梯形图

SM0.0
MOV_B
EN ENO
16#A0 IN OUT SMD37
MOV_DW
EN ENO
0 IN OUT SMD42
HSC
EN ENO
0 N
M0.0
S
1

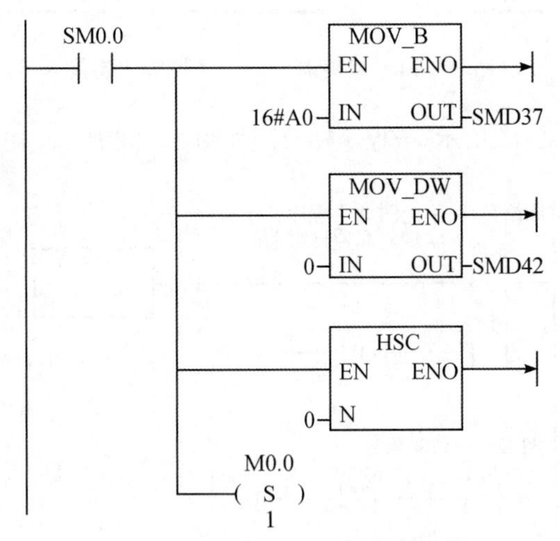

图 3-2-17 【例 3-2-4】的中断程序

四、高速计数器脉冲输出指令

S7-200CPU 提供 2 个高速脉冲输出点（Q0.0 和 Q0.1）可分别工作在 PTO（脉冲串输出）和 PWM（脉宽调制、周期不变）。

PTO 脉冲串输出：PTO 可输出一串脉冲，脉冲的周期（频率）和个数是可控的。

PTO 编程：对单段管线，可在主程序中调用初始化子程序。在子程序中：

（1）设置 PTO/PWM 控制字节。

（2）写入周期值。

（3）写入脉冲串计数值。

（4）连接中断事件、中断服务程序，允许中断。

（5）执行 PLS 指令，对 PTO 进行编程。

如要修改 PTO 周期、脉冲数，可在子程序或中断程序进行：

（1）写入新控制字。

（2）写入新周期、脉冲数。

（3）执行 PLS 指令，确认设置。

表 3-2-6 所列为 PTO 控制主状态寄存器。

表 3-2-6　PTO 控制主状态寄存器

Q0.0	Q0.1	状态字节
SM66.4	SM76.4	PTO 增量计算错误而终止：0 无错误，1 有错终止
SM66.5	SM76.5	PTO 用户命令终止：0 无错误，1 终止
SM66.6	SM76.6	PTO 管线上溢/下溢，0 无上溢，1 上溢/下溢
SM66.7	SM76.7	PTO 空闲：0 执行中，1 空闲
SM67.0	SM77.0	PTO/PMW 更新周期值：0 不更新，1 更新
SM67.1	SM77.1	PMW 更新脉冲宽度：0 不更新，1 更新
SM67.2	SM77.2	PTO 更新脉冲数：0 不更新，1 更新
SM67.3	SM77.3	PTO/PMW 时间基准：0 为 μs，1 为 ms
SM67.4	SM77.4	PMW 更新方法：0 异步更新，1 同步更新
SM67.5	SM77.5	PTO 操作：0 单段，1 多段操作
SM67.6	SM77.6	PTO/PMW 模式选择：0 选 PTO，1 选 PMW
SM67.7	SM77.7	PTO/PMW 允许：0 禁止，1 允许
SMW68	SMW78	PTO/PMW 周期（2～65 535）
Q0.0	Q0.1	PTO/PMW 寄存器
SMW70	SMW80	PTO/PMW 脉冲宽度（0～65 535）
SMW72	SMW82	PTO 脉冲计数值（1～4 294 967 295）
SMW166	SMW176	运行中的段数

注意：

①S66.7=0 说明 PTO 正在输出脉冲（计数），S66.7=1 说明 PTO 停止输出脉冲（停止计数）。

②如果要在脉冲输出执行过程中，停止脉冲输出：设置控制字节，使 PTO/PWM 使能位为 0，执行 PLS 指令，使 CPU 确认。

③只有晶体管输出类型的 PLC 才能支持脉冲输出指令。

任务实施

一、物料传送小系统

1. 画电路接线图

编码器检测距离转为双脉冲输出实现三相电动机正反转定位，脉冲输入 PLC，进行处理后控制变频器正转或反转，其中 I0.6 为正转脉冲输入，I0.7 为反转脉冲输入。设物料正向走 20 cm 编码器检测的脉冲为 1 000 个，物料反向走 15 cm 编码器检测的脉冲为750 个，PLC、编码器与变频器的接线如图 3-2-18 所示。

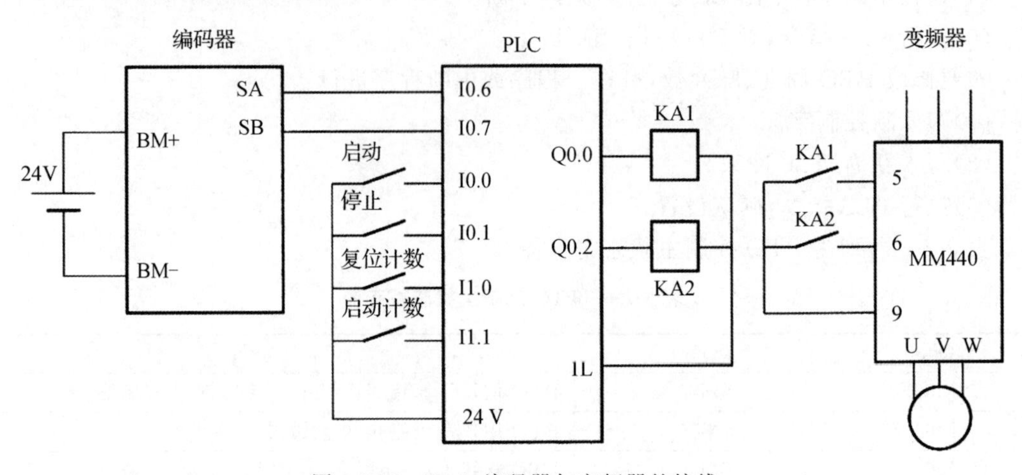

图 3-2-18 PLC、编码器与变频器的接线

2. 设计程序

主程序梯形图如图 3-2-19 所示，子程序梯形图如图 3-2-20 所示，中断程序如图 3-2-21 所示。

3. 调试

根据 PLC 的 I/O 硬件接线图安装并调试梯形图使之满足要求。

二、平面仓储小系统

手动控制步进电动机实现正反转。

1. 画电路接线图

接线如图 3-2-22 所示。

2. 设计程序

设计程序如图 3-2-23 所示。

3. 调试

根据 PLC 的 I/O 硬件接线图安装并调试梯形图使之满足要求。

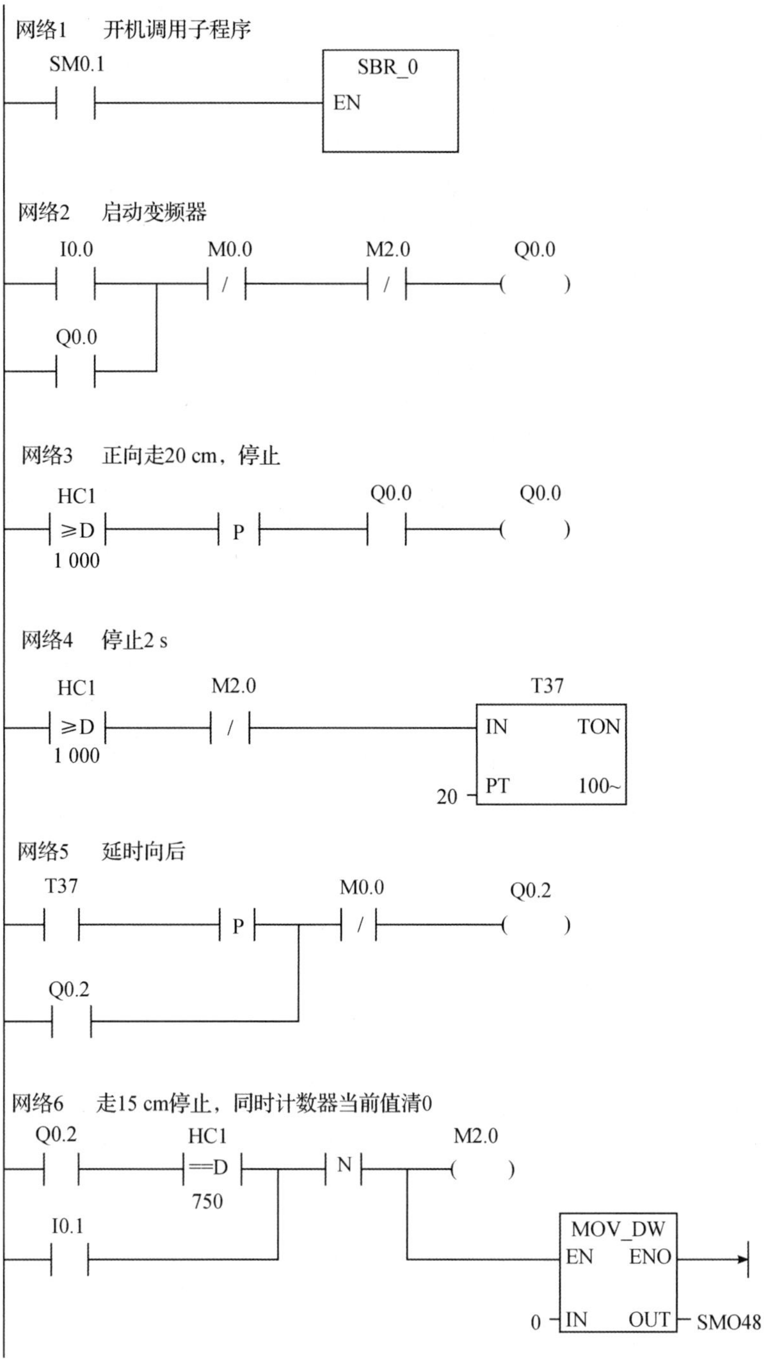

网络1　开机调用子程序

SM0.1　SBR_0　EN

网络2　启动变频器

I0.0　M0.0　M2.0　Q0.0

Q0.0

网络3　正向走20 cm，停止

HC1　≥D　1 000　P　Q0.0　Q0.0

网络4　停止2 s

HC1　≥D　1 000　M2.0　T37　IN　TON　20　PT　100~

网络5　延时向后

T37　P　M0.0　Q0.2

Q0.2

网络6　走15 cm停止，同时计数器当前值清0

Q0.2　HC1　==D　750　N　M2.0

I0.1　MOV_DW　EN　ENO　0　IN　OUT　SMO48

图 3-2-19　主程序梯形图

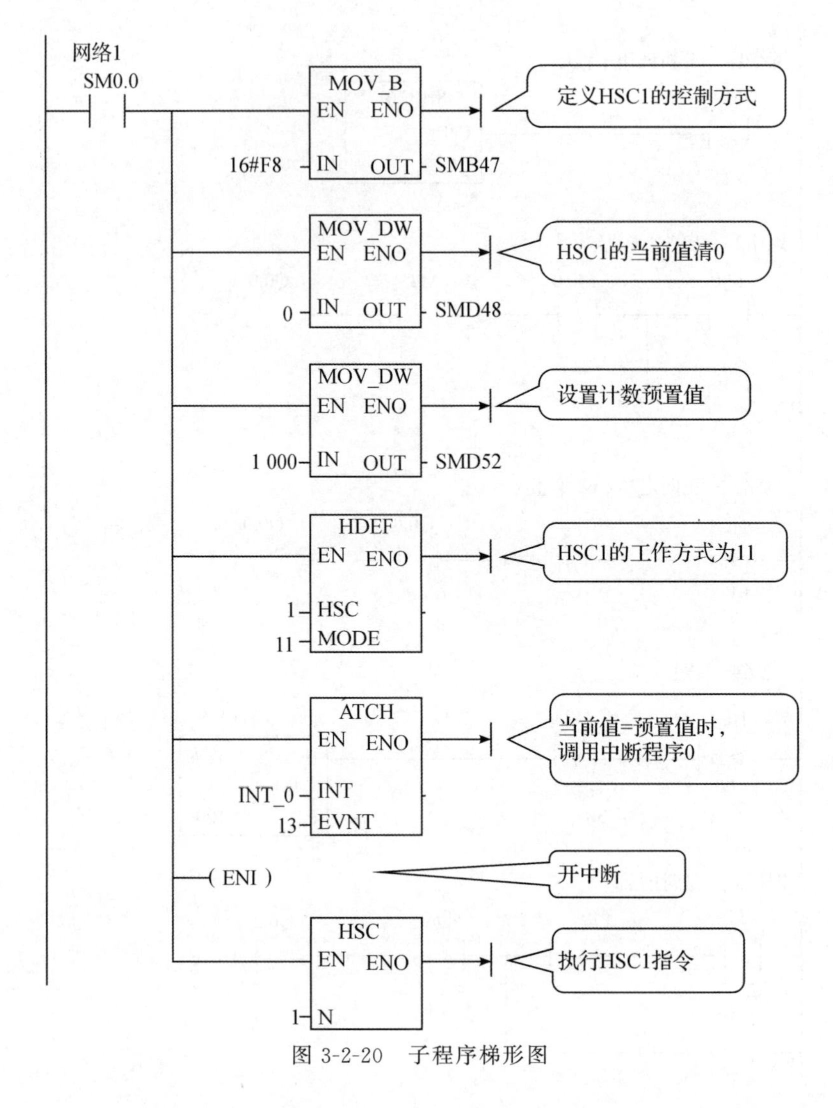

图 3-2-20 子程序梯形图

网络1 网络标题
SM0.0
MOV_B
EN ENO
16#A0
IN OUT
SMB47
重新定义HSC1的工作方式
MOV_DW
EN ENO
750
IN OUT
SMD52
重新设置计数预置值
HSC
EN ENO
1
N
执行HSC1指令

图 3-2-21 中断程序

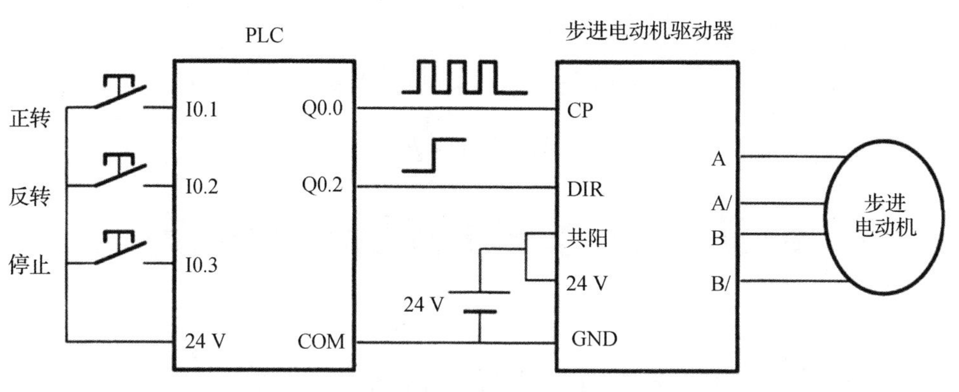

图 3-2-22　PLC、驱动器与步进电动机的接线

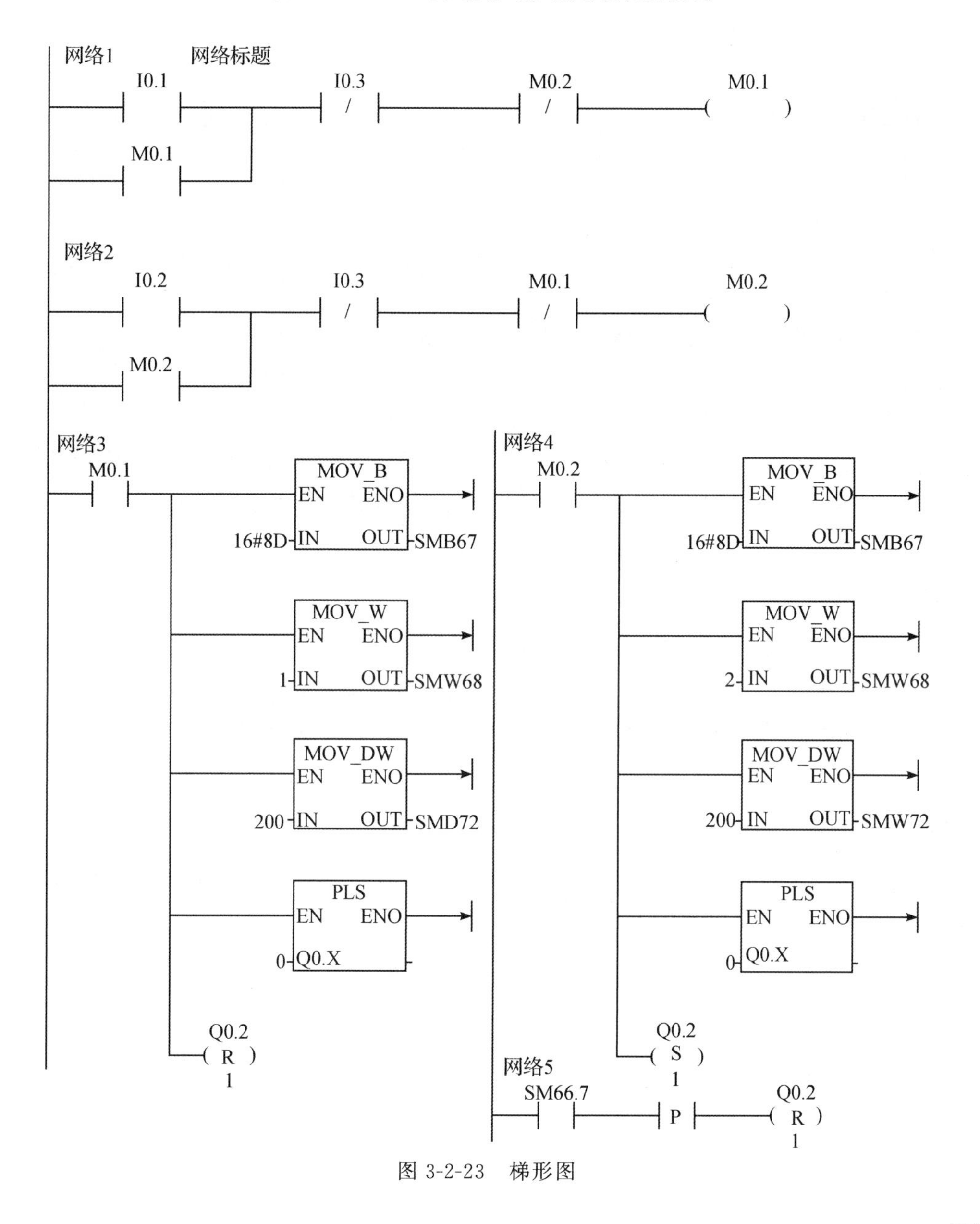

图 3-2-23　梯形图

项目 4
恒压供水系统的设计与调试

任务 4.1 PLC 的数值计算

★教学导航

知识目标

①理解数据类型的表示含义；

②掌握数值运算指令及使用方法。

能力目标

①理解加、减、乘、除指令，转换指令，SEG 指令；

②能用功能指令编写控制程序。

涵盖内容

算数运算指令(加法指令 ADD、减法指令 SUB、乘法指令 MUL、除法指令 VDI)及转换指令(字节与整数、整数与双整数、双整数与实数、整数与 BCD 码转换)。

任务导入

在 PLC 控制的恒压供水系统中，要用到模拟量采集和数据处理，为了使控制系统稳定工作，要运用 PID 运算(比例、积分、微分)；为了满足这些需求，实现过程控制、数据处理等，需要算术运算指令、逻辑运算指令、转换指令等特殊功能的指令，这些功能指令的出现，极大地拓宽了 PLC 的应用范围，增强了 PLC 编程的灵活性。

任务分析

将拨码器 X 和 Y 输入的数值按下面公式进行运算，然后显示结果中个位上的数值。

$$[(X+Y)\times X-Y]/Y$$

知识链接

一、算术运算指令

1. 加法指令

加法指令(ADD)是对有符号数进行相加操作。它包括整数加法、双整数加法和实数加法。

指令格式:LAD 及 STL,格式如图 4-1-1 所示。

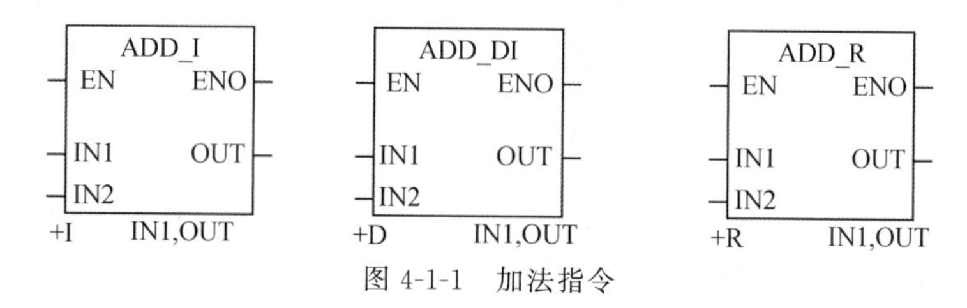

图 4-1-1　加法指令

功能描述:在 LAD 中,IN1+IN2=OUT;在 STL 中,IN1+OUT=OUT。

数据类型:整数加法时,输入/输出均为 INT;双整数加法时,输入/输出均为 DINT;实数加法时,输入输出均为 REAL。

【例 4-1-1】加法指令 ADD 的应用举例,如图 4-1-2 所示。在网络 1 中,当 I0.1 接通时,常数－100 传送到变量存储器 VW10;在网络 2 中,当 I0.2 接通时,常数 500 传送到 VW20;在网络 3 中,当 I0.3 接通时,执行加法指令,VW10 中的数据－100 与 VW20 中的数据 500 相加,运算结果 400 存储到 VW30 中。

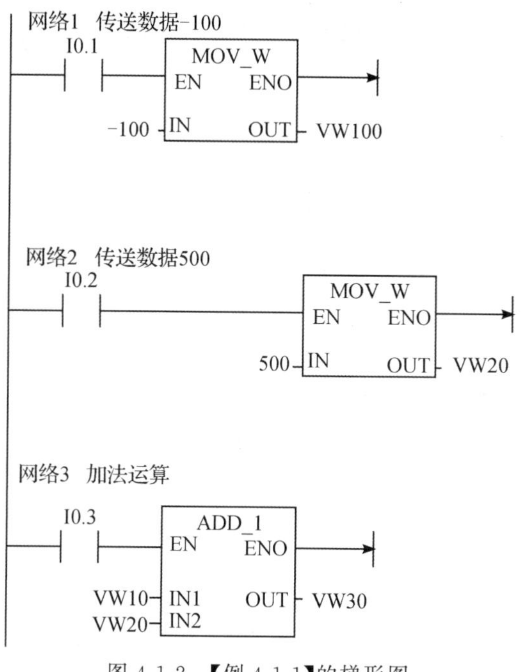

图 4-1-2　【例 4-1-1】的梯形图

2. 减法指令

减法指令(SUB)是对有符号数进行相减操作。它包括整数减法、双整数减法和实数减法。

功能描述:在 LAD 中,IN1－IN2＝OUT;在 STL 中,OUT－IN2＝OUT。

指令格式:LAD 及 STL,格式如图 4-1-3 所示。

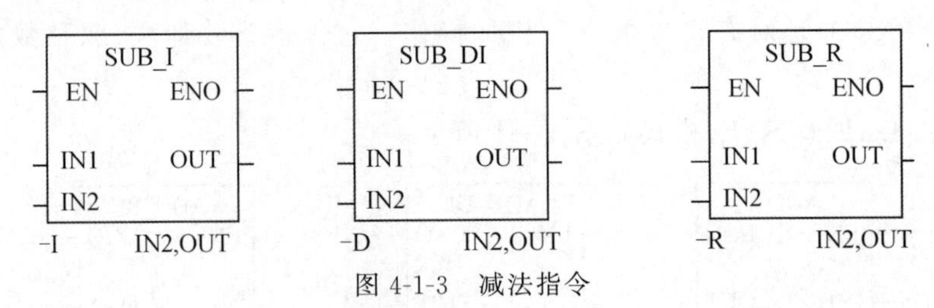

图 4-1-3　减法指令

数据类型:整数减法时,输入/输出均为 INT;双整数减法时,输入/输出均为 DINT;实数减法时,输入/输出均为 REAL。

【例 4-1-2】减法指令 SUB 的应用举例,如图 4-1-4 所示。在网络 1 中,当 I0.1 接通时,常数 300 传送到变量存储器 VW10,常数 1 200 传送到 VW20;在网络 2 中,当 I0.2 接通时,执行减法指令,VW10 中的数据 300 与 VW20 中的数据 1 200 相减,运算结果－900 存储到变量存储器 VW30。由于运算结果为负,影响负数标志位 SM1.2 置 1,输出继电器 Q0.0 通电。

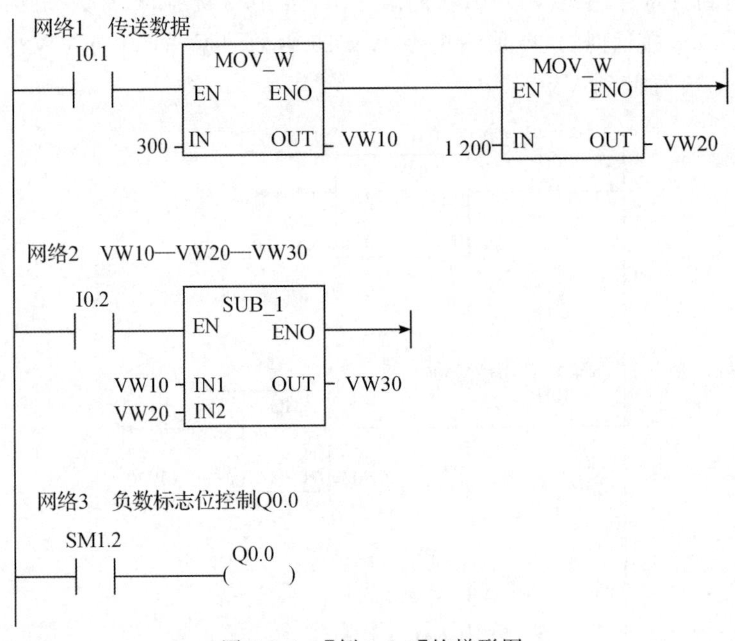

图 4-1-4　【例 4-1-2】的梯形图

3. 乘法指令

(1)一般乘法指令。一般乘法指令是对有符号数进行相乘运算。它包括整数乘法、双整数乘法和实数乘法。

指令格式：LAD 及 STL，格式如图 4-1-5 所示。

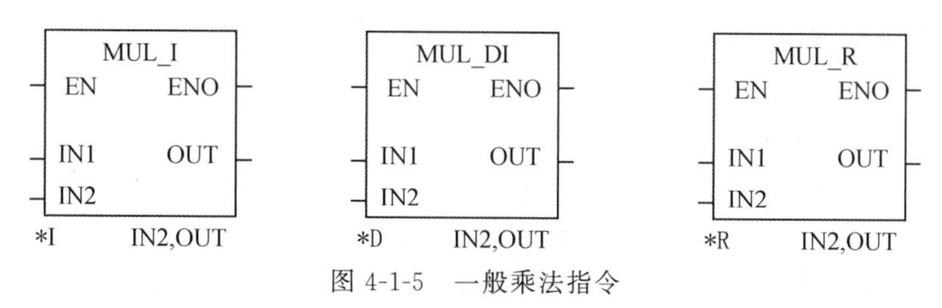

图 4-1-5　一般乘法指令

功能描述：在 LAD 中，IN1 * IN2＝OUT；在 STL 中，IN2 * OUT＝OUT。

数据类型：整数乘法时，输入/输出均为 INT；双整数乘法时，输入/输出均为 DINT；实数乘法时，输入/输出均为 REAL。

(2)完全整数乘法。完全整数乘法是将两个单字长(16 位)的符号整数 IN1 和 IN2 相乘，产生一个 32 位双整数结果 OUT。

指令格式：LAD 及 STL，格式如图 4-1-6 所示。

功能描述：在 LAD 中，IN1 * IN2＝OUT；在 STL 中，IN2 * OUT＝OUT，32 位运算结果存储单元的低 16 位运算前用于存放被乘数。

数据类型：输入为 INT，输出为 DINT。

【例 4-1-3】乘法指令 MUL 的举例，如图 4-1-7 所示。当 I0.0 触点接通时，执行乘法指令，乘法运算的结果(10 923×12＝131 076)存储在 VD30 目标操作数中，其二进制格式为 0000 0000 0000 0010 0000 0000 0000 0100。

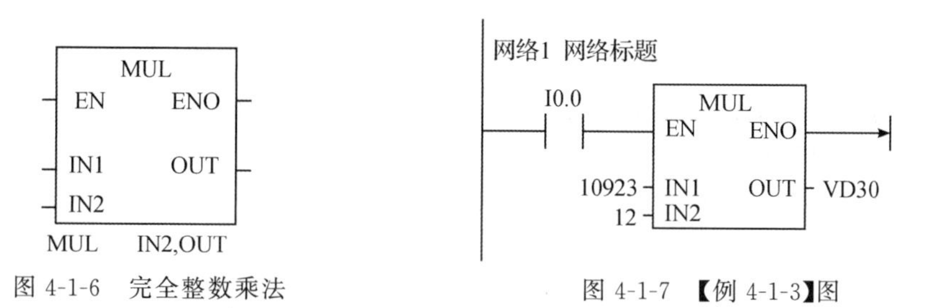

图 4-1-6　完全整数乘法　　图 4-1-7　【例 4-1-3】图

VD30 中各字节存储的数据分别是 VB30＝0，VB31＝2，VB32＝0，VB33＝4；VD30 中各字存储的数据分别是 VW30＝＋2，VW32＝＋4。

4. 除法指令

(1)一般除法指令。一般除法指令是对有符号数进行相除操作。它包括整数除法、双整数除法和实数除法。

指令格式：LAD 及 STL，格式如图 4-1-8 所示。

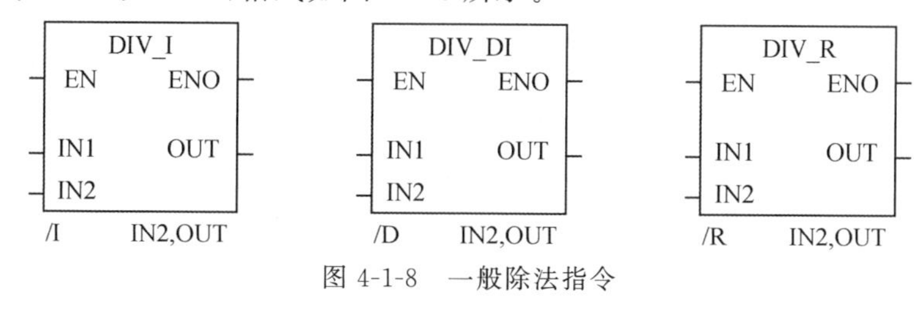

图 4-1-8　一般除法指令

功能描述：在 LAD 中，IN1/IN2＝OUT；在 STL 中，OUT/IN2＝OUT，不保留余数。

数据类型：整数除法时，输入/输出均为 INT；双整数除法时，输入/输出均为 DINT；实数除法时，输入/输出均为 REAL。

两个 16 位、32 位数除运算，除法余数不保留。

(2)完全整数除法。完全整数除法是将两个单字长(16 位)的符号整数 IN1 和 IN2 相除，产生一个 32 位结果，其中，低 16 位为商，高 16 位为余数。

指令格式：LAD 及 STL，格式如图 4-1-9 所示。

功能描述：在 LAD 中，IN1/IN2＝OUT；在 STL 中，OUT/IN2＝OUT，32 位运算结果存储单元的低 16 位运算前被兼用存放被除数。除法运算结果：商放在 OUT 的低 16 位字中，余数放在 OUT 的高 16 位字中。

数据类型：输入为 INT，输出为 DINT。

【例 4-1-4】除法指令 DIV 的举例，如图 4-1-10 所示。如果 I0.0 触点接通，执行除法指令。除法运算的结果(15/2＝商 7 余 1)存储在 VD20 的目标操作数中，其中商 7 存储在 VW22，余数 1 存储在 VW20。其二进制格式为 0000 0000 0000 0001 0000 0000 0000 0111。

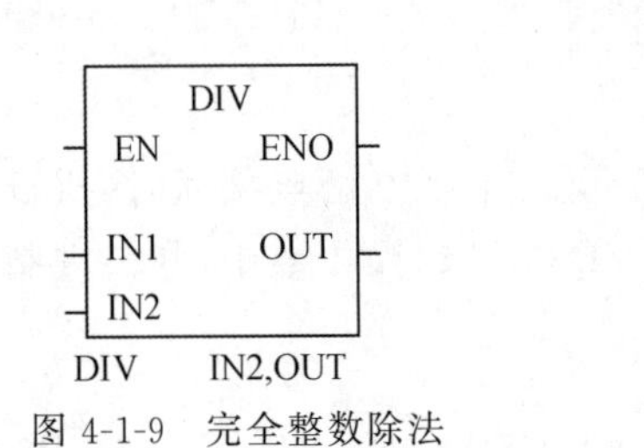

图 4-1-9　完全整数除法

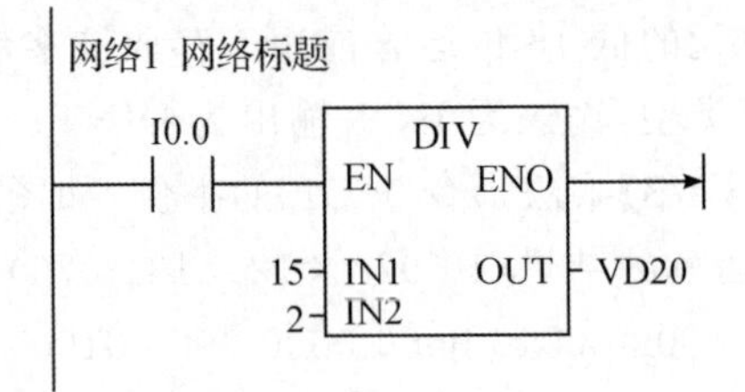

图 4-1-10　【例 4-1-4】图

VD20 中各字节存储的数据分别是 VB20＝0，VB21＝1，VB22＝0，VB23＝7；各字存储的数据分别是 VW20＝＋1，VW22＝＋7。

利用除 2 取余法，可以判断数据的奇偶性，如果余数为 1 是奇数，为 0 则是偶数。

二、逻辑运算指令

“与、或、异或”逻辑是开关量控制的基本逻辑关系。逻辑运算指令是对无符号数进行处理，主要包括逻辑“与”“或”“取反”“异或”等指令。其按操作数长度可分为字节、字、双字逻辑运算。

1. 逻辑“与”指令 WAND

图 4-1-11 所示为与指令。

图 4-1-11　与指令

说明：

(1)IN1，IN2 为两个相“与”的源操作数，OUT 为存储“与”逻辑结果的目标操作数。

(2)逻辑“与”指令的功能是将两个源操作数的数据进行二进制按位相“与”,并将运算结果存入目标操作数中。

【例 4-1-5】逻辑“与”指令 WAND 的举例,要求用输入继电器 I0.0～I0.4 的位状态去控制输出继电器 Q0.0～Q0.4,可用输入字节 IB0 去控制输出字节 QB0。对字节多余的控制位 I0.5,I0.6 和 I0.7,可与 0 相“与”进行屏蔽。程序如图 4-1-12 所示。

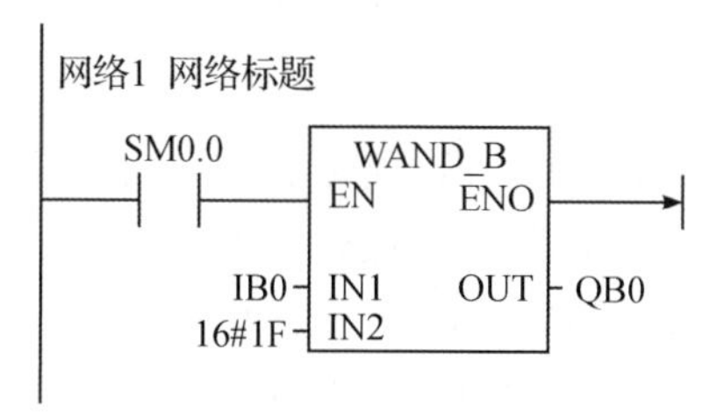

图 4-1-12 【例 4-1-5】图

2. 逻辑“或”指令 WOR

逻辑或指令 WOR 如图 4-1-13 所示。

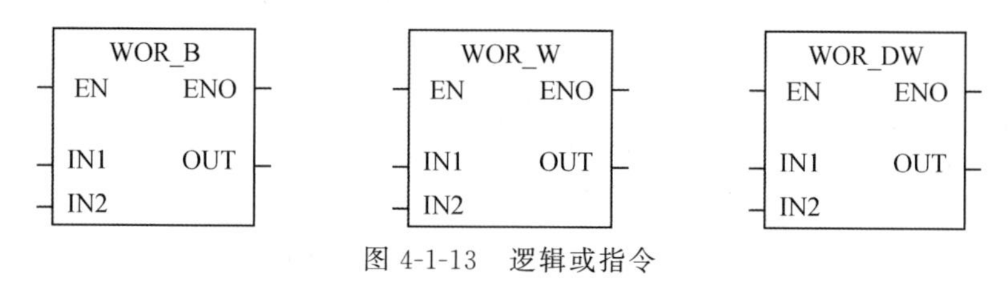

图 4-1-13 逻辑或指令

说明:

(1)IN1 和 IN2 为两个相“或”的源操作数,OUT 为存储“或”运算结果的目标操作数。

(2)逻辑“或”指令的功能是将两个源操作数的数据进行二进制按位相“或”,并将运算结果存入目标操作数中。

【例 4-1-6】逻辑“或”指令 WOR 的举例,要求用输入继电器字节 IB0 去控制输出继电器字节 QB0,但 Q0.3,Q0.4 两位不受字节 IB0 的控制始终处于 ON 状态。可用逻辑“或”指令屏蔽 I0.3,I0.4 位。程序如图 4-1-14 所示。

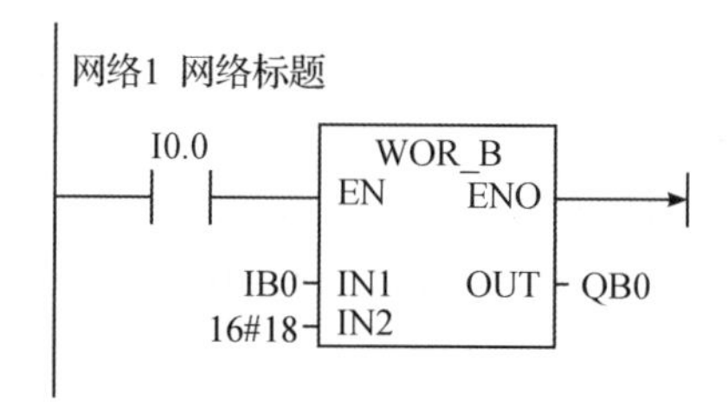

图 4-1-14 【例 4-1-6】图

由此可得出结论:某位数据与 0 相“或”状态保持,与 1 相“或”状态置 1。

3. 逻辑“异或”指令 WXOR

图 4-1-15 所示为异或指令。

图 4-1-15　异或指令

说明：

(1)IN1 和 IN2 为两个相“异或”的源操作数,OUT 为存储“异或”运算结果的目标操作数。

(2)逻辑“异或”指令的功能是将两个源操作数的数据进行二进制按位相“异或”,输入相同时,“异或”运算结果为 0;输入相异时,运算结果为 1。

【例 4-1-7】逻辑“异或”指令 WXOR 的举例,如图 4-1-16 所示。如果想知道 IB0 在 10 s 后有哪些位发生了变化,可用下面的程序实现。VB0 和 VB1 存放的是两次采集的 8 位数字量状态,将它们进行异或的结果存入 VB0,如果 VB0 不是全 0,那就说明其中某些位发生了变化。

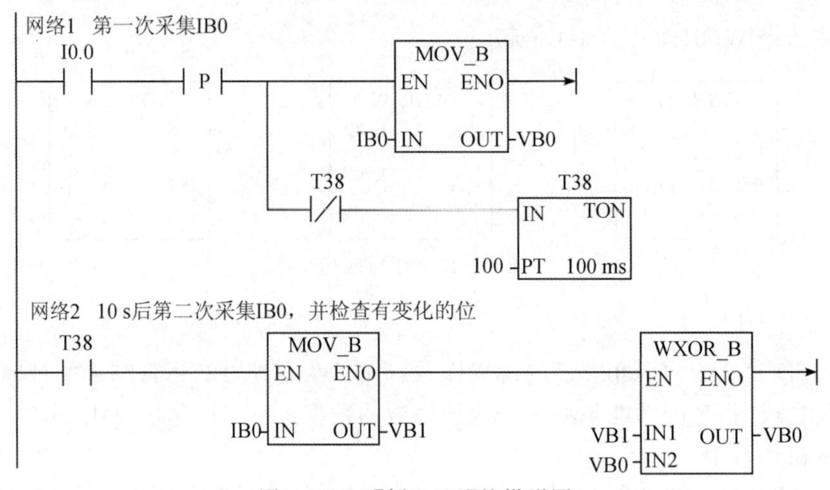

图 4-1-16　【例 4-1-7】的梯形图

三、数据类型转换指令

转换指令是指对操作数的类型进行转换,包括数据的类型转换、码的类型转换以及数据和码之间的类型转换。

PLC 中的主要数据类型包括字节、整数、双整数和实数,主要的码制有 BCD 码、ASKII 码、十进制数、十六进制数等。不同性质的指令对操作数的类型要求不同,因此在指令使用之前需要将操作数转化成相应的类型,而转换指令可以完成这样的任务。

1. 字节与整数

(1)字节到整数。

指令格式:LAD 及 STL,格式如图 4-1-17 所示。

功能描述:将字节型输入数据 IN 转换成整数类型,并将结果送到 OUT 输出。字节型是无符号的,所以没有符号扩展位。

数据类型：输入为字节，输出为 INT。

(2)整数到字节。

指令格式：LAD 及 STL，格式如图 4-1-18 所示。

功能描述：将整数输入数据 IN 转换成字节类型，并将结果送到 OUT 输出。输入数据超出字节范围(0～255)时产生溢出。

数据类型：输入为 INT，输出为字节。

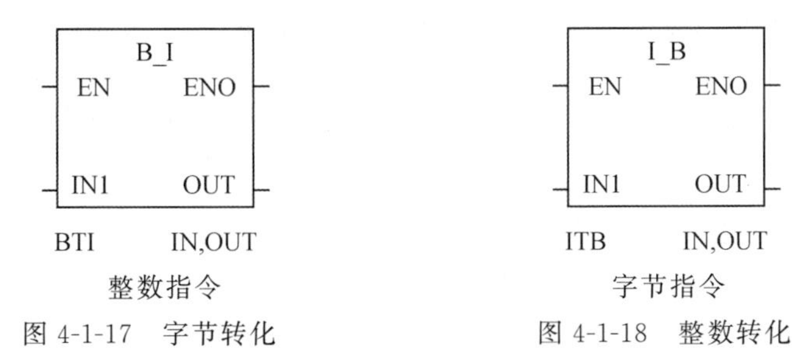

图 4-1-17　字节转化　　图 4-1-18　整数转化

2. 整数与双整数

(1)整数到双整数。

指令格式：LAD 及 STL，格式如图 4-1-19(a)所示。

功能描述：将整数输入数据 IN 转换成双整数类型(符号进行扩展)，并将结果送到 OUT 输出。

数据类型：输入为 INT，输出为 DIND。

(2)双整数到整数。

指令格式：LAD 及 STL，格式如图 4-1-19(b)所示。

功能描述：将双整数输入数据 IN 转换成整数类型，并将结果送到 OUT 输出。输出数据超出整数范围时产生溢出。

数据类型：输入为 DINT，输出为 IND。

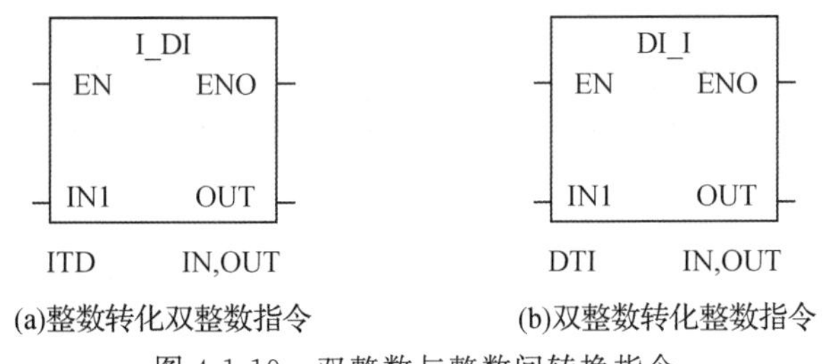

(a)整数转化双整数指令　　(b)双整数转化整数指令

图 4-1-19　双整数与整数间转换指令

3. 双整数与实数

(1)实数到双整数。实数转换到双整数，有两条指令：ROUND 和 TRUNC。

指令格式：LAD 及 STL，格式如图 4-1-20(a)和(b)所示。

功能描述：将实数输入数据 IN 转换成双整数类型，并将结果送到 OUT 输出。输出数据超出整数范围时产生溢出。两条指令的区别是：前者小数点部分 4 舍 5 入，而后者小数点部分直接舍去。

数据类型：输入为 REAL，输出为 DIND。

(2)双整数到实数。

指令格式：LAD 及 STL，格式如图 4-1-20(b)所示。

功能描述：将双整数输入数据 IN 转换成实数，并将结果送到 OUT 输出。

数据类型：输入为 DINT，输出为 REAL。

(3)整数到实数。没有直接的整数到实数转换指令。转换时，先使用 I_DI(整数到双整数)指令，然后再使用 DTR(双整数到实数)指令即可，如图 4-1-20(c)所示。

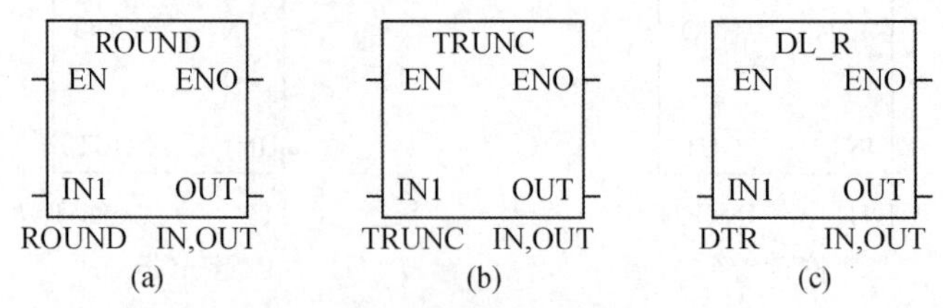

图 4-1-20　双整数与实数指令

4. 整数与 BCD 码

BCD 码：用二进制代表十进制数。

8421BCD 码是用二进制代表一位十进制数的。

在 PLC 中，存储的数据无论是以十进制格式输入还是以十六进制的格式输入，都是以二进制的格式存在的。如果直接使用 SEG 指令对两位以上的十进制数据进行编码，则会出现差错。

例如，十进制数 21 的二进制存储格式是 0001 0101，对高 4 位应用 SEG 指令编码，则得到“1”的七段显示码；对低 4 位应用 SEG 指令编码，则得到“5”的七段显示码，显示的数码“15”，是十六进制，而不是十进制数码“21”。显然，要想显示“21”，就要先将二进制数 0001 0101转换成反映十进制进位关系(即逢十进一)的代码 0010 0001，然后对高 4 位“2”和低 4 位“1”分别用 SEG 指令编出七段显示码。

这种用二进制形式反映十进制数码的代码称为 BCD 码，其中最常用的是 8421BCD 码，其指令以字方式出现。

要想正确地显示十进制数码，必须先用 BCD 码转换指令 I_BCD 将二进制的数据转换成 8421BCD 码，再利用 SEG 指令编成七段显示码，最后输出控制数码管发光。

(1)BCD 码到整数。

指令格式：LAD 及 STL，格式如图 4-1-21 所示。

功能描述：将 BCD 码输入数据 IN 转换成整数类型，并将结果送到 OUT 输出。输入数据 IN 的范围为 0～9 999。在 STL 中，IN 和 OUT 使用相同的存储单元。

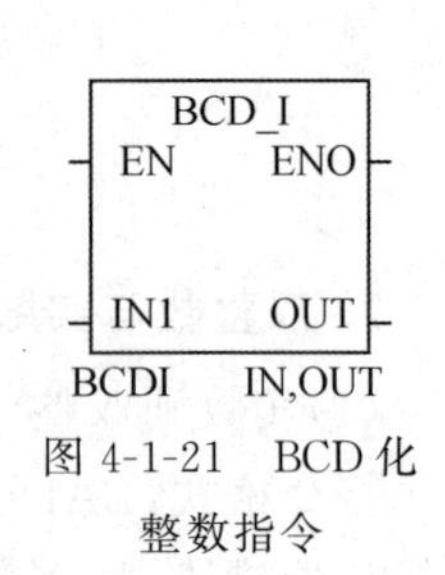

图 4-1-21　BCD 化整数指令

数据类型：输入/输出均为字。

拨码开关的按键可以向 PLC 输入十进制数码(0～9)。如图 4-1-22中，两位拨码开关显示十进制数据 53。拨码开关产生的是 BCD 码，而在 PLC 程序中数据的存储和操作都是二进制形式。因此，要使用 BCDI 指令将拨码开关产生的 BCD 码变换为二进制数。

【例 4-1-8】①将图 4-1-22 所示的拨码开关数据经 BCD_I 变换后存储到变量寄存器 VW10 中;②将图 4-1-22 所示的拨码开关数据不经 BCD_I 变换直接传送到变量寄存器 VW20 中。

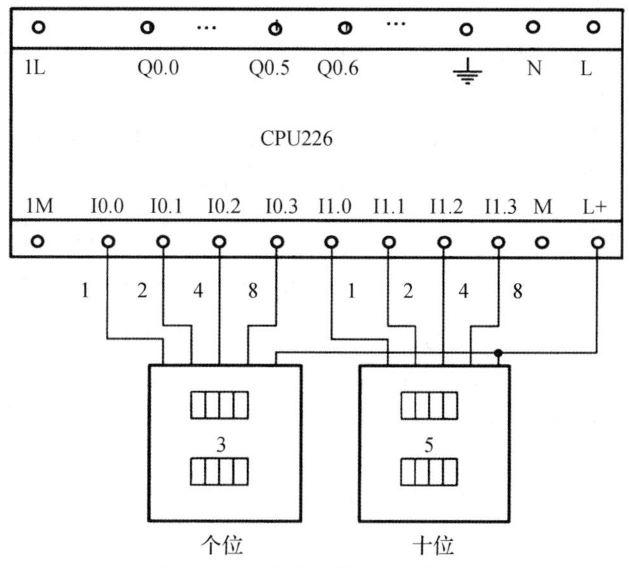

图 4-1-22　拨码开关与 PLC 连接

解:程序如图 4-1-23 所示。在网络 1 中,将输入状态传送至 VB1;在网络 2 中,经过 BCD_I 指令变换后,数据传送至 VW10;在网络 3 中,数据直接传送至 VW20。

经 BCDI 变换后变量寄存器 VW10 中的数据“53”是正确的;而不经 BCDI 变换,直接传送到变量寄存器 VW20 中的数据“83”则是错误的。

(2)整数到 BCD 码。

指令格式:LAD 及 STL,格式如图 4-1-24 所示。

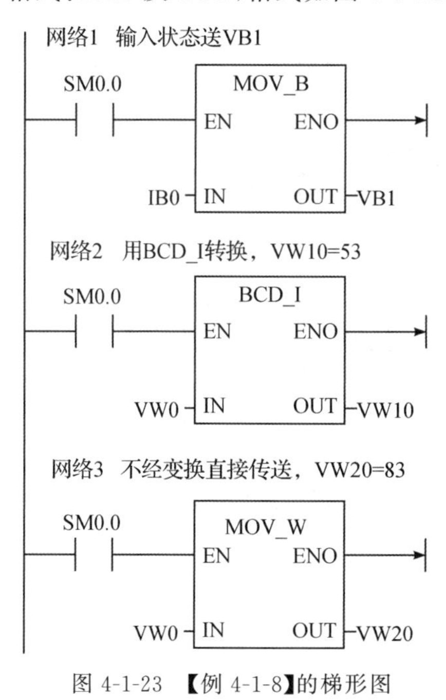

图 4-1-23　【例 4-1-8】的梯形图

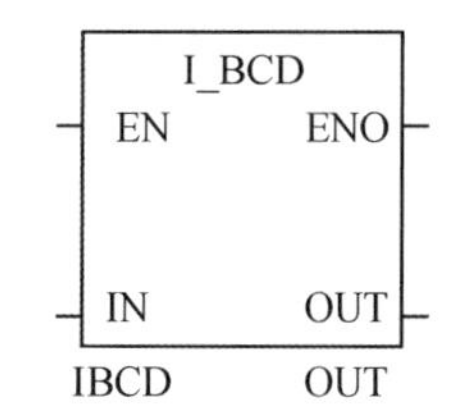

图 4-1-24　整数化 BCD 码指令

功能描述:将整数输入数据 IN 转换成 BCD 码类型,并将结果送到 OUT 输出。输入数据 IN 的范围为 0~9 999。在 STL 中,IN 和 OUT 使用相同的存储单元。

数据类型:输入/输出均为字。

【例 4-1-9】I_BCD 指令的应用举例如图 4-1-25 所示。当 I0.1 接通时,先将 21 存入 VW0,然后(VW0)=21 编为 BCD 码输出到 QB0。

从图 4-1-25 所示的工作过程看出,VW0 中存储的二进制数据与 QB0 中存储的 BCD 码完全不同。QB0 以 4 位 BCD 码为 1 组,从高至低分别是十进数 2,1 的 BCD 码,如图 4-1-26 所示。

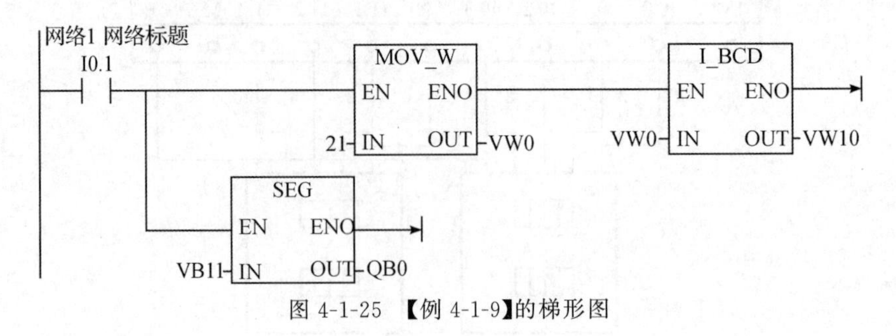

图 4-1-25 【例 4-1-9】的梯形图

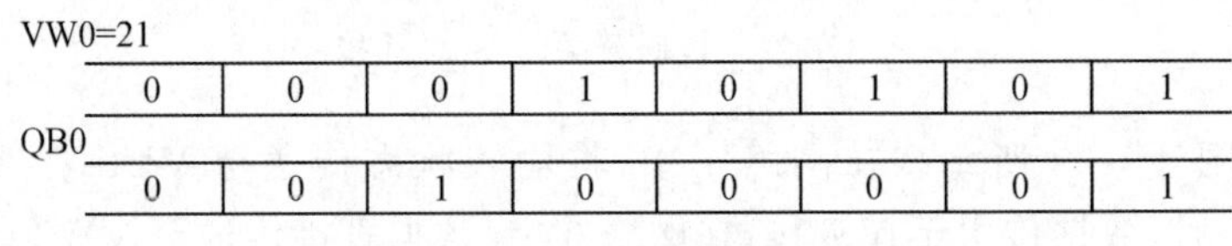

图 4-1-26 VW0 与 QB0 的显示结果

任务实施

一、画 I/O 接线

数值运算 X 和 Y 通过拨码器输入、运算结果通过数码管显示的 I/O 接线如图 4-1-27 所示。

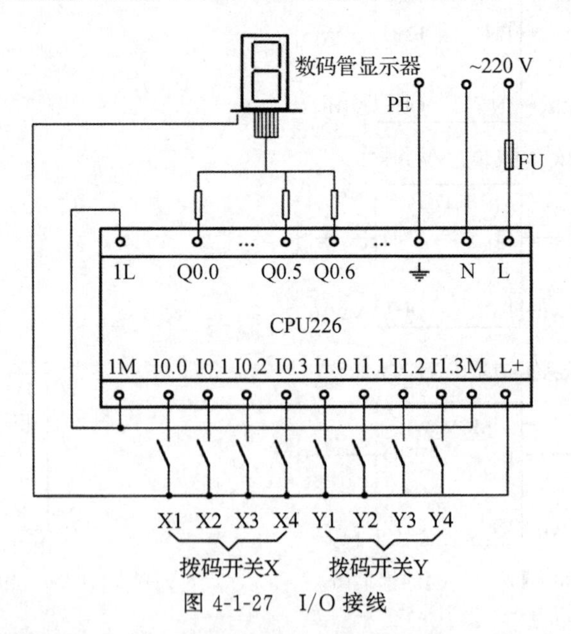

图 4-1-27 I/O 接线

二、根据运算要求编写控制梯形图

梯形图如图 4-1-28 所示。

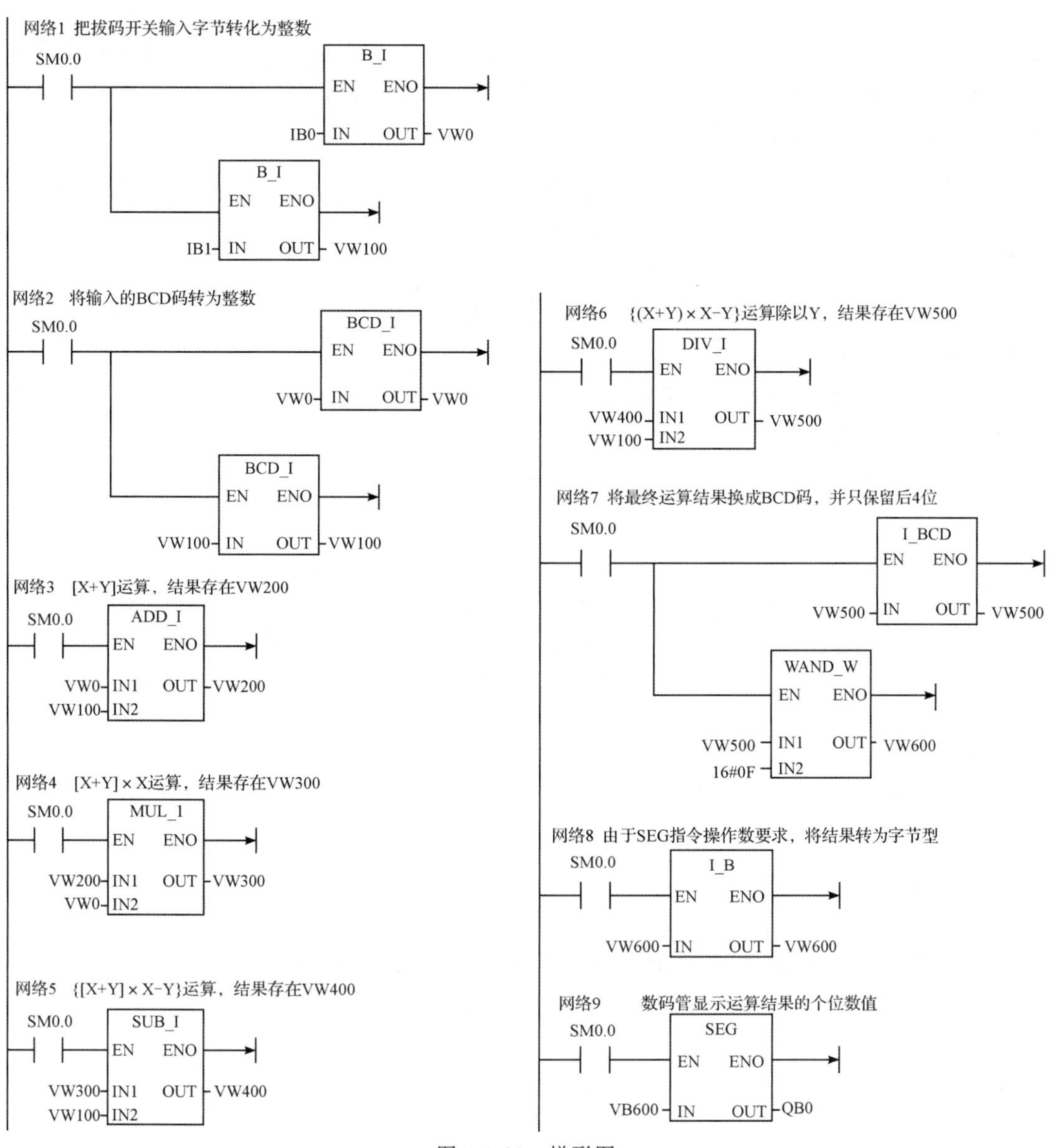

图 4-1-28　梯形图

拓展知识

一、增/减指令

增/减指令又称自增和自减指令。它是对无符号或有符号整数进行自动加1或自动减1的操作,数据长度可以是字节、字或双字。其中,字节增减是对无符号数操作,而字或双字的增减是对有符号数的操作。

1. 增指令

增指令包括字节增、字增和双字增指令。

指令格式:LAD及STL,格式如图4-1-29所示。

功能描述:在LAD中,IN1+1=0UT;在STL中,OUT+1=OUT,即IN和OUT使用同一个存储单元。

数据类型:字节增指令输入输出均为字节,字增指令输入输出均为INT,双字增指令输入/输出均为DINT。

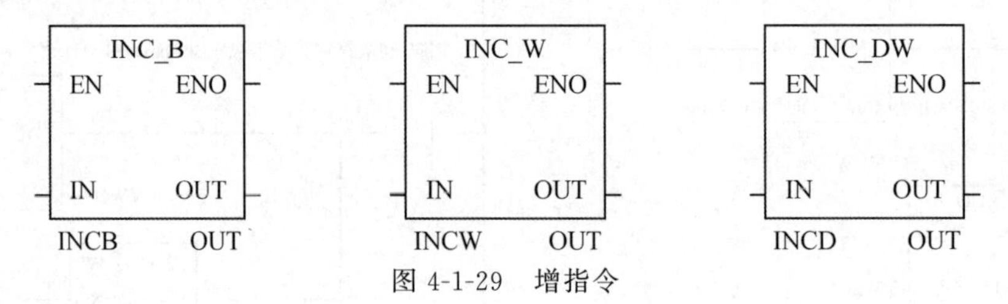

图4-1-29 增指令

2. 减指令

减指令包括字节减、字减和双字减指令。

指令格式:LAD及STL,格式如图4-1-30所示。

功能描述:在LAD中,IN1−1=0UT;在STL中OUT−l=OUT,即IN和OUT使用同一个存储单元。

数据类型:字节减指令输入/输出均为字节,字减指令输入/输出均为INT,双字减指令输入输出均为DINT。

图4-1-30 减指令

二、取反指令INV

逻辑“取反”指令如图4-1-31所示,有字节、字、双字取反指令。

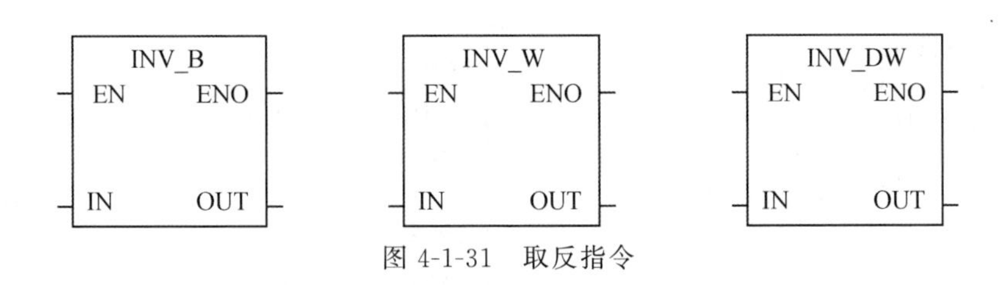

图 4-1-31　取反指令

说明：

(1)IN 为“取反”的源操作数，OUT 为存储“取反”运算结果的目标操作数。

(2)逻辑“取反”指令的功能是将源操作数数据进行二进制按位“取反”，并将逻辑运算结果存入目标操作数 OUT 中。

【例 4-1-10】加热器的单按钮功率控制要求是：有 7 个功率调节挡位，大小分别是 0.5 kW，1 kW，1.5 kW，2 kW，2.5 kW，3 kW 和 3.5 kW，由一个功率调节按钮 SB1 和一个停止按钮 SB2 控制。第 1 次按下 SB1 时功率为 0.5 kW，第 2 次按下 SB1 时功率为 1 kW，第 3 次按下 SB1 时功率为 1.5 kW，…，第 8 次按下 SB1 或随时按下 SB2 时，停止加热。

解：输入为 SB1，SB2，输出为 Q0.0，Q0.1，Q0.2，根据控制要求列出工序表，见表 4-1-1。

表 4-1-1　按钮功率控制的工序

输出功率/kW	位存储器				按 SB1 次数
	M10.3	M10.2	M10.1	M10.0	
0	0	0	0	0	0
0.5	0	0	0	1	1
1	0	0	1	0	2
1.5	0	0	1	1	3
2	0	1	0	0	4
2.5	0	1	0	1	5
3	0	1	1	0	6
3.5	0	1	1	1	7
0	1	0	0	0	8

程序如图 4-1-32 所示。

技能训练

一、技术要求

设计 PLC 梯形图，对自动售货机进行控制，工作要求如下所述：

(1)此售货机可投入 1 元、5 元或 10 元硬币。

(2)当投入的硬币总值超过 12 元时，汽水按钮指示灯亮；当投入的硬币总值超过 15 元时，汽水及咖啡按钮指示灯都亮。

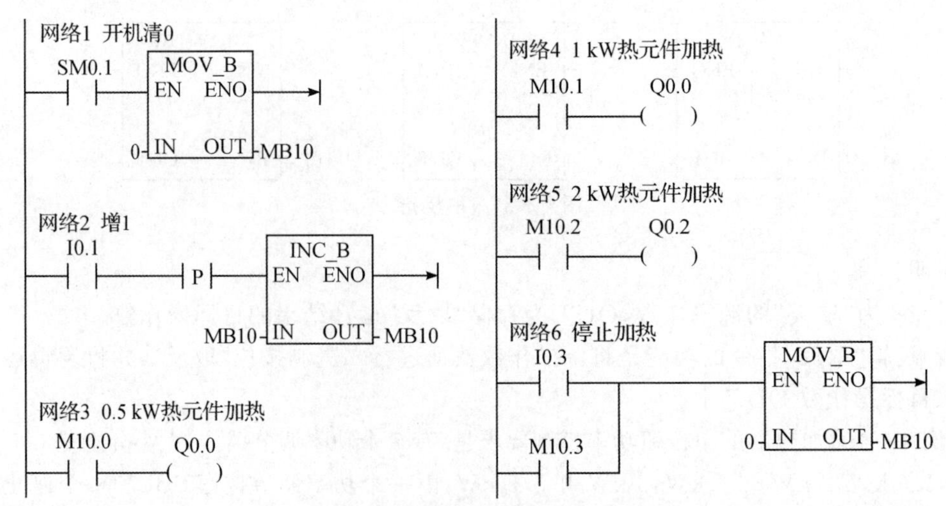

图 4-1-32 【例 4-1-10】的梯形图

(3)当汽水按钮指示灯亮时，按汽水按钮，则汽水排出 7 s 后自动停止，这段时间内，汽水指示灯闪亮。

(4)当咖啡按钮指示灯亮时，按咖啡按钮，则咖啡排出 7 s 后自动停止，这段时间内，咖啡指示灯闪亮。

(5)当投入的硬币总值超过按钮所需的钱数(汽水 12 元，咖啡 15 元)时，找钱指示灯亮，表示找钱动作，并退出多余的钱。

二、训练过程

(1)画 I/O 图。
(2)根据控制要求，设计梯形图程序。
(3)输入、调试程序。
(4)安装、运行控制系统。
(5)汇总整理文档，保留工程文件。

三、技能训练评价

技能训练评价见表 4-1-2。

表 4-1-2　技能训练评价

序号	主要内容	考核要求	评分标准	配分	扣分	得分
1	方案设计	根据控制要求，画出 I/O 分配表，设计梯形图程序，画出 PLC 的外部接线图	1. 输入/输出地址遗漏或错误，每处扣 1 分； 2. 梯形图表达不正确或画法不规范，每处扣 2 分； 3. PLC 的外部接线图表达不正确或画法不规范，每处扣 2 分； 4. 指令有错误，每个扣 2 分	30		
2	安装与接线	按 PLC 的外部接线图在板上正确接线，要求接线正确、紧固、美观	1. 接线不紧固、不美观，每根扣 2 分； 2. 接点松动，每处扣 1 分； 3. 不按接线图接线，每处扣 2 分	30		
3	程序输入与调试	学会编程软件的基本操作，正确操作电脑开机和停机，并能正确地将程序输入 PLC，按动作要求进行模拟调试，最终达到控制要求	1. 不熟练操作电脑，扣 2 分； 2. 不会用删除、插入、修改等指令，每项扣 2 分； 3. 第一次试车不成功扣 5 分，第二次试车不成功扣 10 分，第三次试车不成功扣 20 分	30		
4	安全与文明生产	遵守国家相关专业的安全文明生产规程，遵守学校纪律、学习态度端正	1. 不遵守教学场所规章制度，扣 2 分； 2. 出现重大事故或人为损坏设备扣 10 分	10		
5	备注	电气元件均采用国家统一规定的图形符号和文字符号	由教师或指定学生代表负责依据评分标准评定	合计 100 分		
小组成员签名						
教师签名						

任务 4.2　基于 PLC 和变频器的恒压供水系统

★教学导航

知识目标

①理解恒压供水的意义和实现过程；

②掌握 EM235 模块的使用方法。

能力目标

①会使用中断指令、子程序指令和 PID 指令；

②能用功能指令编写控制程序。

涵盖内容

子程序指令(子程序调用指令 CALL、子程序条件返回指令 CRET)及 PID 指令。

任务导入

图 4-2-1 所示为 PLC、变频器控制两台水泵供水的恒压供水系统图。在储水池中，只要水位低于高水位，就可通过电磁阀 YV 自动往水池注水，水池水满时电磁阀 YV 关闭。同时水池的高/低水位信号可通过继电器触点 J 直接送给 PLC，水池水满时 J 闭合，缺水时 J 断开。

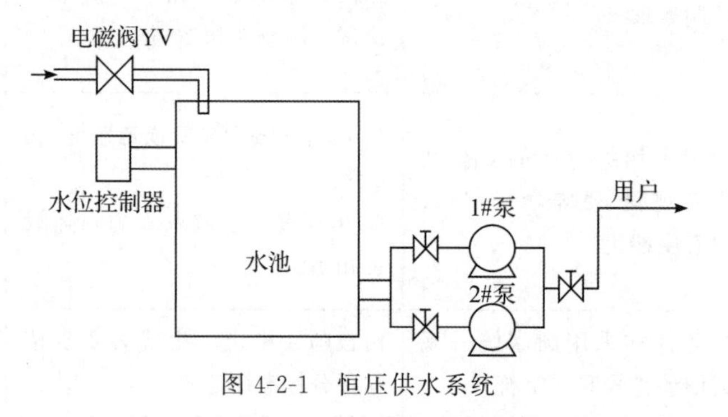

图 4-2-1　恒压供水系统

控制要求：

(1)水池水满，水泵才能启动抽水；水池缺水，则不允许水泵电动机启动。

(2)系统有自动/手动控制功能，手动只在应急或检修时临时使用。

(3)自动时，按启动按钮，先由变频器启动 1 号泵运行，如工作频率已经达到 50 Hz，而压力仍不足时，经延时将 1 号泵切换成工频运行，再由变频器去启动 2 号泵，供水系统处于“1 工 1 变”的运行状态；如变频器的工作频率已经降至下限频率，而压力仍偏高时，经延时使 1 号泵停机，供水系统处于 1 台泵变频运行的状态；如工作频率已经达到 50 Hz，而压力仍不足时，延时后将 2 号泵切换成工频运行，再由变频器去启动 1 号泵，如此循环。

任务分析

从分析可以知道，要实现恒压供水，必须采集管网的水压力，经 PLC 的 PID 运算后输出控制变频器带动水泵电动机运行，故要用到模拟量输入（EM231）、模拟量输出（EM232）模块，通过 PLC 程序实现两台泵的切换。为了使系统稳定，在梯形图中要采用 PID 指令。

知识链接

在工业控制中，某些输入量（如压力、温度、流量、转速等）是模拟量，某些执行机构（如电动调节阀、变频器等）要求 PLC 输出模拟信号。

模拟量首先被传感器和变送器转换为标准量程的电流或电压，如直流 4～20 mA，1～5 V或 0～10 V 等，PLC 用 A/D 转换器将它们转换成数字量。带正负号的电流或电压在 A/D 转换后用二进制补码表示。

D/A 转换器将 PLC 的数字输出量转换为模拟电压或电流，再去控制执行机构。模拟量 I/O 模块的主要任务就是实现 A/D 转换（模拟量输入）和 D/A 转换（模拟量输出），如图 4-2-2 所示。

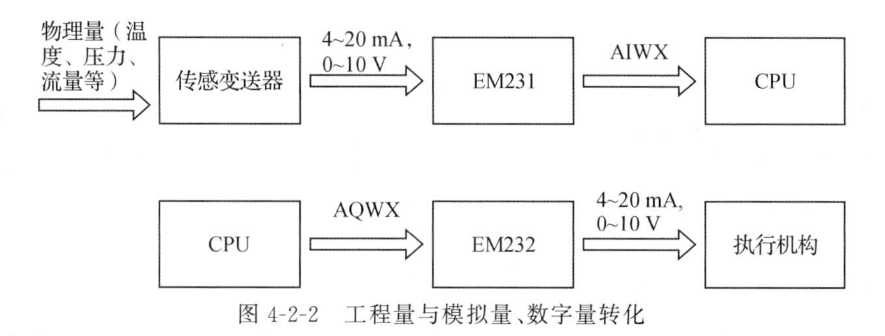

图 4-2-2　工程量与模拟量、数字量转化

S7-200CPU 单元可以扩展 A/D，D/A 模块，从而可实现模拟量的输入和输出。

一、PLC 模拟量控制 I/O 模块

与 S7-22X CPU 配套的 A/D，D/A 模块有 EM231（4 路 12 位模拟量输入）、EM232（2 路 12 位模拟量输出）、EM235（4 路 12 位模拟量输入/1 路 12 位模拟量输出）。

1. 模拟量输入模块 EM231

（1）模拟量输入寻址。通过 A/D 模块，S7-200CPU 可以将外部的模拟量（电流或电压）转换成一个字长（16 位）的数字量（0～32 000）。可以用区域标识符（AI）、数据长度（W）和模拟通道的起始地址读取这些量，其格式为：AIW[起始字节地址]。

因为模拟输入量为一个字长，且从偶数字节开始存放，所以必须从偶数字节地址读取这些值，如 AIW0，AIW2，AIW4 等。模拟量输入值为只读数据。

（2）模拟量输入模块的配置和校准。如图 4-2-3 所示为 EM231 的端子及 DIP 开关示意图。

使用 EM231 和 EM235 输入模拟量时，首先要进行模块的配置和校准。通过调整模块

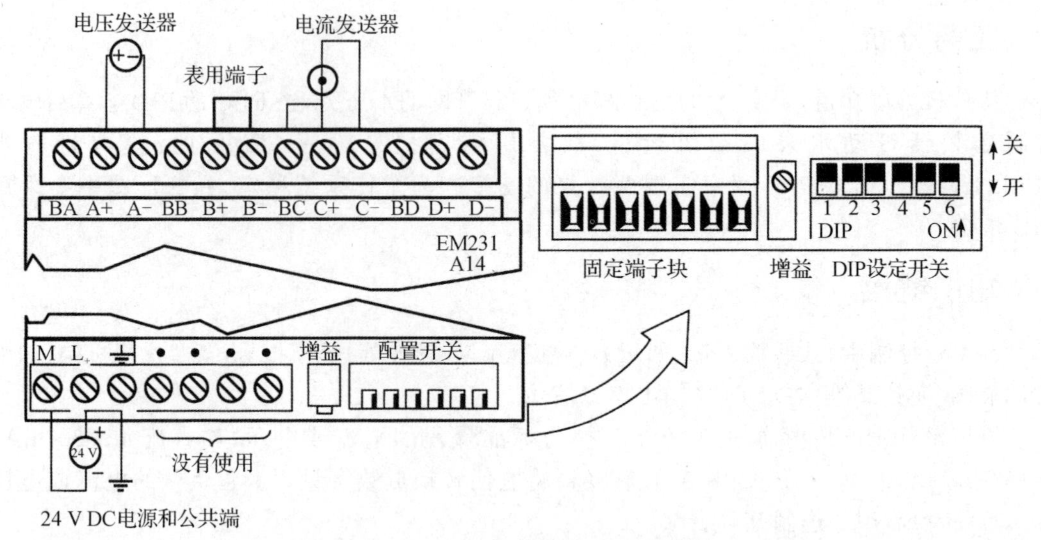

图 4-2-3 EM231 的端子及 DIP 开关

中的 DIP 开关,可以设定输入模拟量的种类(电流、电压)以及模拟量的输入范围、极性,见表 4-2-1。

表 4-2-1 EM231 选择模拟量输入范围的开关

<table>
<tr><th colspan="3">单极性</th><th rowspan="2">满量程输入</th><th rowspan="2">分辨率</th><th colspan="3" rowspan="2">双极性</th><th rowspan="3">满量程输入</th><th rowspan="3">分辨率</th></tr>
<tr><th>SW1</th><th>SW2</th><th>SW3</th></tr>
<tr><td rowspan="3">ON</td><td>OFF</td><td>ON</td><td>0～10 V</td><td>2.5 mV</td><td>SW1</td><td>SW2</td><td>SW3</td></tr>
<tr><td rowspan="2">ON</td><td rowspan="2">OFF</td><td>0～5 V</td><td>1.25 mV</td><td rowspan="2">OFF</td><td>OFF</td><td>ON</td><td>± 5 V</td><td>2.5 mV</td></tr>
<tr><td>0～20 mA</td><td>5 μA</td><td>ON</td><td>OFF</td><td>±2.5 V</td><td>1.25 mV</td></tr>
</table>

设定模拟量输入类型后,需要进行模块的校准,此操作需通过调整模块中的“增益调整”电位器实现。

校准调节影响所有的输入通道。即使在校准以后,如果模拟量多路转换器之前的输入电路元件值发生变化,从不同通道读入同一个输入信号,其信号值也会有微小的不同。校准输入的步骤如下所述:

①切断模块电源,用 DIP 开关选择需要的输入范围。

②接通 CPU 和模块电源,使模块稳定 15 min。

③用一个变送器、一个电压源或电流源,将零值信号加到模块的一个输入端。

④读取该输入通道在 CPU 中的测量值。

⑤调节模块上的 OFFSET(偏置)电位器,直到读数为零或需要的数字值。

⑥将一个工程量的最大值(或满刻度模拟量信号)接到某一个输入端子,调节模块上的 GAIN(增益)电位器,直到读数为 32 000 或需要的数字值。

⑦必要时重复上述校准偏置和增益的过程。

如输入电压范围是 0～10 V 的模拟量信号,则对应的数字量结果应为 0～32 000;电压为 0 V 时，数字量不一定是 0，可能有一个偏置值，如图 4-2-4 所示。

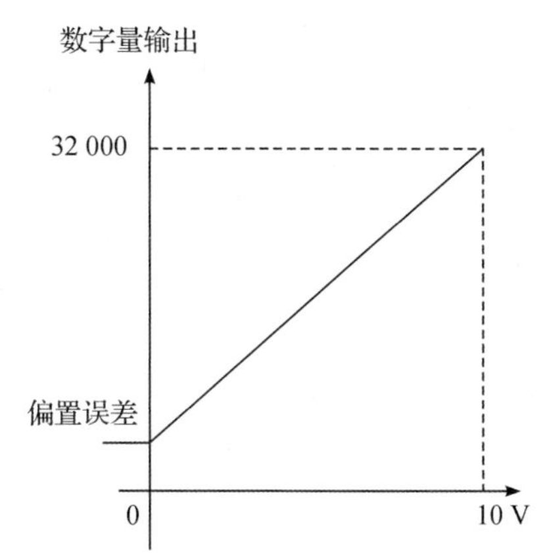

图 4-2-4　模拟量输入与数字量输出关系

(3)输入模拟量的读取。每个模拟量占用一个字长(16 位)，其中数据占 12 位。依据输入模拟量的极性，数据字格式有所不同。其格式如图 4-2-5 所示。

MSB　　　　　　　　　　　　　　　　　　LSB

15	14	13	12	11	10	9	8	7	6	5	4	3	2	1	0
0	12位数据												0	0	0

(a)单极性

MSB　　　　　　　　　　　　　　　　　　LSB

15	14	13	12	11	10	9	8	7	6	5	4	3	2	1	0
12位数据												0	0	0	0

(b)双极性

图 4-2-5　模拟量输入数据格式

单极性：$2^{15}-2^{3}=32\ 760$。

差值：32 760－32 000＝760，通过调偏差/增益系统完成。

模拟量转换为数字量的 12 位读数是左对齐的。对单极性格式，最高位为符号位，最低 3 位是测量精度位，即 A/D 转换是以 8 为单位进行的；对双极性格式，最低 4 位为转换精度位，即 A/D 转换是以 16 为单位进行的。

在读取模拟量时，利用数据传送指令 MOV_W，可以从指定的模拟量输入通道将其读取到内存中，然后根据极性，利用移位指令或整数除法指令将其规格化，以便于处理数据值部分。

2. 模拟量输出模块 EM232

(1)模拟量输出寻址。图 4-2-6 所示为模拟量输出 EM232 端子及内部结构，通过 D/A 模块，S7-200CPU 把一个字长(16 位)的数字量(0～32 000)按比例转换成电流或电压，用区域标识符(AQ)、数据长度(W)和模拟通道的起始地址存储这些量。其格式为：AQW[起始字节地址]。

因为模拟输出量为一个字长，且从偶数字节开始，所以必须从偶数字节地址存储这些值，如 AQW0，AQW2，AQW4 等。模拟量输出值是只写数据，故用户不能读取。

(2)模拟量的输出。模拟量的输出范围为－10～＋10 V 和 0～20 mA(由接线方式决

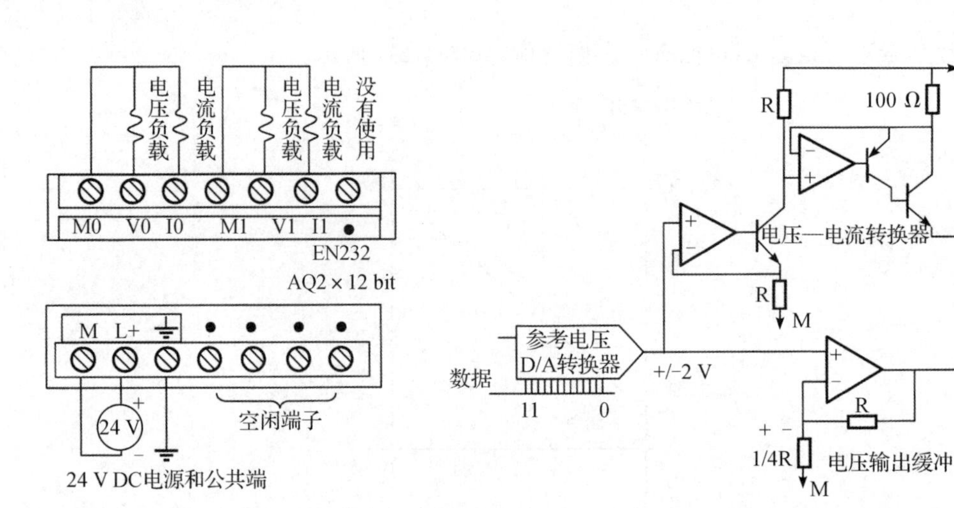

(a)EM232 模块接线端子　　(b)EM232 输出回路

图 4-2-6　模拟量输出 EM232 端子及内部结构

定)，对应的数字量分别为－32 000～＋32 000 和 0～32 000。

图 4-2-7 所示为模拟量数据输出值是左对齐的，最高有效位是符号位，0 表示正值。最低 4 位是 4 个连续的 0，在转换为模拟量输出值时将自动屏蔽，而不会影响输出信号值。

MSB　　LSB

15	14	13	12	11	10	9	8	7	6	5	4	3	2	1	0
0	12位数据												0	0	0

(a)电流输出

MSB　　LSB

15	14	13	12	11	10	9	8	7	6	5	4	3	2	1	0
12位数据												0	0	0	0

(b)电压输出

图 4-2-7　模拟量数据输出

在输出模拟量时，首先根据电流输出方式或电压输出方式，利用移位指令或整数乘法指令对数据值部分进行处理，然后利用数据传送指令 MOV_W，将其从指定的模拟量输出通道输出。

二、模拟量数据的处理

1. 模拟量输入信号的整定

通过模拟量输入模块转换后的数字信号直接存储在 S7-200 系列 PLC 的模拟量数据输入存储器 AIW 中。

这种数字量与被转换的结果之间有一定的函数对应关系，但在数值上并不相等，必须经过某种转换才能使用。这种将模拟量输入模块转换后的数字信号在 PLC 内部按一定函数关系进行转换的过程称为模拟量输入信号的整定。

模拟量输入信号的整定通常需要考虑以下几个问题：

(1)模拟量输入值的数字量表示方法。模拟量输入值的数字量表示方法即模拟量输入模块数据的位数是多少；是否从数据字的第 0 位开始，若不是，应进行移位操作使数据的最低位排列在数据字的第 0 位上，以保证数据的准确性。例如，EM231 模拟量输入模块，在单极性信号输入时，模拟量的数据值是从第 3 位开始的，因此数据整定的任务是把该数据字右移 3 位。

(2)模拟量输入值的数字量表示范围。该范围由模拟量输入模块的转换精度决定。如果输入量的范围大于模块可能表示的范围，则可以使输入量的范围限定在模块表示的范围内。

(3)系统偏移量的消除。系统偏移量是指在无模拟量信号输入情况下，由测量元件的测量误差及模拟量输入模块的转换死区所引起的，具有一定数值的转换结果。消除这一偏移量的方法是在硬件方面进行调整(如调整 EM231 中偏置电位器)或使用 PLC 的运算指令消除。

(4)过程量的最大变化范围。过程量的最大变化范围与转换后数字量的最大变化范围应有一一对应的关系，这样就可以使转换后的数字量精确地反映过程量的变化。例如，用 0～0FH反映 0～10 V 的电压与用 0～FFH 反映 0～10 V 的电压相比较，后者的灵敏度或精确度显然要比前者高得多。

(5)标准化问题。从模拟量输入模块采集到的过程量都是实际的工程量，其幅度、范围和测量单位都不同，在 PLC 内部进行数据运算之前，必须将这些值转换为无量纲的标准格式。

(6)数字量滤波问题。电压、电流等模拟量常常会因为现场干扰而产生较大波动。这种波动经 A/D 转换后亦反映在 PLC 的数字量输入端。若仅用瞬时采样值进行控制计算，将会产生较大误差，因此有必要进行滤波。

工程上的数字滤波方法有平均值滤波、去极值平均滤波、惯性滤波等。算术平均值滤波的效果与采样次数有关，采样次数越多则效果越好。但这种滤波方法对于强干扰的抑制作用不大，而去极值平均滤波方法则可有效地消除明显的干扰信号。消除的方法是对多次采样值进行累加后，然后从累加和中减去最大值和最小值，再进行平均值滤波。惯性滤波的方法就是逐次修正，它类似于较大惯性的低通滤波功能。这些方法可同时使用，效果会更好。

2. 模拟量输出信号的整定

在 PLC 内部进行模拟量输入信号处理时，通常把模拟量输入模块转换后的数字量转换为标准工程量，经过工程实际需要的运算处理后，可得出上下限报警信号及控制信息。报警信息经过逻辑控制程序可直接通过 PLC 的数字量输出点输出，而控制信息需要暂存到模拟量存储器 AQWX 中，经模拟量输出模块转换为连续的电压或电流信号输出到控制系统的执行部件，以便进行调节。模拟量输出信号的整定就是要将 PLC 的运算结果按照一定的函数关系转换为模拟量输出寄存器中的数字值，以备模拟量输出模块转换为现场需要的输出电压或电流。

已知在某温度控制系统中，由 PLC 控制温度的升降，当 PLC 的模拟量输出模块输出 10 V电压时，要求系统温度达到 500 ℃，现 PLC 的运算结果为 200 ℃，则应向模拟量输出存储器 AQWX 写入的数字量为多少？

这就是一个模拟量输出信号的整定问题。

显然，解决这一问题的关键是要了解模拟量输出模块中的数字量与模拟量之间的对应关系，这一关系通常为线性关系，如 EM232 模拟量输出模块输出的 0～10 V 电压信号对应的内部数字量为0～32 000。上述运算结果200 ℃所对应的数字量可用简单的算术运算程序得出。

【例4-2-1】如某管道水的压力是(0～1 MPa)，通过变送器转化成(4～20 mA)输出，经过EM231的A/D转化，0～20 mA对应数字量范围是0～32 000，当压力大于0.8 MPa时指示灯亮。

解：工程量与模拟量、模拟量与数字量的对应关系如图4-2-8所示。

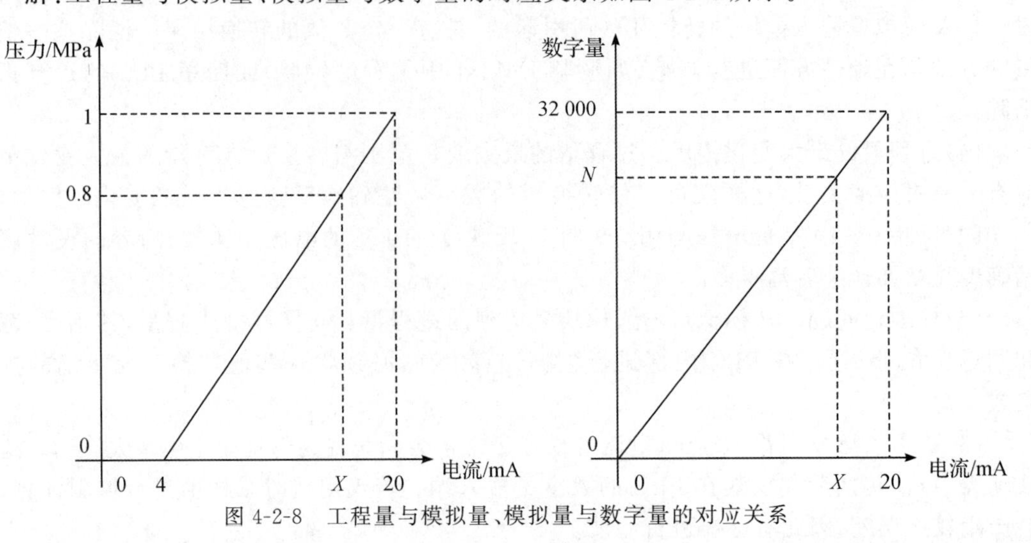

图4-2-8　工程量与模拟量、模拟量与数字量的对应关系

0.8 MPa时的电流值是$X=\{(20-4)\times(0.8-0)/(1-0)\}+4$，则0.8 MPa时的信号量是$X=16.8$ mA。

对应的数字量是$N=\{(32\,000-0)\times(16.8-0)/(20-0)\}+0$，0.8 MPa时的数字量是$N=26\,880$。

程序如图4-2-9所示。

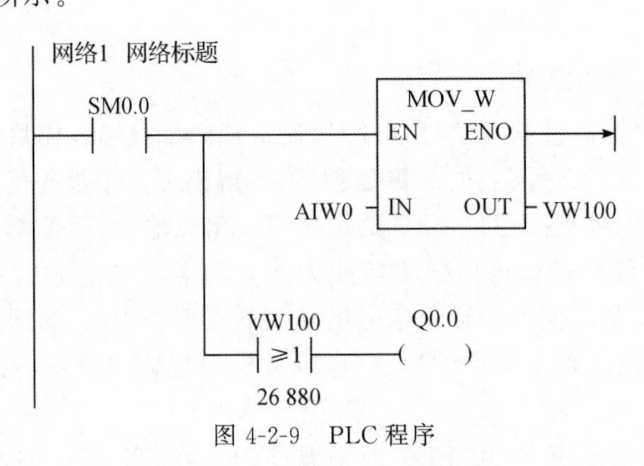

图4-2-9　PLC程序

【例4-2-2】如图4-2-10所示，某D/A转换通过EM232进行，输出驱动变频器工作，信号是4～20 mA时对应的频率范围是10～50 Hz，求数字量为20 000时的频率？

解：D/A转换器EM232数字量为0～32 000对应的模拟电流是0～20 mA，如图4-2-10(a)所示，设数字量为20 000时对应的电流为X，则有

$32\,000/20=20\,000/X$，解得$X=12.5$ mA。

由图 4-2-10(b)可得：(20－4)/(12.5－4)＝(50－10)/(f－10)＝31.25 Hz。

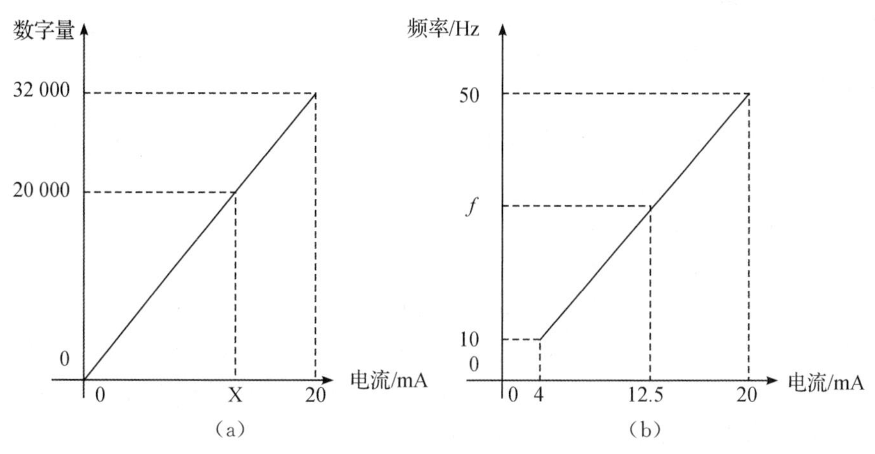

图 4-2-10　模拟量与数字量、频率的对应关系

三、PID 控制指令

1. PID 控制

在工业生产中，常需要用闭环控制方式实现温度、压力、流量等连续变化的模拟量控制。无论使用模拟控制器的模拟控制系统，还是使用计算机(包括 PLC)的数字控制系统，PID 控制都得到了广泛的应用。

过程控制系统在对模拟量进行采样的基础上，一般还对采样值进行 PID(比例＋积分＋微分)运算，并根据运算结果，形成对模拟量的控制作用。控制结构如图 4-2-11 所示。

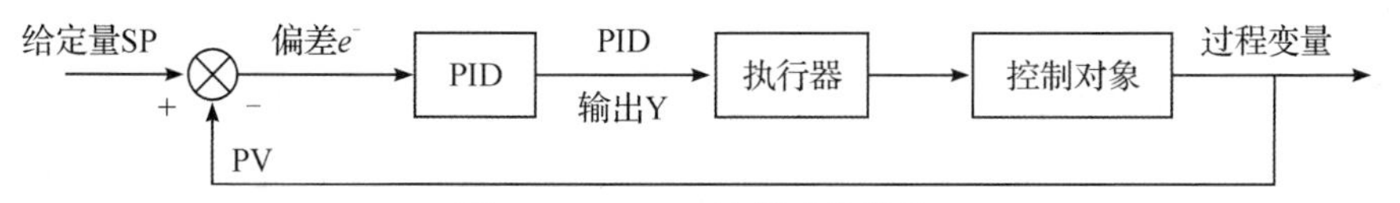

图 4-2-11　PID 控制系统结构

PID 回路的输出变量 $M(t)$是时间 t 的函数，即

$$M(t)=K_c e+K_c\int_0^t e\,\mathrm{d}t+M_{\text{initial}}+K_c \mathrm{d}e/\mathrm{d}t$$

式中　$M(t)$——PID 回路的输出，是时间函数；

K_c——PID 回路的增益；

e——PID 回路的偏差；

M_{initial}——PID 回路输出的初始值。

数字计算机处理这个函数关系式，将式子离散化，对偏差周期采样后，计算输出值，下式是上式的离散形式。

$$M_n=K_c e_n+KIe_n+MX+KD(e_n-\mathrm{e}_{n-1})=MP_n+MI_n+MD_n$$

式中　M_n——在第 n 次采样时刻 PID 回路输出的计算值；

K_c——PID 回路的增益；

e_n——在第 n 次采样的偏差值；

e_{n-1}——在第 $n-1$ 次采样的偏差值；

KI——积分项系数；

M_{initial}——PID 回路输出的初始值；

KD——微分项系数；

MX——积分项前值（在第 n 次采样的积分值）；

MP_n——第 n 次采样时刻的比例项；

MI_n——第 n 次采样时刻的积分项；

MD_n——第 n 次采样时刻的微分项。

PID 运算中的比例作用：可对偏差做出及时响应。

积分作用：可以消除系统的静态误差，提高精度，加强系统对参数变化的适应能力。

微分作用：可以克服惯性滞后，加快动作时间，克服振荡，提高抗干扰能力和系统的稳定性，可改善系统动态响应速度。

因此，对于速度、位置等快过程及温度、化工合成等慢过程，PID 控制都具有良好的实际效果。若能将 3 种作用的强度适当配合，则可以使 PID 回路快速、平稳、准确地运行，从而获得满意的控制效果。

PID 的 3 种作用是相互独立、互不影响的，改变一个参数，仅影响一种调节作用，而不影响其他调节作用。

S7-200CPU 提供了 8 个回路的 PID 功能，用于实现需要按照 PID 控制规律进行自动调节的控制任务，如温度、压力、流量控制等。PID 功能一般需要模拟量输入，以反映被控制物理量的实际数值，称为反馈；而用户设定的调节目标值，即为给定。PID 运算的任务就是根据反馈与给定的差值，按照 PID 运算规律计算出结果，输出到固态开关元件（控制加热棒）或者变频器（驱动水泵）等执行机构进行调节，以达到自动维持被控制的量跟随给定变化的目的。

S7-200 中 PID 功能的核心是 PID 指令，PID 指令需要指定一个以 V 为变量存储区地址开始的 PID 回路表（TBL）以及 PID 回路号（LOOP）。PID 回路表提供了给定和反馈以及 PID 参数等数据入口，PID 运算的结果也在回路表中输出。

2. PID 调节指令格式及功能

PID 调节指令格式如图 4-2-12(a)所示，图 4-2-12(b)表示参数起始地址为 VB2，PID 调节回路号为 0。

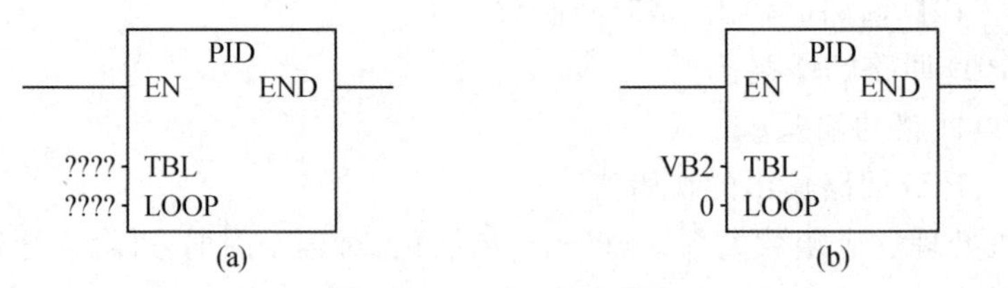

图 4-2-12　PID 调节指令

说明：

(1)LOOP 为 PID 调节回路号，可在 0～7 范围选取。为保证控制系统的每一条控制回路都能得到正常调节，必须为调节回路号 LOOP 赋不同的值，否则系统将不能正常工作。

(2)TBL为与LOOP相对应的PID参数表的起始地址。它由36个字节组成,存储着9个参数。其格式及含义见表4-2-2。

表4-2-2　PID回路

偏移地址(VB)	变量名	数据类型	变量类型	描述
T+0	过程变量当前值(PV_n)	实数	输入	过程变量,0.0~1.0
T+4	给定值(SP_n)	实数	输入	给定值,0.0~1.0
T+8	输出值(M_n)	实数	输入/输出	输出值,0.0~1.0
T+12	增益(K_c)	实数	输入	比例常数,正、负
T+16	采样时间(T_S)	实数	输入	单位为s,正数
T+20	积分时间(T_I)	实数	输入	单位为min,正数
T+24	微分时间(T_D)	实数	输入	单位为min,正数
T+28	积分项前值(MX)	实数	输入/输出	积分项前值,0.0~1.0
T+32	过程变量前值(PV_{n-1})	实数	输入/输出	最近一次PID变量值

(3)CPU212和CPU214无此指令。

3. PID回路表的格式

PLC在执行PID调节指令时,必须对算法中的9个参数进行运算,为此,S7-200的PID指令使用一个存储回路参数的回路表,PID回路表的格式及含义见表4-2-2。

说明:

(1)PLC可同时对多个生产过程(回路)实行闭环控制。由于每个生产过程的具体情况不同,PID算法的参数亦不同,因此,需建立每个控制过程的参数表,用于存放控制算法的参数和过程中的其他数据。当需要执行PID运算时,从参数表中把过程数据送至PID工作台,待运算完毕后,将有关数据结果再送至参数表。

(2)表中反馈量PV_n和给定值SP_n为PID算法的输入,只可由PID指令读取并不可更改。通常反馈量来自模拟量输入模块,给定量来自人机对话设备,如TD200、触摸屏、组态软件监控系统等。

(3)表中回路输出值M_n由PID指令计算得出,仅当PID指令完全执行完毕才予以更新。该值还需用户按工程量标定通过编程转换为16位数字值,送往PLC的模拟量输出寄存器AQWX中。

(4)表中增益(K_c)、采样时间(T_S)、积分时间(T_I)和微分时间(T_D)是由用户事先写入的值,通常也可通过人机对话设备(如TD200、触摸屏、组态软件监控系统)输入。

(5)表中积分项前值(MX)由PID运算结果更新,且此更新值用作下一次PID运算的输入值。积分和的调整值必须是0.0~1.0间的实数。

4. 输入/输出量的处理

(1)输入回路归一化处理。AIWX→16位整数→32位整数→32位实数→标准化(0.0～1.0)。

将实数转换成0.0～1.0间的标准化数值,送回路表地址偏移量为0的存储区,用下式计算:

实际数值的标准化数值=实际数值的非标准化实数/取值范围+偏移量

式中取值范围:单极性为32 000,双极性为64 000。

偏移量:单极性为0,双极性为0.5。

(2)输出回路处理。标准化(0.0～1.0)→32位整数→16位整数→AQWX。

PID的运算结果是一个在0.0～1.0范围内标准化实数格式的数据,必须转换为16位的按工程标定的值才能用于驱动实际机械,如变频器等,用下式计算:

输出实数数值=(PID回路输出标准化实数值－偏移量)×取值范围

式中取值范围:单极性为32 000,双极性为64 000。

偏移量:单极性为0,双极性为0.5。

(3)PID的运算框图。由上述可知,PID运算前要对输入回路进行归一化处理,运算后再对输出回路进行逆处理,其运算过程参考图4-2-13,以利于理清编程思路。

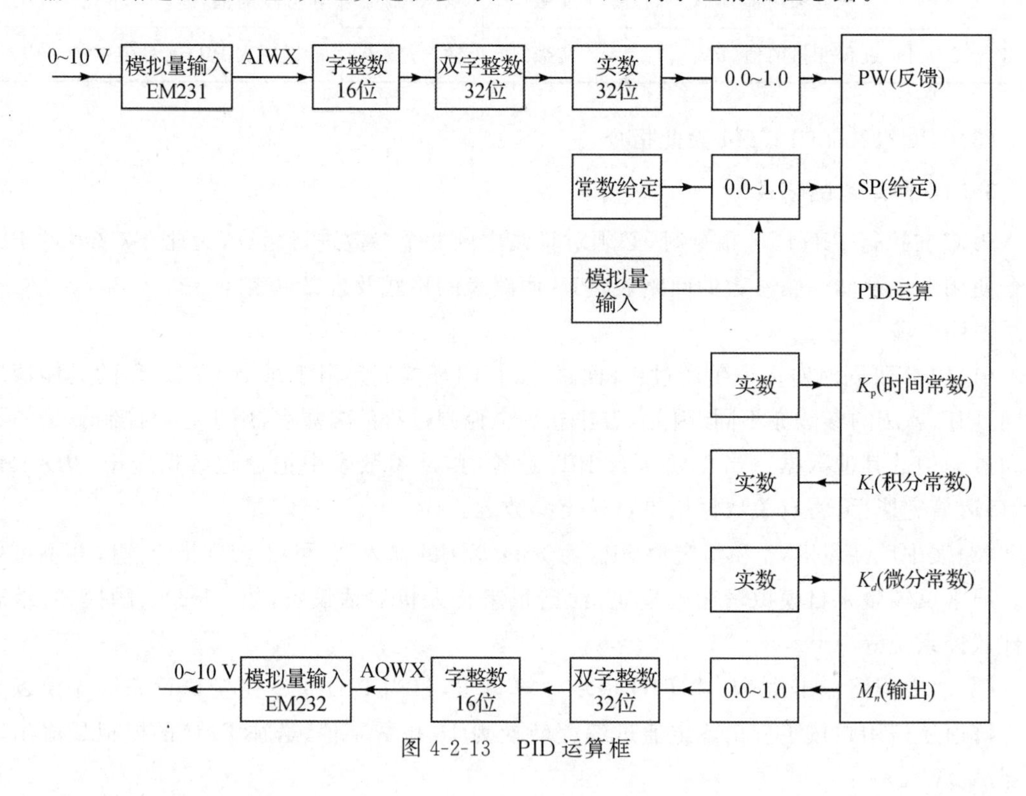

图4-2-13　PID运算框

四、PID向导的应用

STEP7-Micro/WIN提供了PID Wizard(PID指令向导),可以帮助用户方便地生成一个闭环控制过程的PID算法。用户只要在向导的指导下填写相应的参数,就可以方便快捷

地完成 PID 运算的自动编程。用户只要在应用程序中调用 PID 向导生成的子程序，就可以完成 PID 控制任务。向导最多允许配置 8 个 PID 回路。

PID 向导既可生成模拟量输出的 PID 控制算法，也支持开关量输出；既支持连续自动调节，也支持手动参与控制，并能实现手动到自动的无扰切换。除此之外，它还支持 PID 反作用调节。

PID 功能块只接受 0.0～1.0 间的实数作为反馈、给定与控制输出的有效数值。如果是直接使用 PID 功能块编程，则必须保证数据在这个范围之内，否则就会出错。其他如增益、采样时间、积分时间和微分时间都是实数。

但 PID 向导已经把外围实际的物理量与 PID 功能块需要的输入/输出数据之间进行了转换，不再需要用户自己编程就可进行输入/输出的转换与标准化处理。

【例 4-2-3】对一台电动机进行转速控制，要求电动机的转速调整为额定转速的 80%，系统采用 PID 控制，设比例增益 $K_c=0.5$，采样时间 $T_S=0.1$ s，积分时间 $T_I=10$ min，微分 $T_D=5$ min，在此控制中，由于考虑电动机可能要正反转，故设定输出为双极性模拟量，试编写 PID 控制程序。

1. 主程序

梯形图如图 4-2-14 所示。

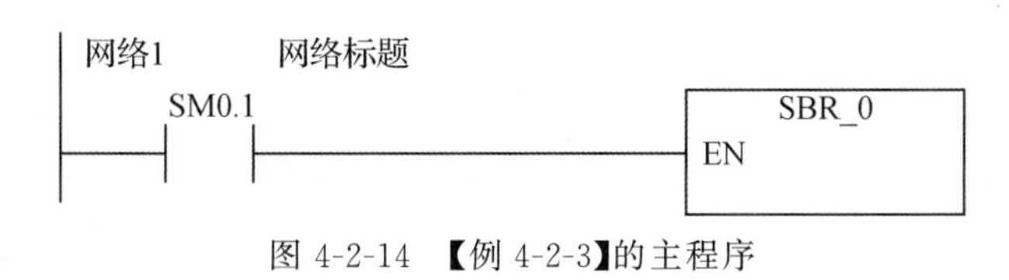

图 4-2-14　【例 4-2-3】的主程序

2. 子程序

梯形图如图 4-2-15 所示。

3. 中断程序

梯形图如图 4-2-16 所示。

任务实施

一、控制系统的 I/O 点及地址分配

控制系统的输入/输出信号的名称、代码及地址编号见表 4-2-3。

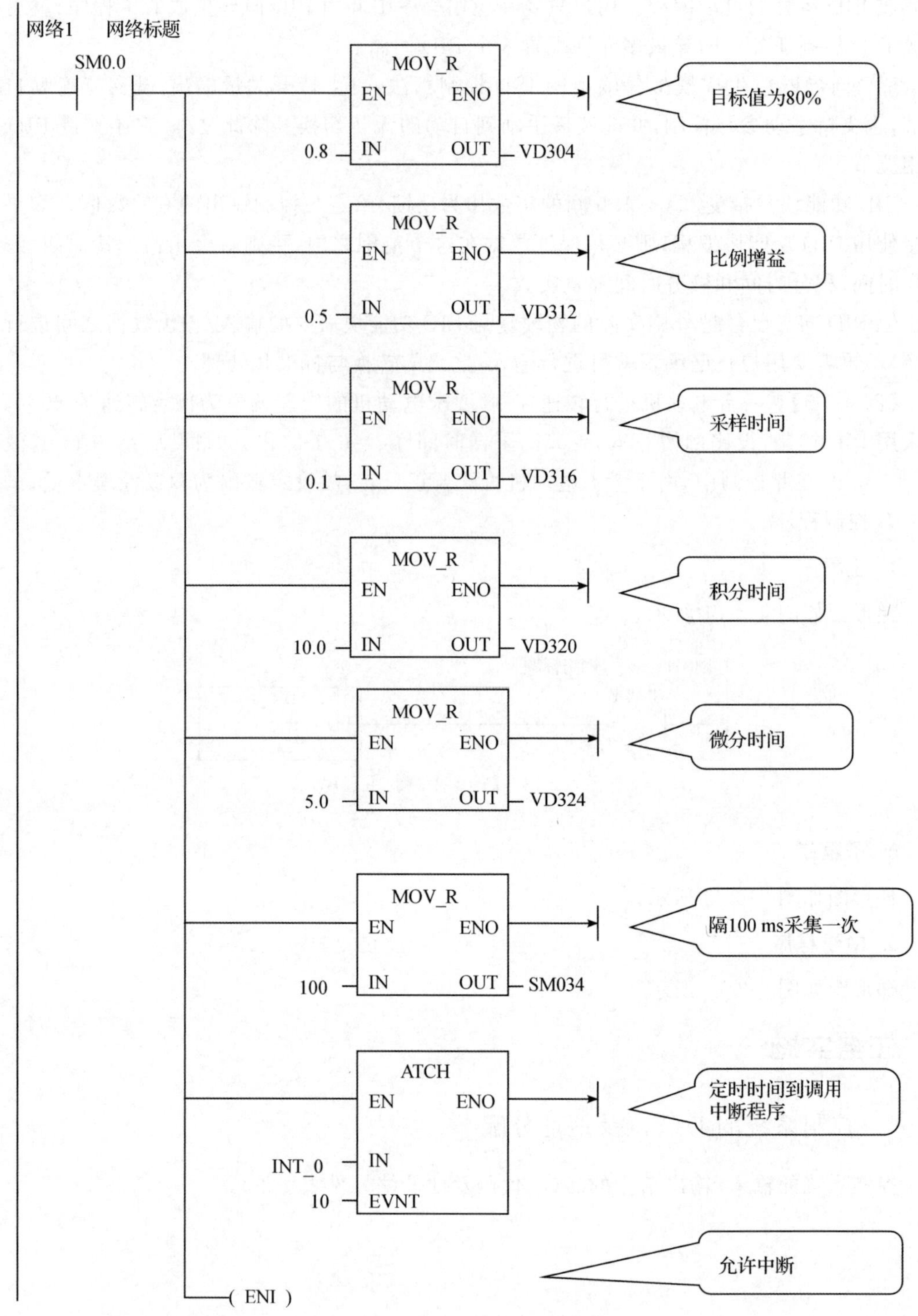

图 4-2-15 【例 4-2-3】的子程序

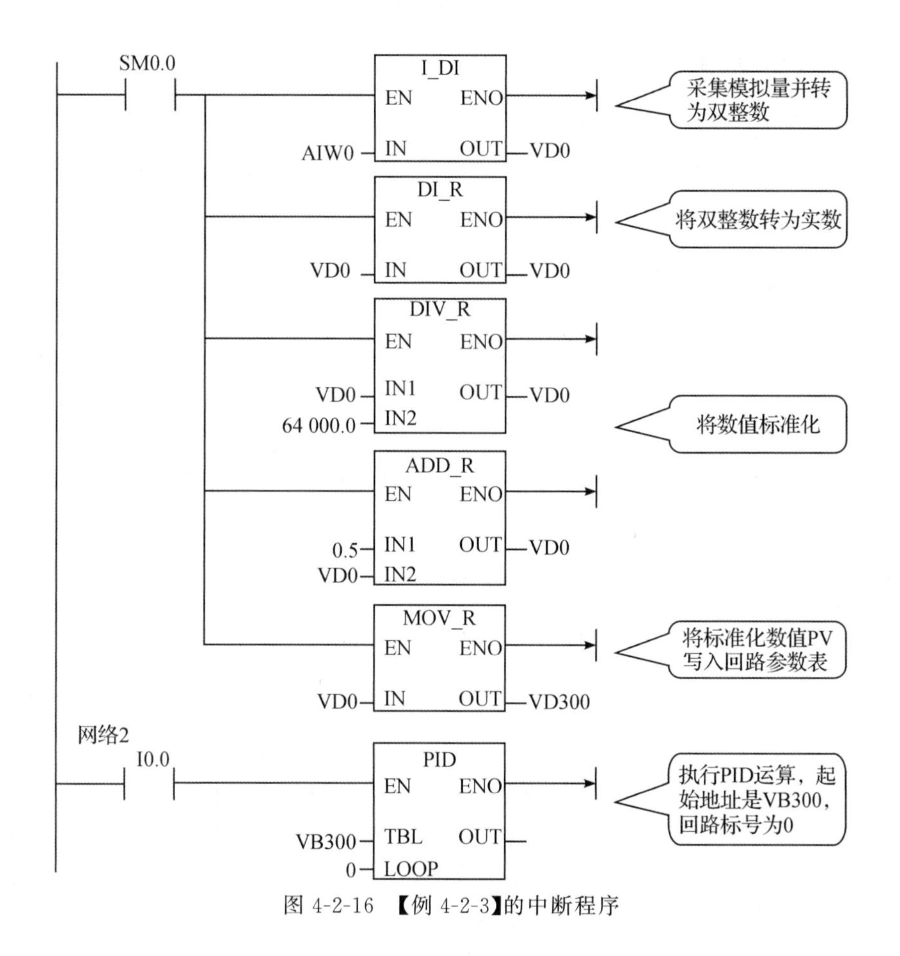

图 4-2-16　【例 4-2-3】的中断程序

表 4-2-3　输入/输出点代码和地址编号

输入量	地址编号	说明	输出量	地址编号	说明
SA	手动未用PLC输入	手动/自动开关	KM1	Q0.1	水泵 M1 工频运行接触器
SB1		水泵 M1 手动启动	KM2	Q0.2	水泵 M1 变频运行接触器
SB2		水泵 M1 手动停止	KM3	Q0.3	水泵 M2 工频运行接触器
SB3		水泵 M2 手动启动	KM4	Q0.4	水泵 M2 变频运行接触器
SB4		水泵 M2 手动停止	KA	Q0.5	变频器运行继电器
SB5	I0.0	水泵自动启动按钮			
SB6	I0.1	水泵自动停止按钮			
J	I0.2	水位触点			

二、PLC 系统选型

从上面分析可知，系统共有开关量输入点 3 个，开关量输出点 5 个；模拟量输入点 1 个，模拟量输出点 1 个。选用主机为 CPU226PLC，模拟量输入模块 EM231，模拟量输出模块 EM232。

三、电气控制系统原理图

电气控制系统原理图包括主电路、控制电路及 PLC 外围接线图。

1. 主电路图

图 4-2-17 所示为电控系统主电路图。两台电机分别为 M1 和 M2，接触器 KM1 和 KM3 分别控制 M1 和 M2 的工频运行；接触器 KM2 和 KM4 分别控制 M1 和 M2 的变频运行。

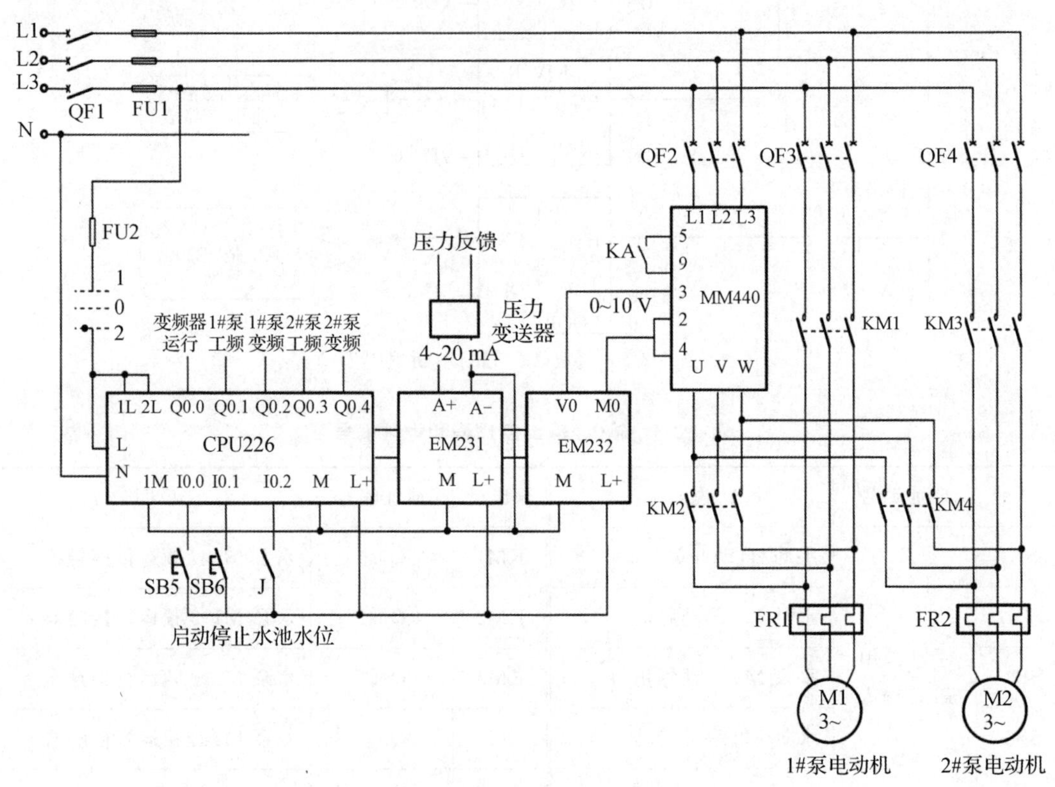

图 4-2-17 电控系统主电路

2. 控制电路图

图 4-2-18 所示为电控系统控制电路图。图中 SA 为手动/自动转换开关，SA 在 1 的位置为手动控制状态；2 的位置为自动控制状态。手动运行时，可用按钮 SB1～SB4 控制两台泵的启/停；自动运行时，系统在 PLC 程序控制下运行。通过一个中间继电器 KA 的触点对变频器运行进行控制。图中的 Q0.0～Q0.4 为 PLC 的输出继电器触点。

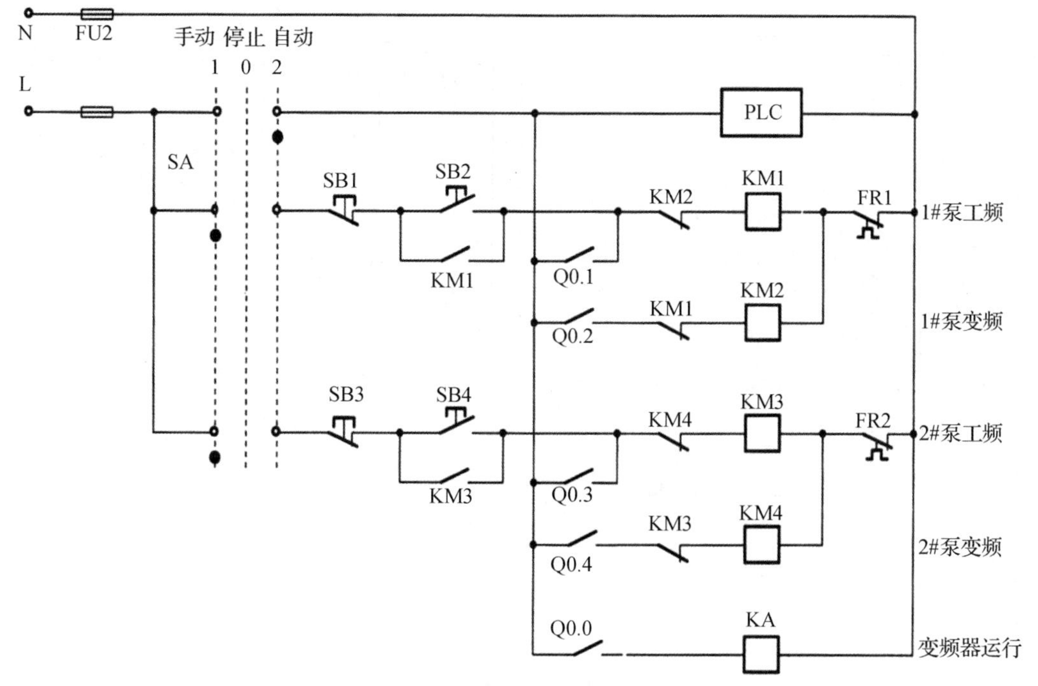

图 4-2-18　电控系统控制电路图

四、系统程序设计

本程序分为 3 部分：主程序、子程序和中断程序。

逻辑运算放在主程序，系统初始化的一些工作放在初始化程序中完成，这样可节省扫描时间。利用定时器中断功能实现 PID 控制的定时采样及输出控制。系统设定值为满量程的 80%，只是用比例(P)和积分(I)控制，其回路增益和时间常数可通过工程计算初步确定，但还需要进一步调整以达到最优控制效果。初步确定的增益和时间常数为

增益 $K_c=0.25$；

采样时间 $T_S=0.2$ s；

积分时间 $T_I=30$ min。

1. 主程序

主程序流程图如图 4-2-19 所示，对应的梯形图如图 4-2-20 所示。

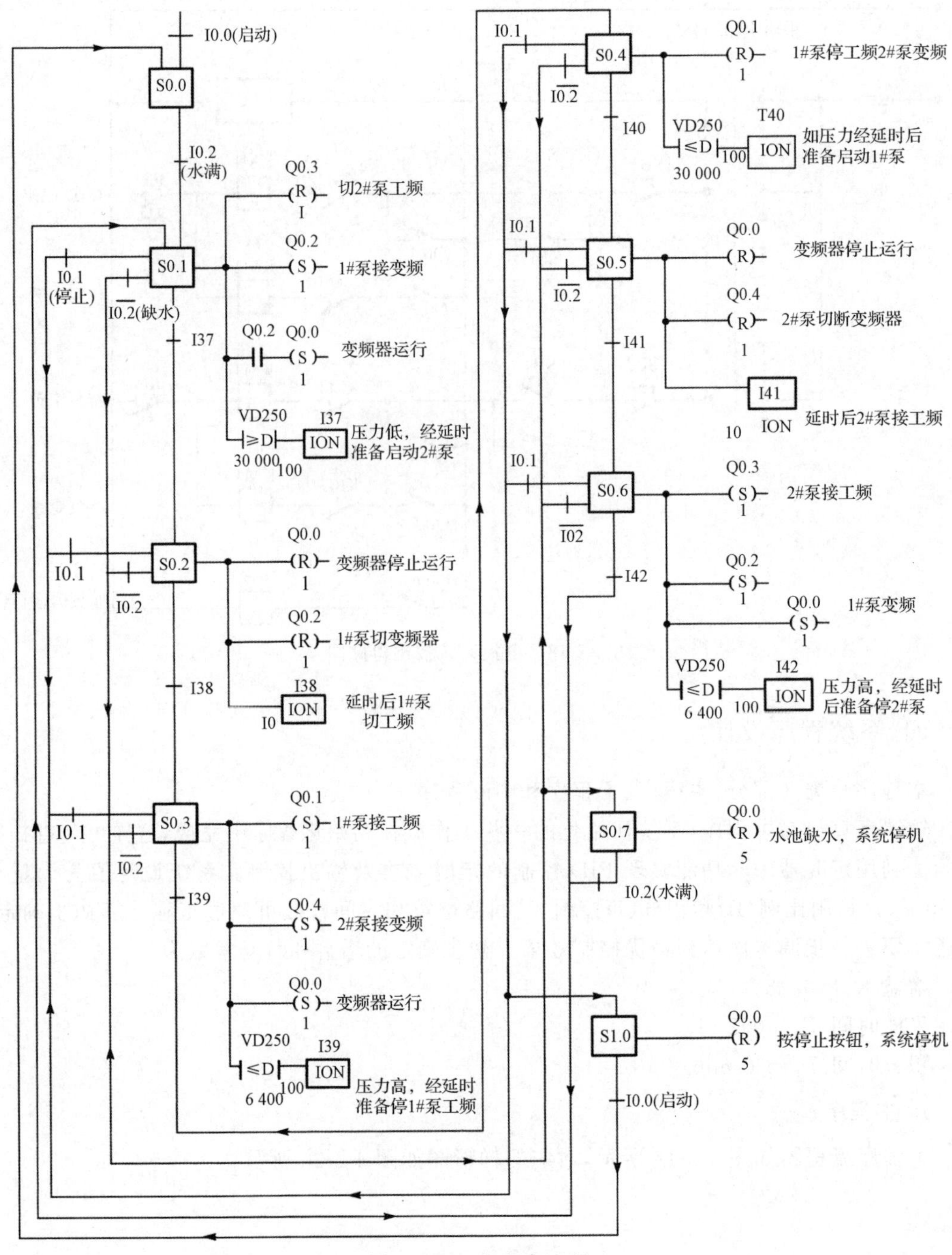

I0.0(启动)
S0.0
I0.2
(水满)
Q0.3
R
切2#泵工频
S0.1
I0.1
(停止)
I0.2(缺水)
Q0.2
S
1#泵接变频
I37
Q0.2
Q0.0
S
变频器运行
VD250
≥D
30 000
100
I37
ION
压力低，经延时
准备启动2#泵
S0.2
I0.1
I0.2
Q0.0
R
变频器停止运行
Q0.2
R
1#泵切变频器
I38
ION
延时后1#泵
切工频
S0.3
Q0.1
S
1#泵接工频
I39
Q0.4
S
2#泵接变频
Q0.0
S
变频器运行
VD250
≤D
6 400
I39
ION
压力高，经延时
准备停1#泵工频
S0.4
Q0.1
R
1#泵停工频2#泵变频
I40
VD250
≤D
30 000
T40
ION
如压力经延时后
准备启动1#泵
S0.5
Q0.0
R
变频器停止运行
Q0.4
R
2#泵切断变频器
I41
ION
延时后2#泵接工频
S0.6
Q0.3
S
2#泵接工频
I42
Q0.2
S
Q0.0
S
1#泵变频
VD250
≤D
6 400
I42
ION
压力高，经延时
后准备停2#泵
S0.7
Q0.0
R
水池缺水，系统停机
I0.2(水满)
S1.0
Q0.0
R
按停止按钮，系统停机
I0.0(启动)

图 4-2-19　主程序流程

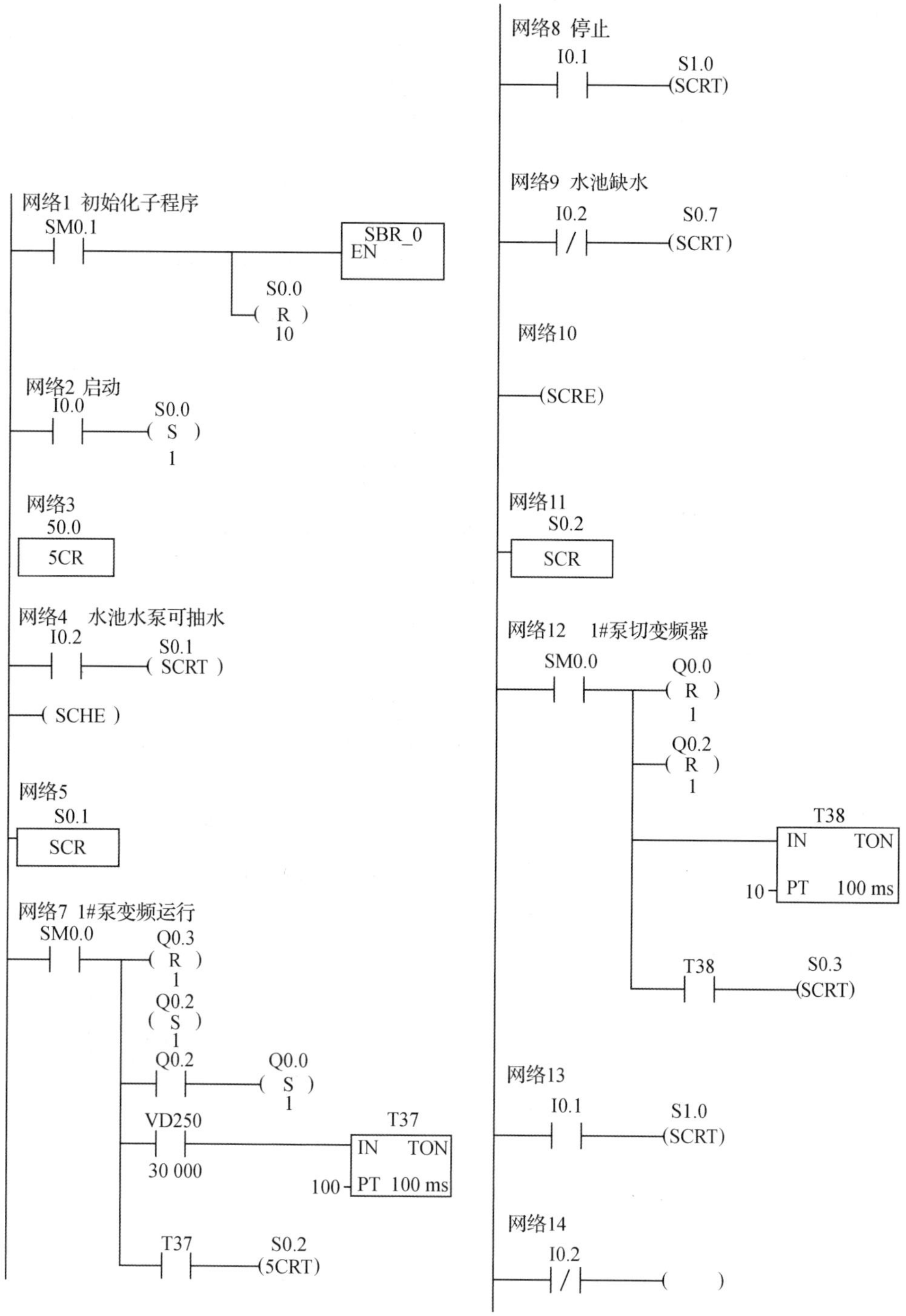

网络1 初始化子程序
SM0.1
SBR_0
EN
S0.0
R
10

网络2 启动
I0.0
S0.0
S
1

网络3
50.0
5CR

网络4　水池水泵可抽水
I0.2
S0.1
SCRT
SCHE

网络5
S0.1
SCR

网络7 1#泵变频运行
SM0.0
Q0.3
R
1
Q0.2
S
1
Q0.2
Q0.0
S
1
VD250
30 000
T37
IN TON
100 PT 100 ms
T37
S0.2
5CRT

网络8 停止
I0.1
S1.0
SCRT

网络9 水池缺水
I0.2
S0.7
SCRT

网络10
SCRE

网络11
S0.2
SCR

网络12　1#泵切变频器
SM0.0
Q0.0
R
1
Q0.2
R
1
T38
IN TON
10 PT 100 ms
T38
S0.3
SCRT

网络13
I0.1
S1.0
SCRT

网络14
I0.2
( )

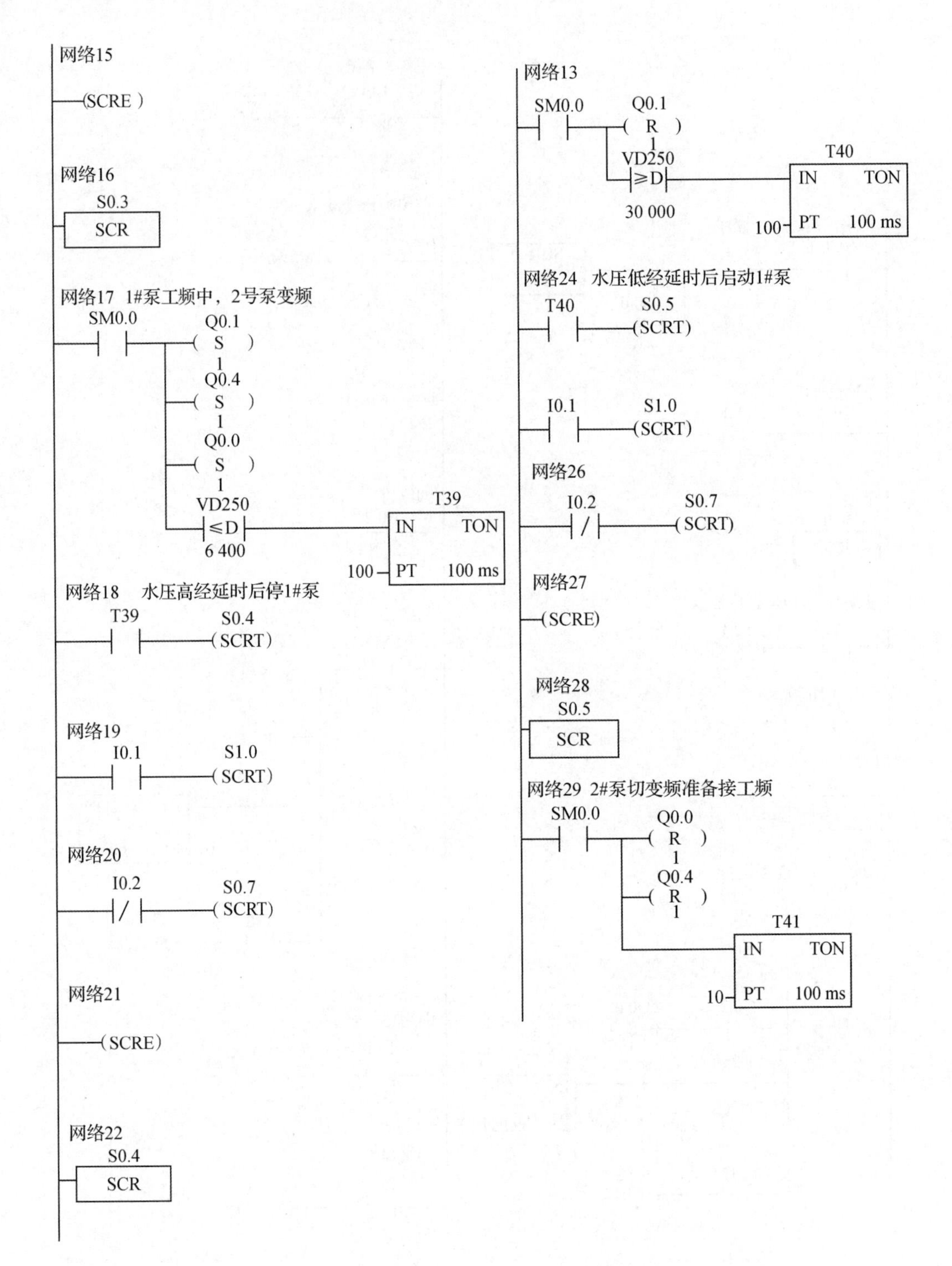
网络15
SCRE
网络16
S0.3
SCR
网络17 1#泵工频中，2号泵变频
SM0.0
Q0.1
S
1
Q0.4
S
1
Q0.0
S
1
VD250
≤D
6 400
T39
IN TON
100 PT 100 ms
网络18 水压高经延时后停1#泵
T39
S0.4
SCRT
网络19
I0.1
S1.0
SCRT
网络20
I0.2
S0.7
SCRT
网络21
SCRE
网络22
S0.4
SCR
网络13
SM0.0
Q0.1
R
1
VD250
≥D
30 000
T40
IN TON
100 PT 100 ms
网络24 水压低经延时后启动1#泵
T40
S0.5
SCRT
I0.1
S1.0
SCRT
网络26
I0.2
S0.7
SCRT
网络27
SCRE
网络28
S0.5
SCR
网络29 2#泵切变频准备接工频
SM0.0
Q0.0
R
1
Q0.4
R
1
T41
IN TON
10 PT 100 ms

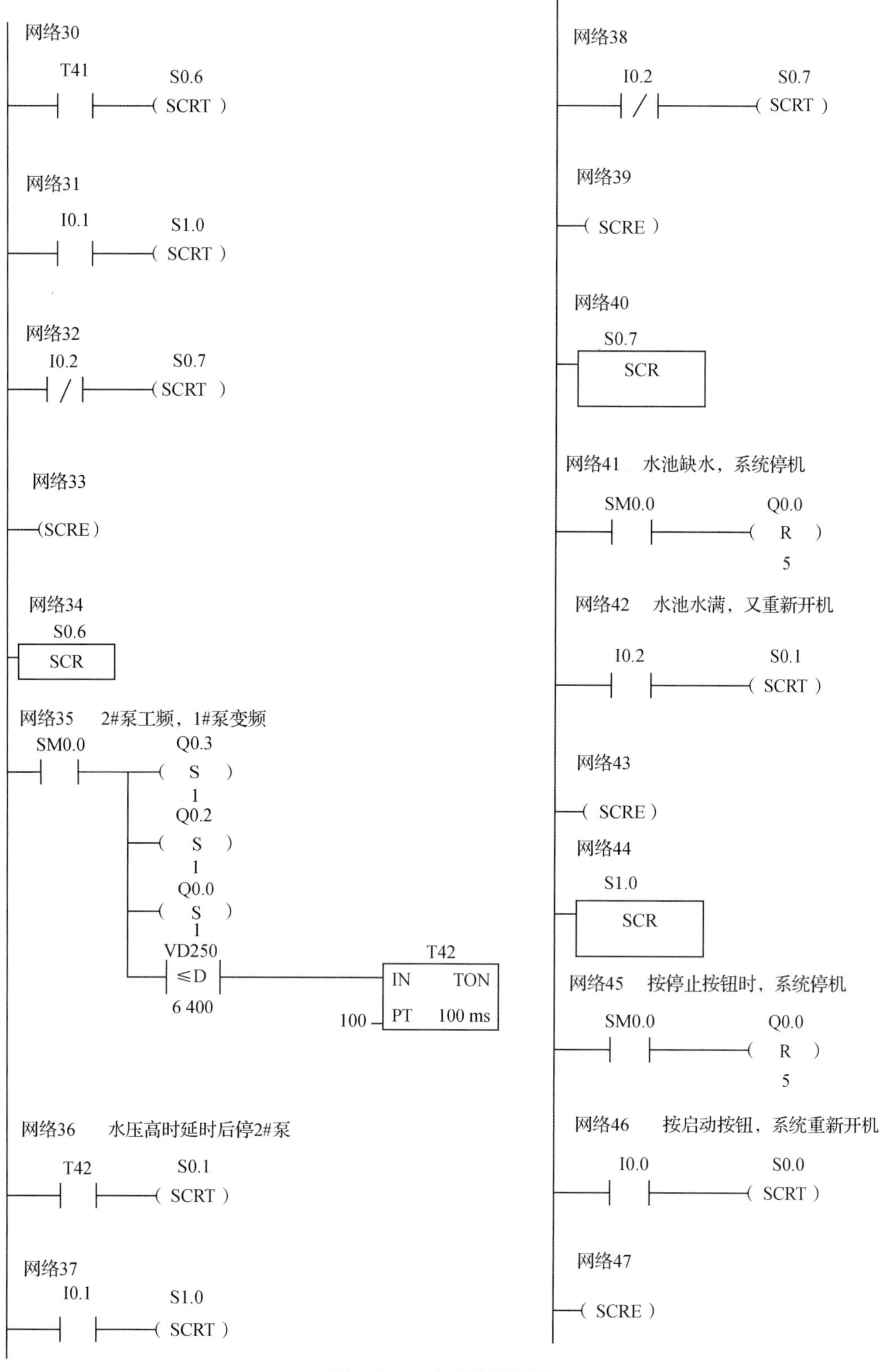

图 4-2-20　主程序梯形图

2. 子程序

子程序如图 4-2-21 所示。

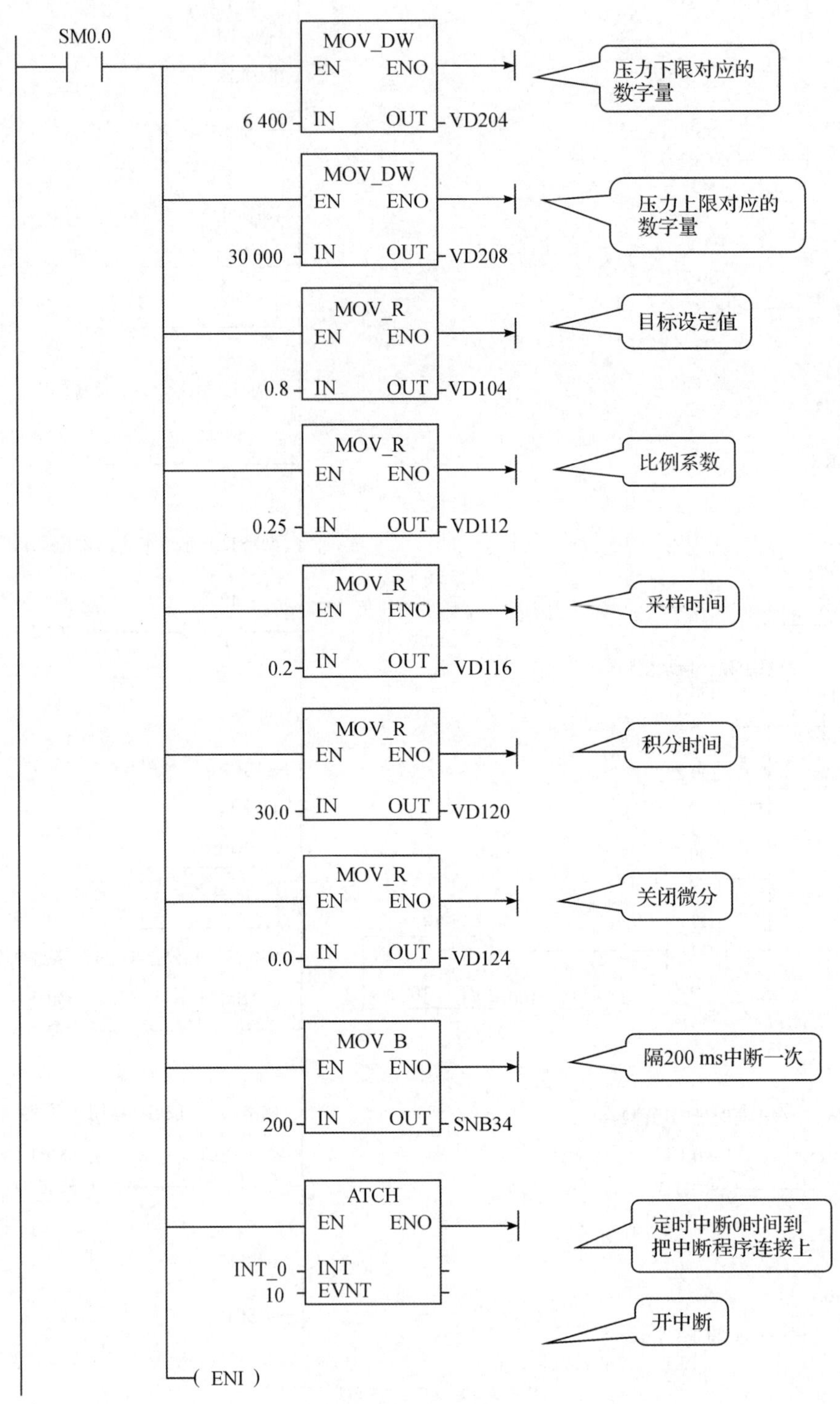

图 4-2-21　子程序

3. 中断程序

中断程序如图 4-2-22 所示。

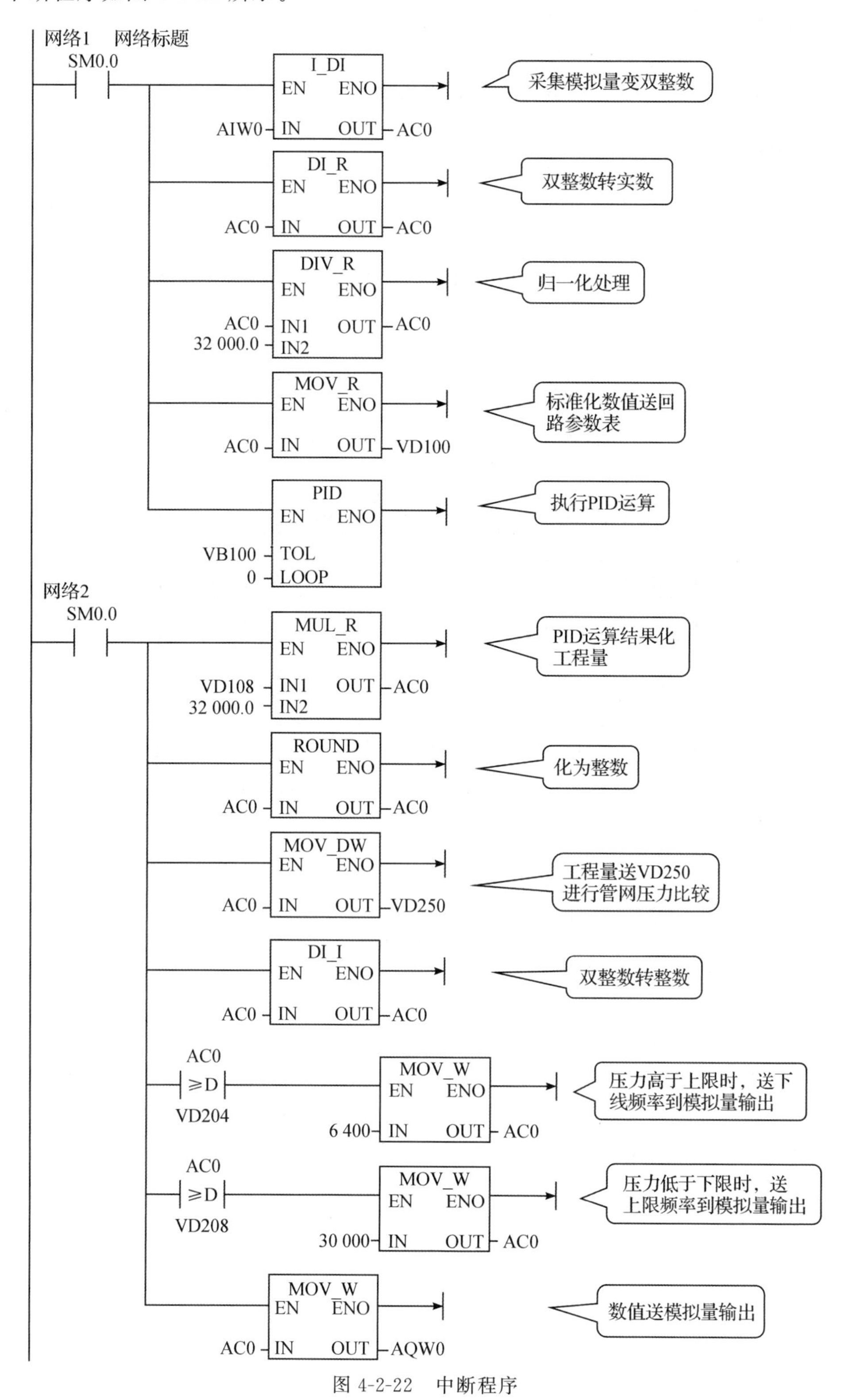

图 4-2-22　中断程序

五、运行调试程序

(1)根据PLC的I/O硬件接线图进行安装。
(2)下载程序,在线监控程序运行。
(3)针对程序运行情况,调试程序符合控制要求。

拓展知识

一、EM235CN模拟量模块

EM235CN模拟量输入/输出模块有4输入/1输出×12位,图4-2-23所示为EM235CN输出端子接线图模块。

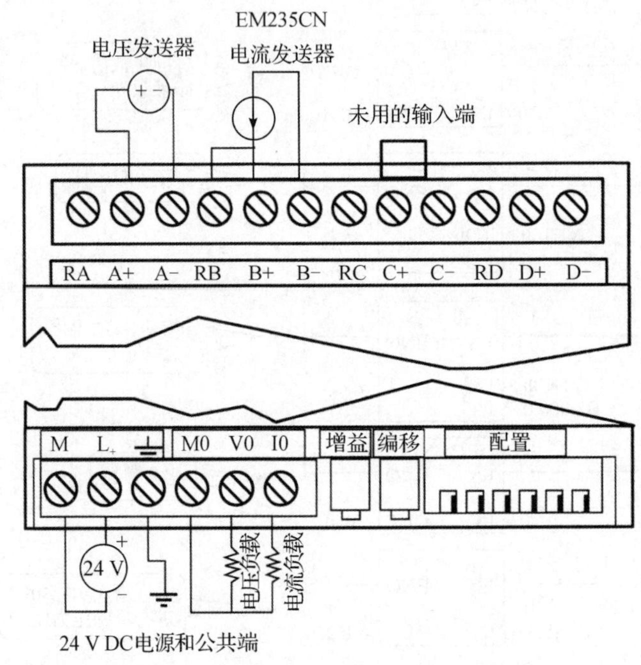

图4-2-23 EM235CN输出端子接线

二、EM235CN配置

表4-2-4所列为如何用DIP开关设置EM235CN模块,开关1到6可选择模拟量输入范围和分辨率,所有的输入设置成相同的模拟量输入范围和格式;表4-2-5所列为如何选择单/双极性(开关6)、增益(开关4和5)和衰减(开关1、2和3),表中ON为接通,OFF为断开。

表 4-2-4　EM235CN 选择模拟量输入范围和分辨率的开关表

单极性						满量程输入	分辨率
SW1	SW2	SW3	SW4	SW5	SW6		
ON	OFF	OFF	ON	OFF	ON	0 到 50 mV	12.5 μV
OFF	ON	OFF	ON	OFF	ON	0 到 100 mV	25 μV
ON	OFF	OFF	OFF	ON	ON	0 到 500 mV	125 μA
OFF	ON	OFF	OFF	ON	ON	0 到 1 V	250 μV
ON	OFF	OFF	OFF	OFF	ON	0 到 5 V	1.25 mV
ON	OFF	OFF	OFF	OFF	ON	0 到 20 mA	5 μA
OFF	ON	OFF	OFF	OFF	ON	0 到 10 V	2.5 mV
双极性						满量程输入	分辨率
SW1	SW2	SW3	SW4	SW5	SW6		
ON	OFF	OFF	ON	OFF	OFF	±25 mV	12.5 μV
OFF	ON	OFF	ON	OFF	OFF	±50 mV	25 μV
OFF	OFF	ON	ON	OFF	OFF	±100 mV	50 μV
ON	OFF	OFF	OFF	ON	OFF	±250 mV	125 μV
OFF	ON	OFF	OFF	ON	OFF	±500 mV	250 μV
OFF	OFF	ON	OFF	ON	OFF	±1 V	500 μV
ON	OFF	OFF	OFF	OFF	OFF	±2.5 V	1.25 mV
OFF	ON	OFF	OFF	OFF	OFF	±5 V	2.5 mV
OFF	OFF	ON	OFF	OFF	OFF	±10 V	5 mV

表 4-2-5　EM235CN 选择单/双极性、增益和衰减的开关表

EM235CN 开关						单/双极性选择	增益选择	衰减选择
SW1	SW2	SW3	SW4	SW5	SW6			
					ON	单极性		
					OFF	双极性		
			OFF	OFF			X1	
			OFF	ON			X10	
			ON	OFF			X100	
			ON	ON			无效	
ON	OFF	OFF						0.8
OFF	ON	OFF						0.4
OFF	OFF	ON						0.2

三、EM235CN 的校准和配置位置

图 4-2-24 所示为 EM235CN 的端子与 DIP 开关。

EM235CN
开关
1 2 3 4 5 6
DIP
ON
固定端子块
增益
偏置
DIP设定开关

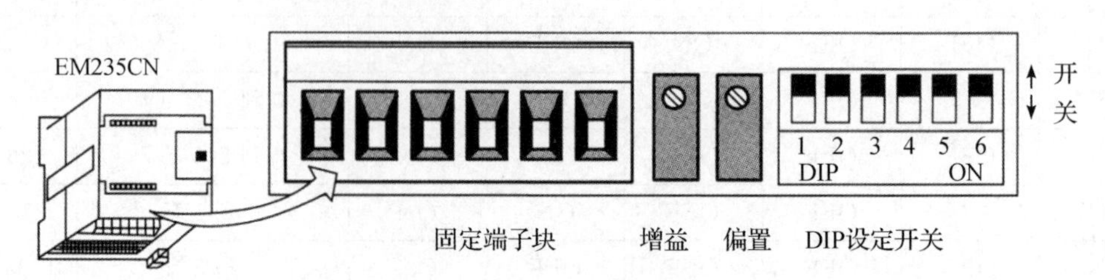

图 4-2-24　EM235CN 输出端子接线

四、EM235CN 输入数据字格式

图 4-2-25 所示为 CPU 中模拟量输入字中 12 位数据值的存放位置。

NSB
LSB
15
14
3
2
0
0
数据值12位
0
0
0
单极性数据
NSB
LSB
15
4
3
0
数据值12位
双极性数据

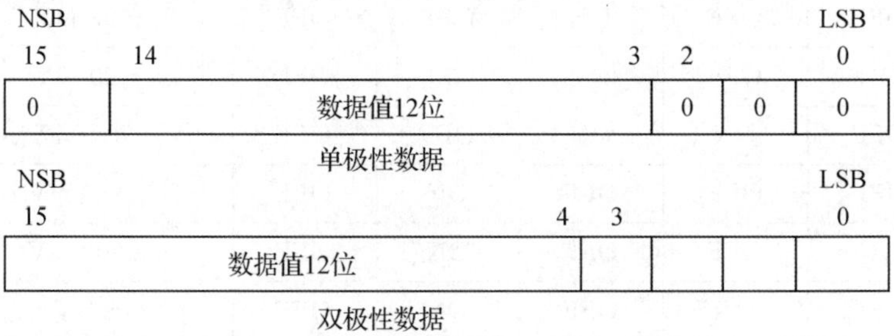

图 4-2-25　模拟量输入数据字格式

模拟量到数字量转换器(ADC)的 12 位读数,其数据格式是左端对齐的,最高有效位是符号位:0 表示是正值数据字,对单极性格式,3 个连续的 0 使得 ADC 计数数值每变化1 个单位则数据字以 8 为单位变化;对双极性格式,4 个连续的 0 使得 ADC 计数数值每变化1 个单位,则数据字以 16 为单位变化。

五、EM235CN 输出数据字格式

图 4-2-26 所示为 CPU 中模拟量输出字中 12 位数据值的存放位置。

NSB
LSB
15
14
3
2
0
0
数据值12位
0
0
0
电流输出数据格式
NSB
LSB
15
4
3
0
数据值12位
电压输出的数据格式

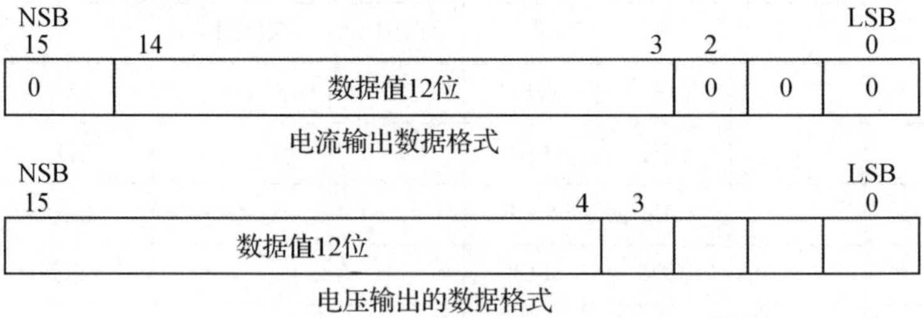

图 4-2-26　模拟量输出字格式

数字量到模拟量转换器(DAC)的 12 位读数,其输出数据格式是左端对齐的,最高有效

位:0 表示是正值数据字,数据在装载到 DAC 寄存器之前,4 个连续的 0 是被裁断的,这些位不影响输出信号值。

技能训练

一、技术要求

设计一个 PID 控制的恒压供水系统:

(1)共有两台水泵,按设计要求一台运行、一台备用,自动运行时泵运行累计 100 h 轮换一次,手动时不切换。

(2)两台水泵分别由 M1 和 M2 电动机拖动,电动机同步转速为 3 000 r/min,由 KM1 和 KM2 控制。

(3)切换后,启动和停电后启动须 5 s 报警,运行异常可自动切换到备用泵,并报警。

(4)PLC 采用 PID 调节指令,水压在 0～10 kg 时可调。

二、训练过程

(1)画 I/O 图。

(2)根据控制要求,设计梯形图程序。

(3)设定变频器参数,输入、调试程序。

(4)安装、运行控制系统。

(5)汇总整理文档,保留工程文件。

三、技能训练评价

技能训练评价见表 4-2-6。

表 4-2-6　技能训练评价

序号	主要内容	考核要求	评分标准	配分	扣分	得分
1	方案设计	根据控制要求,画出 I/O 分配表,设计梯形图程序,画出 PLC 的外部接线图	1. 输入/输出地址遗漏或错误,每处扣 1 分; 2. 梯形图表达不正确或画法不规范,每处扣 2 分; 3. PLC 的外部接线图表达不正确或画法不规范,每处扣 2 分; 4. 指令有错误,每个扣 2 分	30		
2	安装与接线	按 PLC 的外部接线图在板上正确接线,要求接线正确、紧固、美观	1. 接线不紧固、不美观,每根扣 2 分; 2. 接点松动,每处扣 1 分; 3. 不按接线图接线,每处扣 2 分	30		

续表

序号	主要内容	考核要求	评分标准	配分	扣分	得分
3	程序输入与调试	学会编程软件的基本操作，正确操作电脑开机和停机，并能正确地将程序输入 PLC，按动作要求进行模拟调试，最终达到控制要求	1. 不熟练操作电脑，扣 2 分； 2. 不会用删除、插入、修改等指令，每项扣 2 分； 3. 第一次试车不成功扣 5 分，第二次试车不成功扣 10 分，第三次试车不成功扣 20 分	30		
4	安全与文明生产	遵守国家相关专业的安全文明生产规程，遵守学校纪律、学习态度端正	1. 不遵守教学场所规章制度，扣 2 分； 2. 出现重大事故或人为损坏设备扣 10 分	10		
5	备注	电气元件均采用国家统一规定的图形符号和文字符号	由教师或指定学生代表负责依据评分标准评定	合计 100 分		
小组成员签名						
教师签名						

项目 5
PLC 通信网络的设计与调试

任务　两台 PLC 的主从通信

★教学导航

知识目标

①了解通信基础知识，了解 S7-200 的通信方式和支持的通信协议；

②理解 PPI 通信时的数据表含义；

③理解 S7-200PLC 的网络读写指令格式功能及编程。

能力目标

①会设置 PPI 通信的参数；

②能编写两台以上 S7-200PLC 的通信程序。

涵盖内容

S7-200 的通信方式，网络读写指令(网络读 NETR 和网络写 NETW)。

任务引入

两台 S7-200PLC(CPU226 和 CPU224)与上位机通过 RS-485 通信组成一个使用 PPI 协议的单主站通信网络。两台 S7-200PLC 站的地址分别设置为 CPU224 是 2 号，CPU226 是 3 号，2 号为主站，3 号为从站，上位机(计算机)地址是 0 号。要求用从机的 IB0 控制主机的 QB0，用主机的 IB0 控制从机的 QB0。

任务分析

两台 S7-200PLC 要进行通信，要做好两件事：一个是物理连接，另一个是通信协议。物理连接一般用网络连接器，通信协议主要是设置好通信参数。S7-200 在这里是用 PPI 通信协议(点对点接口)，要学习网络读/网络写指令。

知识链接

一、通信基本知识

数据通信就是将数据信息通过适当的传送线路从一台机器传送到另一台机器。这里的机器可以是计算机、PLC或具有数据通信功能的其他数字设备。

数据通信系统的任务是把地理位置不同的计算机和PLC及其他数字设备连接起来,高效率地完成数据的传送、信息交换和通信处理3项任务。数据通信系统一般由传送设备、传送控制设备和传送协议及通信软件等组成。

1. 基本概念

(1)并行传输与串行传输。若按照传输数据的时空顺序分类,数据通信的传输方式可以分为并行传输和串行传输两种。

并行传输是指通信中同时传送构成一个字或字节的多位二进制数据。而串行传输是指通信中构成一个字或字节的多位二进制数据是一位一位地被传送的。

(2)异步传输和同步传输。在异步传输中,信息以字符为单位进行传输。

异步传输的优点就是收、发双方不需要严格的位同步。所谓"异步",是指字符与字符之间的异步,字符内部为同步。

在同步传输中,不仅字符内部为同步,字符与字符之间也要保持同步。

同步传输的特点是可获得较高的传输速率,但实现起来较复杂。

(3)信号的调制和解调。串行通信通常传输的是数字量,这种信号包括从低频到高频极其丰富的谐波信号,要求传输线的频率很高。

而远距离传输时,为降低成本,传输线频带不够宽,使信号严重失真、衰减,常采用的方法是调制解调技术。

(4)传输速率。传输速率是指单位时间内传输的信息量,它是衡量系统传输性能的主要指标,常用波特率(Baud rate)表示。波特率是指每秒传输二进制数据的位数,单位是bit/s。

2. 通信协议

为了实现两设备之间的通信,通信双方必须对通信的方式和方法进行约定,否则双方无法接收和发送数据。接口的标准可以从两个方面进行理解:一是硬件方面(物理连接),也就是规定了硬件接线的数目、信号电平的表示及通信接头的形状等;二是软件方面(协议),也就是双方如何理解收或发数据的含义,如何要求对方传出数据等,一般把它称为通信协议。

图5-1所示为物理连接与通信协议图。

物理连接不一致

物理连接一致，协议不一致

物理连接一致，协议一致

图5-1　物理连接与通信协议

3. 串行通信接口标准

串行通信的接口与连线电缆是直观可见的，它们的相互兼容是通信得以保证的第一要求，因此串行通信的实现方法发展迅速，形式繁多，这里主要介绍 RS-232C 串行接口标准和 RS-485 接口标准。

RS-232C 的标准接插件是 25 针的 D 型连接器，但实际应用中并未将 25 个引脚全部用满，最简单的通信只需 3 根引线，最多的也不过用到 22 根。RS-232C 采用负逻辑，其不足主要表现在以下几点：

（1）传输速率不够快。

（2）传输距离不够远。

（3）电气性能不佳。

S7-200 系列 PLC 自带通信端口为西门子规定的 PPI 通信协议，而硬件接口为 RS-485 通信接口。

RS-485 只有一对平衡差分信号线用于发送和接收数据，使用 RS-485 通信接口和连接线路可以组成串行通信网络，实现分布式控制系统。网络中最多可以由 32 个子站（PLC）组成。为提高网络的抗干扰能力，在网络的两端要并联两个电阻，阻值一般为 120 Ω。RS-485 的通信距离可以达到 1 200 m。在 RS-485 通信网络中，每个设备都有一个编号用以区分，这个编号称为地址。地址必须唯一，否则会引起通信混乱。图 5-2 所示为 RS-485 组网接线示意图。

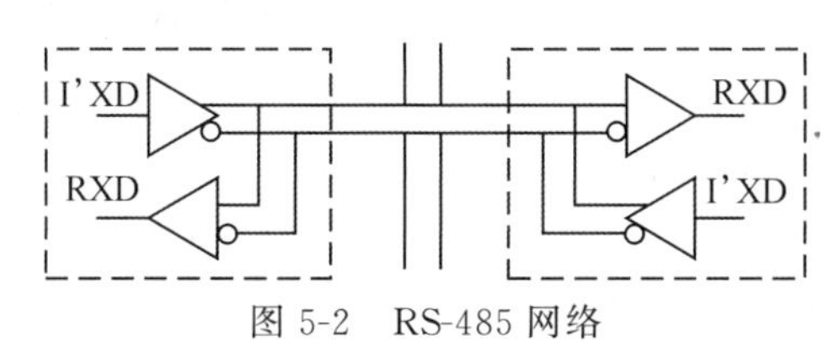

图 5-2　RS-485 网络

4. 通信方式

（1）单工通信方式。单工通信是指信息的传送始终保持同一个方向，而不能进行反向传送，如图 5-3(a)所示。其中 A 端只能作为发送端，B 端只能作为接收端。

（2）半双工通信方式。半双工通信是指信息流可以在两个方向上传送，但同一时刻只限于一个方向传送，如图 5-3(b)所示。

（3）全双工通信方式。全双工通信能在两个方向上同时发送和接收，如图 5-3(c)所示。

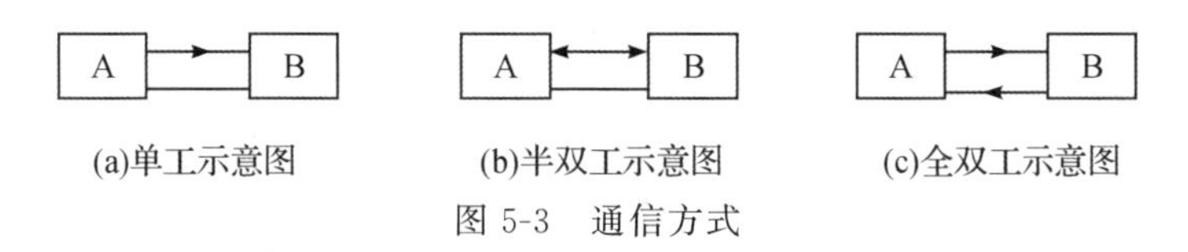

图 5-3　通信方式

5. 通信参数

对于串行通信方式，在通信时双方必须约定好线路上通信数据的格式，否则接收方无法接收数据。同时，为提高传输数据的准确性，还应该设定检验位，当传输的数据出错时，其可以指示出错误。

通信格式设置的主要参数有以下几个：

(1)波特率。由于是以位为单位进行传输数据的,因此必须规定每位传输的时间,一般用每秒传输多少位来表示。常用的有 1 200 kbit/s,2 400 kbit/s,4 800 kbit/s,9 600 kbit/s,19 200 kbit/s。

(2)起始位个数。开始传输数据的位,称为起始位。在通信之前,双方必须确定起始位的个数,以便协调一致。起始位数一般为 1。

(3)数据位数。一次传输数据的位数。当每次传输数据时,为提高数据传输的效率,一次不仅仅传输 1 位,而是传输多位,一般为 8 位,正好 1 个字节(1 B)。常见的还有 7 位,用于传输 ASCII 码。

(4)检验位。为了提高传输的可靠性,一般要设定检验位,以指示在传输过程中是否出错,一般单独占用 1 位。常用的检验方式有偶检验和奇检验,当然也可以不用检验位。

偶检验规定传输的数据和检验位中"1"(二进制)的个数必须是偶数,当个数不是偶数时,则说明数据传输出错。

奇检验规定传输的数据和检验位中"1"(二进制)的个数必须是奇数,当个数不是奇数时,则说明数据传输出错。

(5)停止位。当一次数据位传输完毕后,必须发出传输完成的信号,即停止位。停止位一般有 1 位、1.5 位和 2 位的形式。

(6)站号。在通信网络中,为了标示不同的站,必须给每个站一个唯一的表示符,称为站号。站号也可以称为地址。同一个网络中所有站的站号不能相同,否则会出现通信混乱的现象。

二、S7-200PLC 的通信

1. 网络部件

(1)通信口。西门子公司 PLC 的 CPU 模块上的通信口是与 RS-485 兼容的 9 针 D 型连接器,外形如图 5-4 所示。

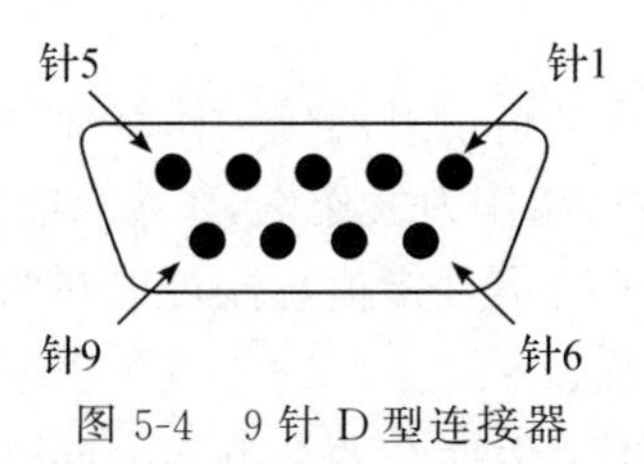

图 5-4 9 针 D 型连接器

将 S7-200 接入网络时,该端口一般是作为端口 1 出现的,作为端口 1 时端口各个引脚的名称及其表示的意义见表 5-1。

表 5-1 9 针 D 型连接器通信端口引脚

引脚	名称	端口 0/端口 1	引脚	名称	端口 0/端口 1
1	屏蔽	机壳地	6	+5 V	+5 V,100 Ω 串联电阻
2	24 V 返回	逻辑地	7	+24 V	+24 V
3	RS-485 信号 B	RS-485 信号 B	8	RS-485 信号 A	RS-485 信号 A

续表

引脚	名称	端口 0/端口 1	引脚	名称	端口 0/端口 1
4	发送申请	RTS(TTL)	9	不用	10 位协议选择（输入）
5	5 V 返回	逻辑地	连接器外壳	屏蔽	机壳接地

(2)网络连接器。利用西门子公司提供的两种网络连接器可以把多个设备很容易地连到网络中。两种连接器都有两组螺钉端子，可以连接网络的输入和输出。

一种连接器仅提供连接到 CPU 的接口，而另一种连接器增加了一个编程器接口。两种网络连接器还有网络偏置和终端偏置的选择开关，接在网络端部的连接器上的开关放在 ON 位置时，有偏置电阻和终端电阻；在 OFF 位置时，未接偏置电阻和终端电阻，如图 5-5 所示。图中 A，B 线之间是终端电阻 220 Ω，终端电阻可以吸收网络上的反射波，有效增强了信号的强度；偏置电阻是 390 Ω，用于在电气情况复杂时确保 A，B 信号的相对关系，保证了 0，1 信号的可靠性。

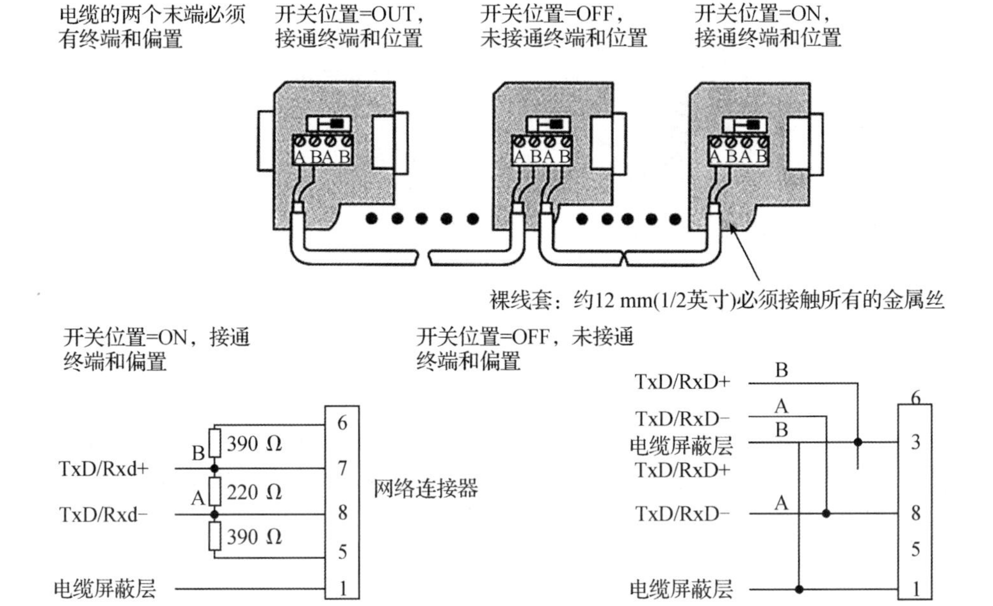

图 5-5　网络连接器

(3)通信电缆。通信电缆主要有网络电缆与 PC/PPI 电缆。

PROFIBUS 网络电缆的最大长度取决于通信的波特率和电缆的类型，且网络电缆越长传输速度越低。

PC/PPI 电缆一端的 RS-485 端口，用来连接 PLC 主机；另一端是 RS-232 标准接口，用于连接计算机等设备。

PC/PPI 电缆上的 DIP 开关用来设置波特率、传送字符数据格式和设备模式。DIP 开关设置与波特率的关系见表 5-2。

表 5-2 DIP 开关设置与波特率的关系

开关 1,2,3	传输速率/ ($bit \cdot s^{-1}$)	转换时间/ s	开关 1,2,3	传输速率/ ($bit \cdot s^{-1}$)	转换时间/ s
000	38 400	0.5	100	2 400	7
001	19 200	1	101	1 200	14
010	9 600	2	110	600	28
011	4 800	4			

2. S7-200PLC 的通信方式

S7-200 的通信功能强大,有多种通信方式可供用户选择。

(1)单主站方式。一台编程站(主站)通过 PPI 电缆与 S7-200CPU(从站)通信,人机界面(HMI 如触摸屏、TD200)也可以作为主站,单主站与一个或多个从站相连,如图 5-6 所示。

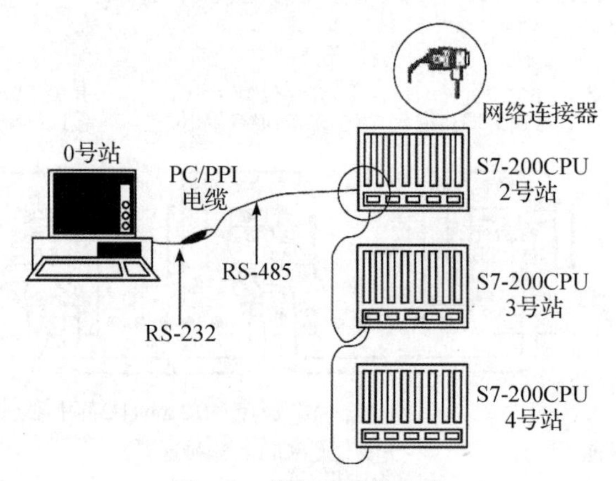

图 5-6 单主站通信方式

(2)多主站方式。PC 机,TD200,HMI 是通信网络中的主站,多主站方式如图 5-7 所示;PC 机,HMI 可以对任意 S7-200CPU 从站读写数据,PC 机和 HMI 共享网络。同时,S7-200CPU 之间使用网络读写指令相互读写数据。

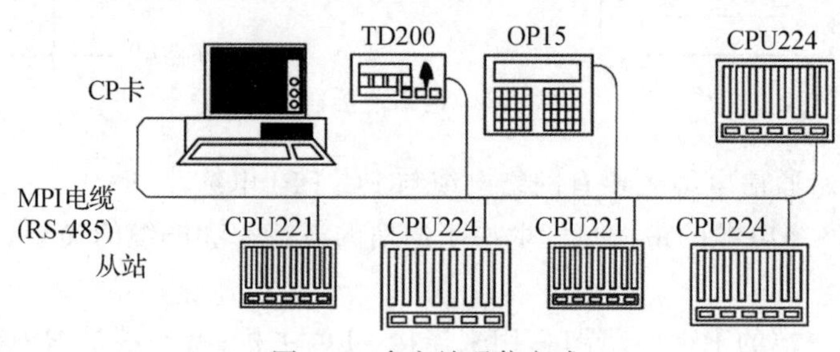

图 5-7 多主站通信方式

3. 通信协议

S7-200CPU 支持以下 5 种通信协议。

(1)PPI 协议。PPI 通信协议(点对点接口)是一种主-从协议,即主站设备发送要求到从

站,从站设备响应。

PPI 通信协议用于 S7-200CPU 与编程计算机之间、S7-200CPU 之间、S7-200CPU 与 HMI(人机界面)之间的通信。在此模式下,可以使用网络读写指令读写其他设备中的数据。

(2)MPI 协议。进行网络通信的 MPI 协议(多点接口)允许主/主和主/从两种通信方式,选择何种方式依赖于设备类型。S7-200CPU 只能作为 MPI 从站,S7-300/400 作为主站,可以用 XGET/XPUT 指令来读写 S7-200 的 V 存贮区。

(3)PROFIBUS 协议。PROFIBUS 协议通常用于实现与分布式 I/O 设备的高速通信,有一个主站和若干个 I/O 从站。S7-200CPU 需通过 EM277PROFIBUS-DP 模块接入 PROFIBUS 网络。

(4)TCP/IP 协议。S7-200 配备了以太网模块 CP243-1 后,支持 TCP/IP 以太网协议。

(5)用户定义的协议。在自由端口模式下,由用户自定义与其他串行通信设备的通信协议。自由端口模式使用接受中断、发送中断、字符中断、发送指令和接收指令,以实现 S7-200CPU 通信口与其他设备的通信。当处于自由口模式时,通信协议完全由梯形图程序控制。

三、S7-200PLC 网络读/网络写指令

网络读/网络写指令用于多个 S7-200PLC 之间的通信。网络读/网络写指令格式,如图 5-8 所示。

S7-200CPU 提供了网络读写指令,用于 S7-200CPU 之间的通信。网络读写指令只能由在网络中充当主站的 PLC 执行,从站 PLC 不必做通信编程,只需准备通信数据。主站可以对 PPI 网络中的其他任何 PLC(包括主站)进行网络读写。

1. 网络读指令

网络读指令如图 5-8(a)所示,当 EN 为 ON 时,执行网络通信命令,初始化通信操作,通过指定端口(PORT)从远程设备上读取数据并存储在数据表(TBL)中。NETR 指令最多可以从远程站点上读取 16 个字节。

PORT 指定通信端口,如果只有一个通信端口,那么此值必须为 0;有两个通信端口时,此值可以是 0 或 1,且分别对应两个通信端口。

2. 网络写指令

网络写指令如图 5-8(b)所示,当 EN 为 ON 时,执行网络通信命令,初始化通信操作,并通过指定端口(PORT)向远程设备发送数据表(TBL)中的数据。

PORT 指定通信端口,如果只有一个通信端口,则此值必须为 0;有两个通信端口时,此值可以是 0 或 1,且分别对应两个通信端口。

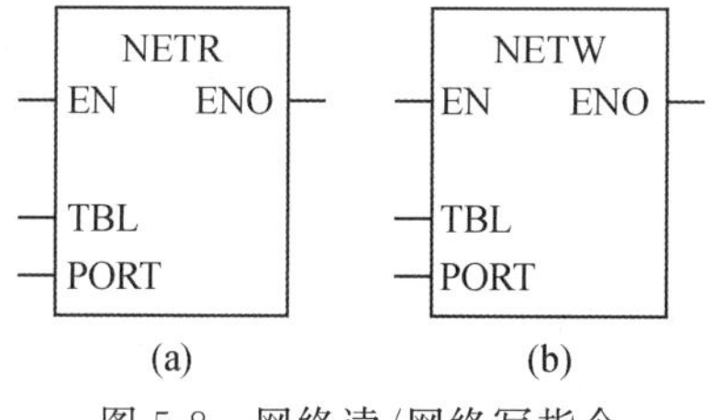

图 5-8　网络读/网络写指令

说明：

(1)同一个 PLC 的用户程序中可以有任意条网络读写指令，但同一时刻最多只能有 8 条网络读指令或写指令激活。

(2)在 SIMATICS7 的网络中，S7-200PLC 被默认为 PPI 的从站，要执行网络读写指令，必须用程序把 PLC 设置为 PPI 主站模式。

(3)通过设置 SMB30 或 SMB130 低两位，使其取值 2＃10，将 PLC 的通信端口 0 或通信端口 1 设定工作于 PPI 主站模式，就可以执行网络读写指令。

3. 数据表(TBL)

数据表(TBL)格式 S7-200 执行网络读写指令时，PPI 主站与从站之间的数据以数据表的格式传送。数据表的参数定义见表 5-3。

表 5-3　数据表(TBL)

<table>
<tr><th>字节
偏移量</th><th>名称</th><th colspan="8">描述</th></tr>
<tr><td>0</td><td>状态字节</td><td>D</td><td>A</td><td>E</td><td>O</td><td>E1</td><td>E2</td><td>E3</td><td>E4</td></tr>
<tr><td>1</td><td>远程站地址</td><td colspan="8">被访问网络的 PLC 从站地址</td></tr>
<tr><td>2
3
4
5</td><td>指向远程站
数据区的指针</td><td colspan="8">存放被访问数据 N(I,Q,M 和 V 数据区)的首地址</td></tr>
<tr><td>6</td><td>数据长度</td><td colspan="8">远程站上被访问数据区的长度</td></tr>
<tr><td>7</td><td>数据字节 0</td><td colspan="8" rowspan="4">对 NETR 指令执行后，从远程站读到的数据存放到这个区域；
对 NETW 指令执行前，要发送到远程站的数据存放到这个区域</td></tr>
<tr><td>8</td><td>数据字节 1</td></tr>
<tr><td>…</td><td>…</td></tr>
<tr><td>22</td><td>数据字节 15</td></tr>
</table>

注：状态字节各位的含义如下所述：

D 位表示操作完成位，0，未完成；1，已完成。

A 位表示操作是否有效，0，无效；1，有效。

E 位表示是否有错误信息，0 无错误；1 有错误。

E1，E2，E3，E4 位为错误码，如执行读写指令后，E 位为 1(有错误)，则由这 4 位返回一个错误码。

任务实施

一、网络连接

前面任务提到的两台 S7-200PLC(CPU226 和 CPU224)与上位机通过 RS-485 通信组成一个使用 PPI 协议的单主站通信网络，图 5-9 所示为它们的 PPI 网络，其中计算机为主站(站 0)，两台 S7-200 系列 PLC 与装有编程软件的计算机通过 RS-485 通信接口和网络连接

器组成一个使用 PPI 协议的单主站通信网络。用双绞线分别将连接器的两个 A 端子连在一起，两个 B 端子连在一起。

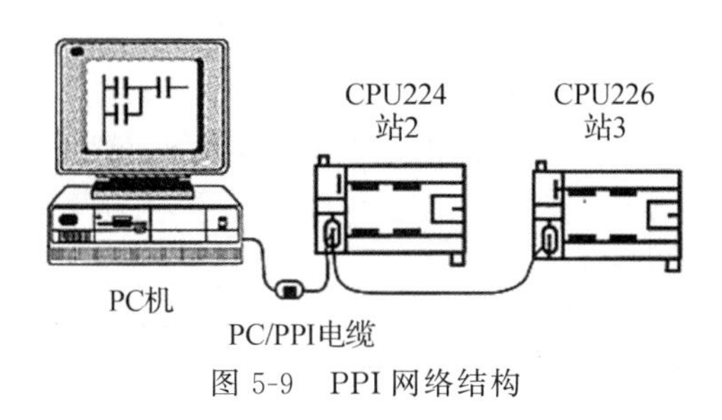

图 5-9　PPI 网络结构

其中一台连接器带有编程接口，连接 PC/PPI 电缆(若无网络连接器则可使用普通的 9 针D 型连接器来代替)。

用 PC/PPI 电缆分别单独连接各台 PLC，在编程软件中通过"系统块"分别将地址设置为 2 和 3，并下载到 CPU，完成硬件的连接与设置。

二、设置数据缓冲区

在 RUN 方式下，CPU224(站 2)在应用程序中允许 PPI 主站模式，可以利用 NETR 和 NETW 指令来不断读写 CPU226(站 3)中的数据。CPU224 数据缓冲区设置见表 5-4。

在这一网络通信中，CPU224(站 2)是主站，需要设计通信程序；CPU226(站 3)是从站，不需要设计通信程序。

三、设计梯形图

主站对应的梯形图如图 5-10 所示。

网络读指令可以这样理解：

IB0(从站)状态→VB107→QB0(主站)。

网络写指令可以这样理解：

IB0(主站)状态→VB117→QB0(从站)。

四、运行调试程序

(1)下载程序，在线监控程序运行。

(2)针对程序运行情况，调试程序符合控制要求。

知识拓展

网络读写命令的使用向导：除了自己编写程序外，还可以利用 SETP7-Micro/WIN 提供的向导功能，由向导编写好程序，用户只要直接使用其程序即可。以下面的任务为例，讲解如何利用向导完成任务。

任务：用主机(2＃)的 I0.0，I0.1 控制远程机(3＃)的 Q0.0 启停；用远程机(3＃)的 I0.0，I0.1 控制主机(2＃)的 Q0.0 启停。

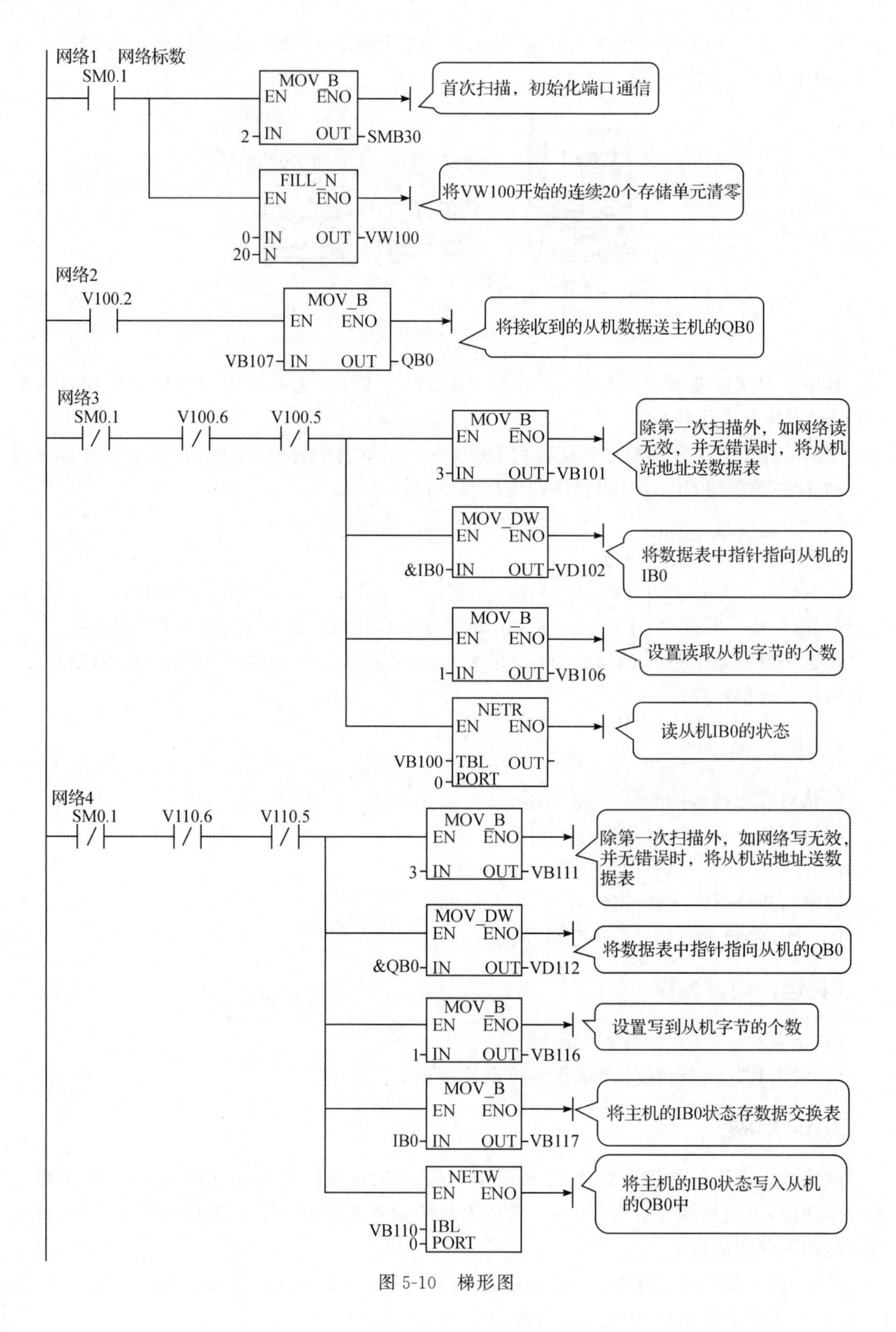

网络1 网络标数
SM0.1
MOV_B
EN ENO
2-IN OUT-SMB30
首次扫描，初始化端口通信
FILL_N
EN ENO
0-IN OUT-VW100
20-N
将VW100开始的连续20个存储单元清零
网络2
V100.2
MOV_B
EN ENO
VB107-IN OUT-QB0
将接收到的从机数据送主机的QB0
网络3
SM0.1
V100.6
V100.5
MOV_B
EN ENO
3-IN OUT-VB101
除第一次扫描外，如网络读无效，并无错误时，将从机站地址送数据表
MOV_DW
EN ENO
&IB0-IN OUT-VD102
将数据表中指针指向从机的IB0
MOV_B
EN ENO
1-IN OUT-VB106
设置读取从机字节的个数
NETR
EN ENO
VB100-TBL OUT
0-PORT
读从机IB0的状态
网络4
SM0.1
V110.6
V110.5
MOV_B
EN ENO
3-IN OUT-VB111
除第一次扫描外，如网络写无效，并无错误时，将从机站地址送数据表
MOV_DW
EN ENO
&QB0-IN OUT-VD112
将数据表中指针指向从机的QB0
MOV_B
EN ENO
1-IN OUT-VB116
设置写到从机字节的个数
MOV_B
EN ENO
IB0-IN OUT-VB117
将主机的IB0状态存数据交换表
NETW
EN ENO
VB110-IBL
0-PORT
将主机的IB0状态写入从机的QB0中

图 5-10 梯形图

一、主机(2#)设置

1. 通信设置

主机(2#)通信设置如图5-11所示。

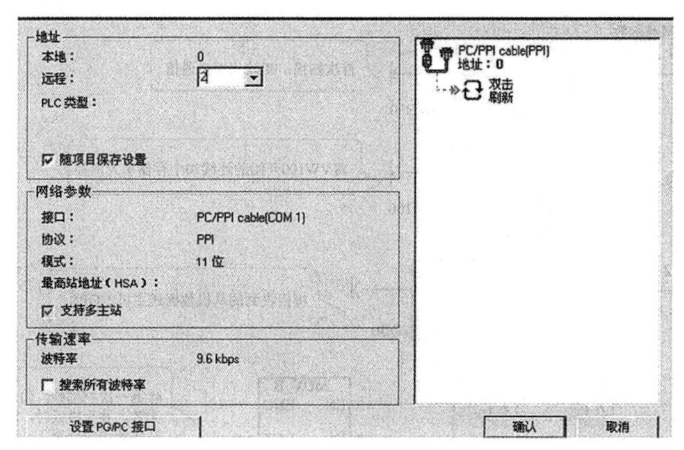

图5-11　主机(2#)通信设置

2. 系统块设置

主机系统块设置如图5-12所示。

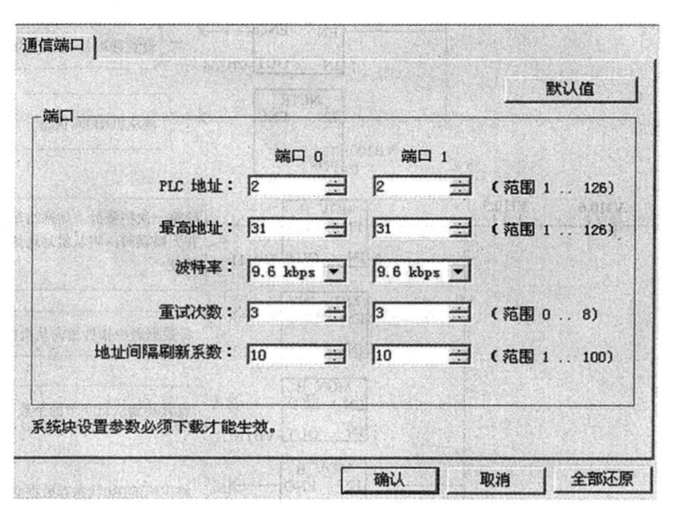

图5-12　主机系统块设置

参数设置完成后将数据下载到2#PLC中去。

二、从机(3#)设置

1. 通信设置

从机3#通信设置如图5-13所示。

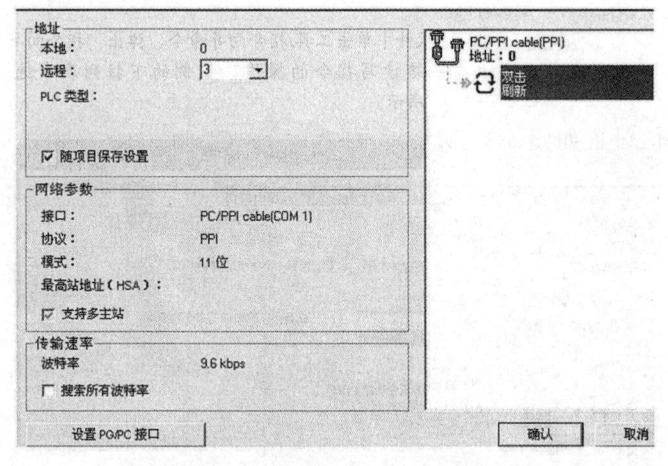

图 5-13　从机(3＃)通信设置

2. 系统块设置

从机系统块设置如图 5-14 所示。

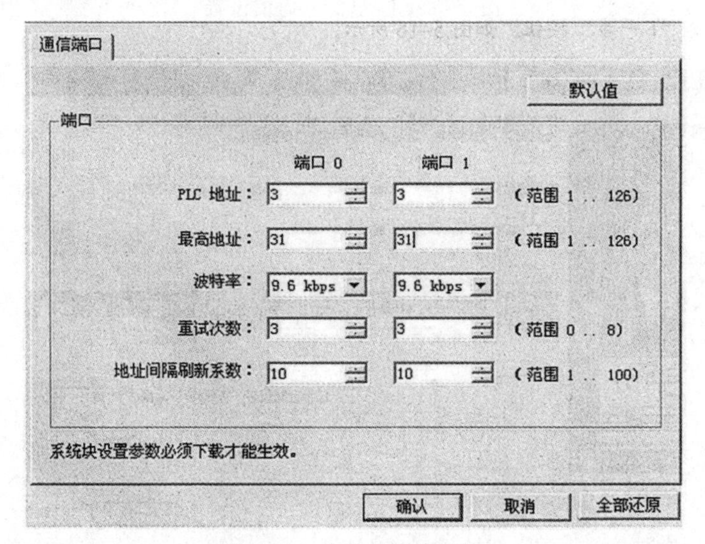

图 5-14　从机系统块设置

参数设置完成后将数据下载到 3＃PLC 中去。

三、网络读写命令使用向导

(1)在 SETP7-Micro/WIN 软件中单击“工具”/“指令向导”命令，弹出“指令向导”的对话框，在“配置多项网络读写指令的操作”左侧的下拉列表中选择“NETR/NETW”选项，如图 5-15 所示。

(2)因为程序中有读和写两个操作，所以网络读/写操作的项数值为 2，设置好后，单击“下一步”按钮，如图 5-16 所示。

(3)选择 PLC 的通信端口，向导会自动生成子程序，子程序名用 NET_EXE，如图 5-17 所示。

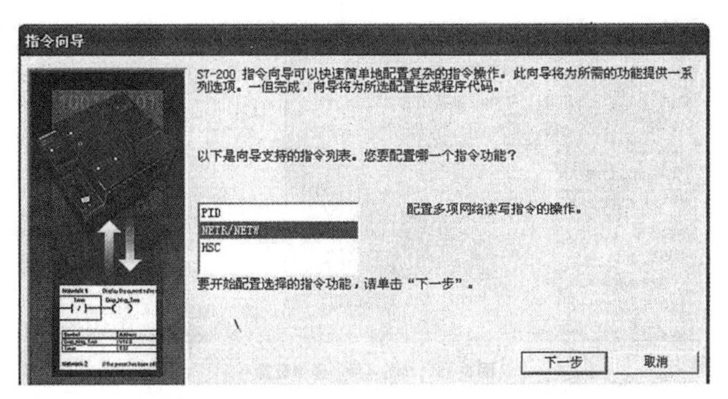

图 5-1-15　选择“NETR/NETW”选项

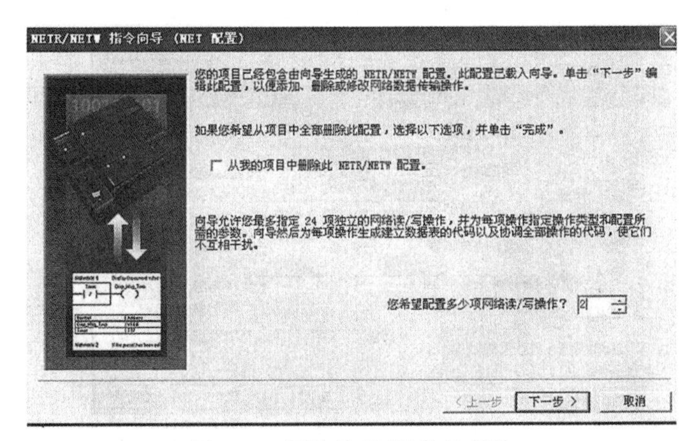

图 5-16　网络读/写操作的项数

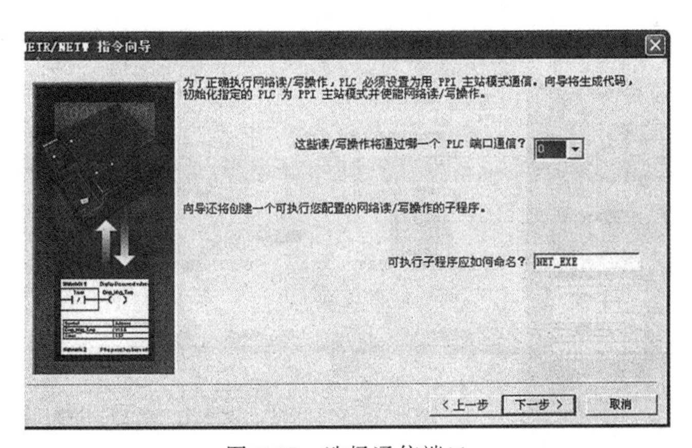

图 5-17　选择通信端口

(4)配置网络读指令，远程地址是 3，从远程 PLC 的 VB0 读数据，存在本地的 VB0 处，单击“下一步”按钮，如图 5-18 所示。

(5)配置网络写指令，把本地 PLC 的 VB10 数据写入远程 PLC 的 VB10 处，如图 5-19 所示。

(6)生成的子程序要使用一定数量的、连续的存储区，本项目中提示要用 18 个字节的存储区，向导只要求设定连续存储区的起始位置即可，但是一定要注意，存储区必须是其他程

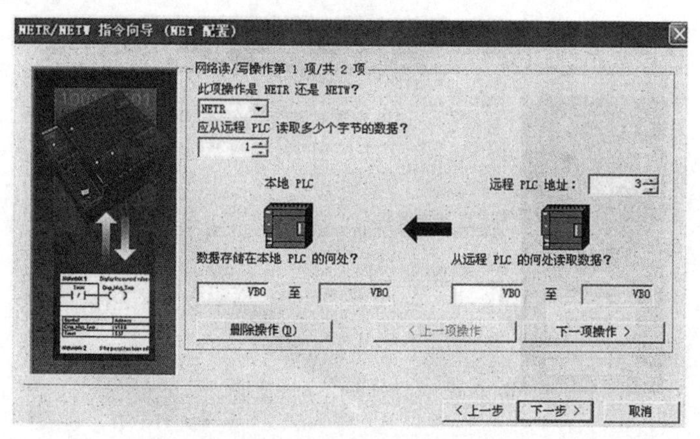

图 5-18　网络读数据

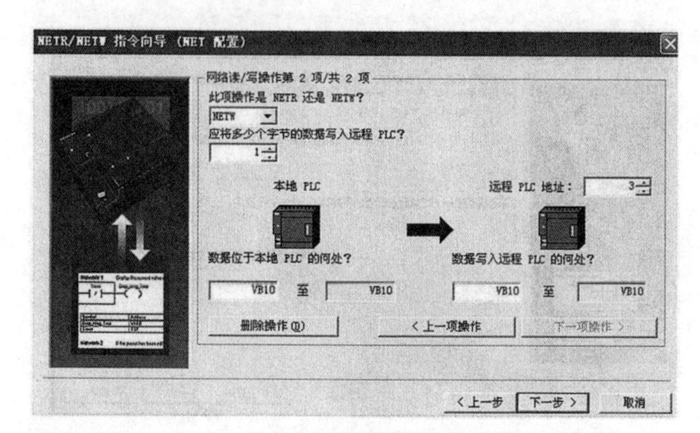

图 5-19　网络写数据

序中没有使用的，否则程序将无法正常运行。设定好存储区起始位置后，如图 5-20 所示，单击“下一步”按钮。

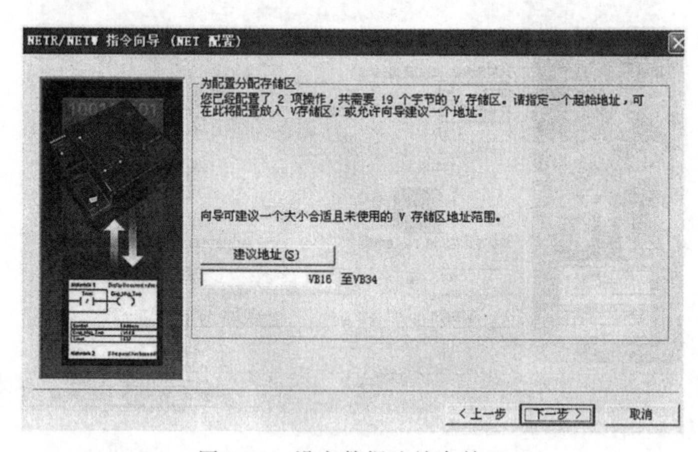

图 5-20　设定数据连续存储区

(7)在图 5-21 所示的对话框中，可以为此向导单独起一个名字，使其与其他的网络读写命令向导区分开。如果要监视此子程序中读写网络命令执行的情况，请记住“全局符号表”的名称。

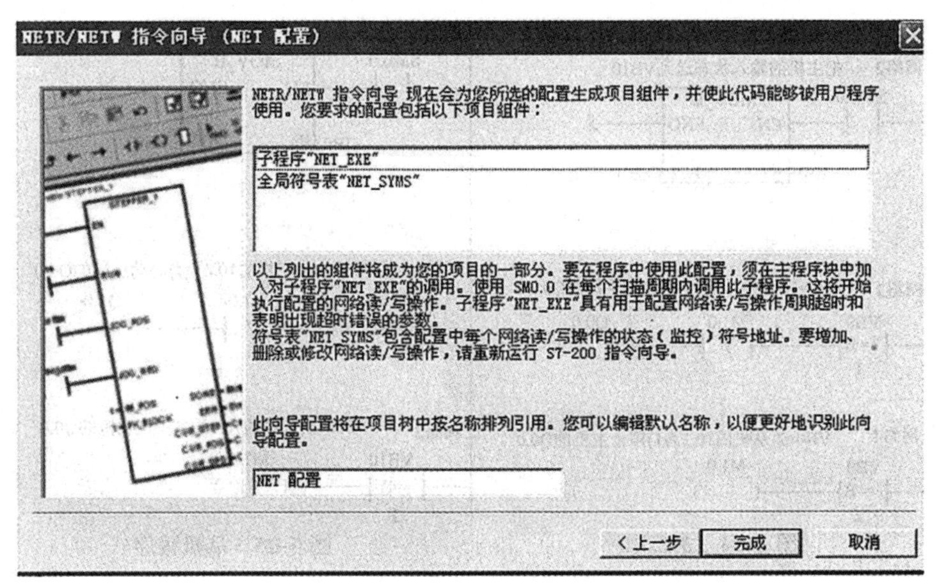

图 5-21　向导名称

(8)单击"是"按钮退出向导，此时程序中会自动产生一个子程序，此项目中子程序的名称为 NET_EXE，如图 5-22 所示。

(9)当调用子程序时，还必须给子程序设定相关的参数。网络读写子程序如图 5-23 所示，EN 为 ON 时子程序才会执行，程序要求必须用 SM0.0 控制。Timeout 用于时间控制，以秒为单位设置，当通信的时间超出设定时间时，会给出通信错误信号，即位 Error 为 ON。Cycle 是一个周期信号，如果子程序运行正常，就会发出一个 ON(1)和 OFF(0)之间跳变的信号。Error 为出错标志，当通信出错或超时的时候，此信号为 ON(1)。

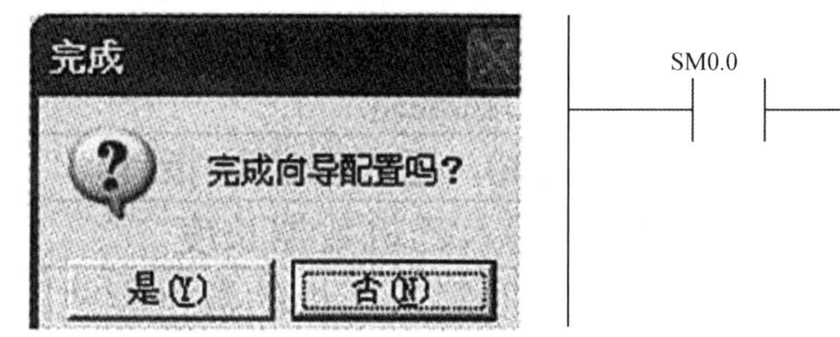

图 5-22　退出向导

图 5-23　子程序设定通信的参数

四、PLC 程序

主机程序如图 5-24 所示，从机程序如图 5-25 所示。

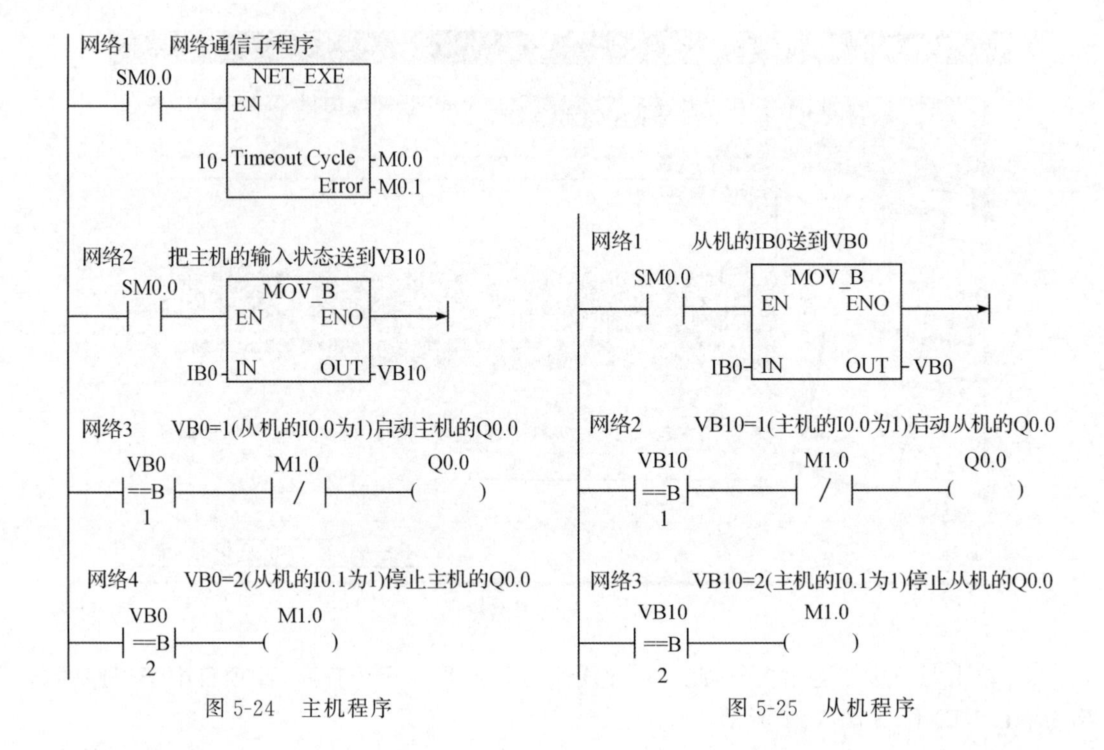

图 5-24 主机程序　　图 5-25 从机程序

技能拓展

两台 PLC 通信，一开机，甲 PLC 的 Q0.0～Q0.7 控制的 8 个彩灯每隔 1 s 依次亮，接着乙 PLC 控制的 8 个彩灯每隔 1 s 依次亮，然后甲 PLC 控制的 8 个彩灯每隔 1 s 依次亮，不断循环。

一、设置数据缓冲区

数据缓冲区设置见表 5-4。

表 5-4 数据缓冲区设置

接收数据缓冲区(网络读)		发送数据缓冲区(网络写)	
VB100	网络指令执行状态	VB110	网络指令执行状态
VB101	3，乙机地址	VB111	3，乙机地址
VD102	&QB0，乙机数据区指针值	VD112	&MB0，乙机数据区指针值
VB106	1，读乙机数据长度	VB116	1，写入乙机数据长度
VB107	读乙机数据存放区	VB117	甲机要写入乙机的数据存放区

二、编写程序梯形图

1. 甲机程序

甲机程序如图 5-26 所示。

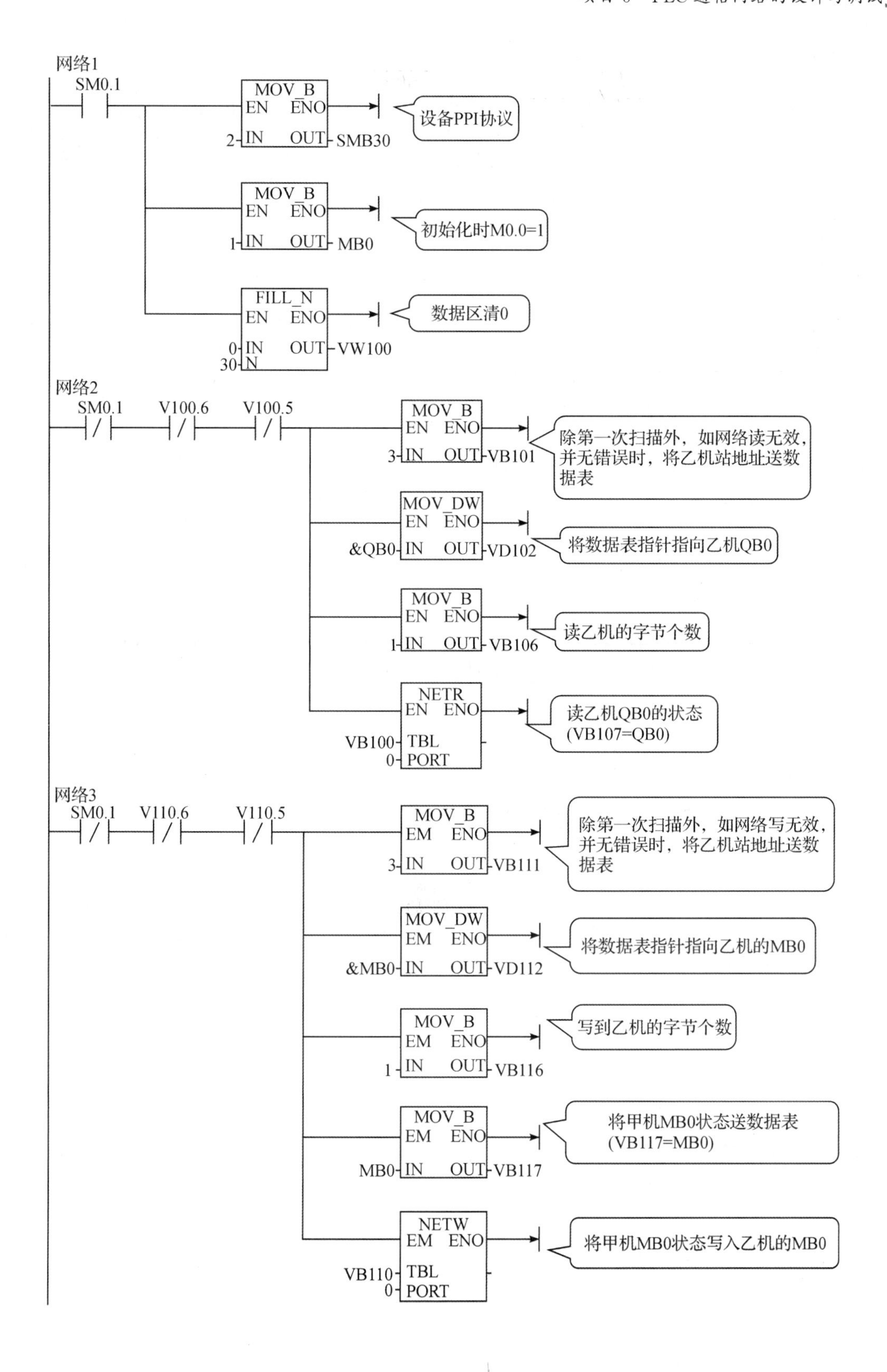
网络1
SM0.1
MOV_B
EN ENO
2-IN OUT-SMB30
设备PPI协议
MOV_B
EN ENO
1-IN OUT-MB0
初始化时M0.0=1
FILL_N
EN ENO
0-IN OUT-VW100
30-N
数据区清0
网络2
SM0.1 V100.6 V100.5
MOV_B
EN ENO
3-IN OUT-VB101
除第一次扫描外，如网络读无效，并无错误时，将乙机站地址送数据表
MOV_DW
EN ENO
&QB0-IN OUT-VD102
将数据表指针指向乙机QB0
MOV_B
EN ENO
1-IN OUT-VB106
读乙机的字节个数
NETR
EN ENO
VB100-TBL
0-PORT
读乙机QB0的状态
(VB107=QB0)
网络3
SM0.1 V110.6 V110.5
MOV_B
EM ENO
3-IN OUT-VB111
除第一次扫描外，如网络写无效，并无错误时，将乙机站地址送数据表
MOV_DW
EM ENO
&MB0-IN OUT-VD112
将数据表指针指向乙机的MB0
MOV_B
EM ENO
1-IN OUT-VB116
写到乙机的字节个数
MOV_B
EM ENO
MB0-IN OUT-VB117
将甲机MB0状态送数据表
(VB117=MB0)
NETW
EM ENO
VB110-TBL
0-PORT
将甲机MB0状态写入乙机的MB0

网络4
SM0.5
P
M2.0
SHRB
EN ENO
V107.7 DATA
M0.0 S_BIT
8 N
在M2.0不得电时，MB0中8位数据每1 s向高位移动(初始开机时，由M0.0置1，待M0.7移出后停止移位，直到乙机的Q0.7得电，使V107.7得电又开始移位)
网络5
M0.7
N
V107.7
M2.0
将MB0移位过程送到QB0显示
网络6
SM0.0
MOV_B
EN ENO
MB0 IN OUT QB0

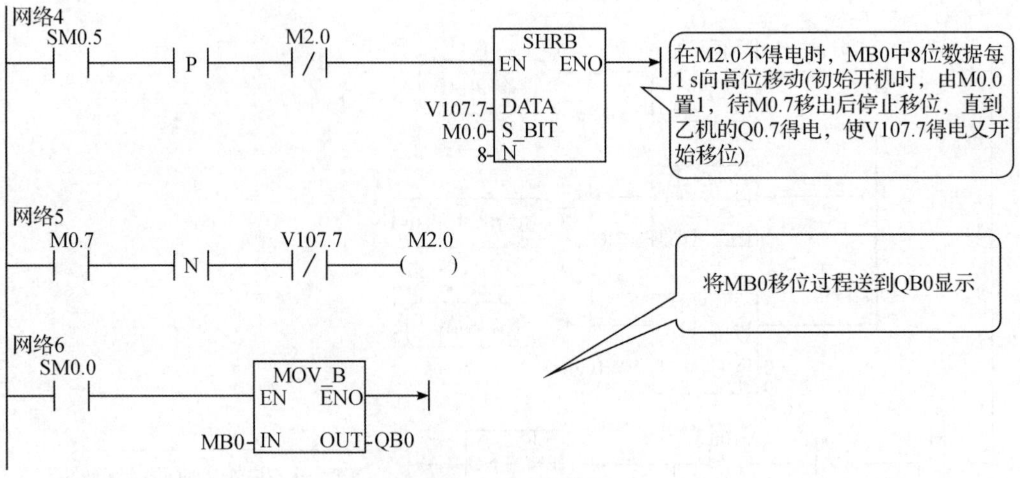

图 5-26　甲机程序

2. 乙机程序

乙机程序如图 5-1-27 所示。

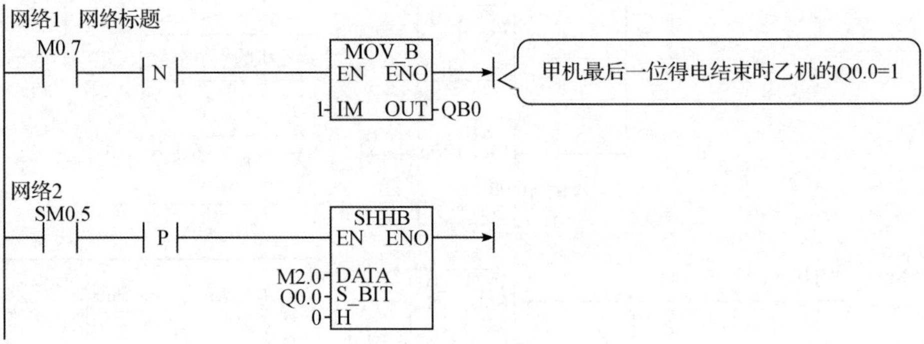

网络1 网络标题
M0.7
N
MOV_B
EN ENO
1 IM OUT QB0
甲机最后一位得电结束时乙机的Q0.0=1
网络2
SM0.5
P
SHHB
EN ENO
M2.0 DATA
Q0.0 S_BIT
0 H

图 5-1-27　乙机程序

技能训练

一、控制要求

两台 PLC 通信，一台 PLC 是 2 号，为主站；另一台 PLC 是 3 号，为从站；其中从站对 I0.0 的通断不断计数，并存放在 VB300 中，主站通过通信端口不断读取从站 VB300 中的计数值，当计数值达到 8 时，主站通过通信端口对其清 0。

二、训练要求

(1)设置读写数据缓冲区。

(2)编写主站、从站的程序。

(3)设置两台 PLC 的通信参数并分别下载。

(4)上机操作、调试程序使其达到控制要求。

三、技能训练评价表

技能训练评价见表5-5。

表5-5　技能训练评价

序号	主要内容	考核要求	评分标准	配分	扣分	得分
1	方案设计	根据控制要求，画出I/O分配表，设计梯形图程序，画出PLC的外部接线图	1. 输入/输出地址遗漏或错误，每处扣1分； 2. 梯形图表达不正确或画法不规范，每处扣2分； 3. PLC的外部接线图表达不正确或画法不规范，每处扣2分； 4. 指令有错误，每个扣2分	30		
2	安装与接线	按PLC的外部接线图在板上正确接线，要求接线正确、紧固、美观	1. 接线不紧固、不美观，每根扣2分； 2. 接点松动，每处扣1分； 3. 不按接线图接线，每处扣2分	30		
3	程序输入与调试	学会编程软件的基本操作，正确操作电脑开机和停机，并能正确地将程序输入PLC，按动作要求进行模拟调试，最终达到控制要求	1. 不熟练操作电脑，扣2分； 2. 不会用删除、插入、修改等指令，每项扣2分； 3. 第一次试车不成功扣5分，第二次试车不成功扣10分，第三次试车不成功扣20分	30		
4	安全与文明生产	遵守国家相关专业的安全文明生产规程，遵守学校纪律、学习态度端正	1. 不遵守教学场所规章制度，扣2分； 2. 出现重大事故或人为损坏设备扣10分	10		
5	备注	电气元件均采用国家统一规定的图形符号和文字符号	由教师或指定学生代表负责依据评分标准评定	合计100分		
小组成员签名						
教师签名						

参考文献

[1] 黄永红.电气控制与PLC应用技术[M].北京:机械工业出版社,2011.

[2] 姜建芳.西门子S7-300/400PLC工程应用技术[M].北京:机械工业出版社,2012.

[3] 廖常初.PLC编程及应用[M].4版.北京:机械工业出版社,2014.

[4] 廖常初.S7-300/400PLC应用技术[M].3版.北京:机械工业出版社,2012.

[5] 陆金荣,向晓汉.西门子S7-200PLC完全精通教程[M].北京:化学工业出版社,2012.

[6] 王阿根.西门子S7-200PLC编程实例精解[M].北京:电子工业出版社,2011.

[7] 王猛,杨欢.PLC编程与应用技术[M].北京:北京理工大学出版社,2013.

[8] 王永华.现代电气控制及PLC应用技术[M].3版.北京:北京航空航天大学出版社,2013.

[9] 西门子(中国)有限公司.深入浅出西门子S7-200PLC[M].3版.北京:北京航空航天大学出版社,2007.

[10] 向晓汉,苏高峰.西门子PLC工业通信完全精通教程[M].北京:化学工业出版社,2013.

[11] 向晓汉.西门子PLC高级应用实例精解[M].2版.北京:机械工业出版社,2015.

[12] 向晓汉.西门子PLC完全精通教程[M].北京:化学工业出版社,2014.

[13] 姚福来.PLC、现场总线及工业网络实用技术速成[M].北京:电子工业出版社,2011.